Carina Frei

Die Gründerbibel

CARINA FREI

DIE GRÜNDER BIBEL

Der umfangreichste Ratgeber
für den perfekten Start
in die Selbstständigkeit

GOLDEGG VERLAG

Rechte Umschlagfoto: Alexandra Schepelmann/donaugrafik.at
Gestaltung Umschlag: Alexandra Schepelmann/donaugrafik.at
Grafiken: Nadja Wolf/Blütenstaub Grafikwerkstatt
Rechte Autorinnenfoto: © Wolfgang Jansen

ISBN: 978-3-99060-264-5

Unter den Linden 21 • D-10117 Berlin
Telefon: +49 800 505 43 76-0

Goldegg Verlag GmbH, Österreich
Mommsengasse 4/2 • A-1040 Wien
Telefon: +43 1 505 43 76-0

E-Mail: office@goldegg-verlag.com
www.goldegg-verlag.com

Layout, Satz und Herstellung: Goldegg Verlag GmbH, Wien
Printed in the EU

Inhaltsverzeichnis

Vorwort

Wenn du außergewöhnlich erfolgreiche Unternehmer an einem späteren Punkt ihrer Karriere fragst, was sie sich wünschen würden, hätten sie einen Wunsch frei, bekommst du oft die erstaunliche Antwort: »Ich wäre gern noch mal Jungunternehmer, aber mit meinem Wissen von heute.«

Mit dem vorliegenden Buch hast du dir diesen Wunsch bereits erfüllt, denn du erhältst von Beginn an das wertvolle Wissen und Know-how, das es braucht, um ein erfolgreiches Unternehmen aufzubauen. Die meisten Gründer und Gründerinnen hegen gute Absichten. Aber die allein reichen leider nicht. Es braucht ein ganzes Bündel Werkzeuge an die Hand, die deinen Erfolg ermöglichen. Und so seltsam es klingt, viele Jungunternehmer und Jungunternehmerinnen scheuen die Mühe, diese nötigen Werkzeuge zu erwerben. Ich bin zuversichtlich, dass du, lieber Leser und liebe Leserin, das völlig anders angehst.

Junge Gründer strotzen vor Visionen. Nur fehlen ihnen verständlicherweise die Kompetenzen, die einzelnen Bestandteile des Unternehmeralltags zu bewältigen. So tappen sie von einer Falle in die nächste. Fehler zu machen, ist nicht schlimm, aber nehmen sie überhand, demotivieren sie und richten sogar großen Schaden an. Du wirst niemals alle vermeiden können. In meinem Buch »Bullshit Rules« belege ich sogar, dass es töricht wäre, sie vermeiden zu wollen. Aber du kannst viele alltägliche Fehler umgehen, wenn du das nötige Wissen aufbaust. So wirst du Situationen schnell besser einschätzen und bewältigen können. Du erhältst in diesem Buch Ratschläge von einigen der besten Expertinnen und Experten ihres Fachs. Wenn du sie beherzigst, wirst du schneller vorankommen, weniger Fehler machen und mehr Erfolg produzieren, eben, weil du nicht so viel Zeit damit verbringen musst, dumme Patzer auszubaden. Du wirst noch genügend eigene Fehler machen, vermeide wenigstens die, die andere schon zur Genüge gemacht haben. Das wird dein Wettbewerbsvorteil. Du lernst in diesem Buch, wie du dein Unternehmen strukturieren, deine Ziele planen, deine Finanzen in Ordnung halten, dein Marketing optimal aufstellen, deine Produkte und Dienstleistungen vermarkten und mit Krisen umgehen kannst.

Von Gründern hört man oft den Satz: »Dafür habe ich jetzt keine Zeit. Ich kümmere mich darum, wenn es so weit ist.« Allerdings kann es, wenn ein Problem auftritt, oft zu spät sein. Du musst wissen, dass die globalisierte und vernetzte Welt in einem rasenden Tempo funktioniert. Ein Chirurg, der bei Komplikationen erst das Handbuch wälzen muss, verliert seinen Patienten. Wenn du die Kapitel in diesem Buch betrachtest und mit dem Gedanken spielst, einige zu überspringen, denke an den Chirurgen. Im entscheidenden Moment solltest du auf dieses wertvolle Wissen zurückgreifen können. Das wird dir den entscheidenden Vorsprung verschaffen. So wie du dem Arzt und seinem Fachwissen vertraust, solltest du auch den Expertinnen und Experten in diesem Buch vertrauen und dir die Tipps zu Herzen nehmen. Dann steht deiner erfolgreichen Zukunft nichts mehr im Wege.

Julien Backhaus
Verleger des ERFOLG Magazins

Dank

An dieser Stelle möchte ich mich bei wundervollen Menschen bedanken, ohne die dieses Buch wahrscheinlich nie entstanden wäre.

Zu schreiben und zu veröffentlichen, war schon immer ein großer Traum von mir. Doch erst durch meine Mentoren Bastian und Hermann hatte ich den Mut, diesen Traum auch wirklich zu verfolgen. Ich danke euch von ganzem Herzen, dass ihr mich ermutigt habt, an mich zu glauben.

Danke an Elmar. Du hast an die Gründerbibel geglaubt, als ich schon kurz davor war aufzugeben. Du und dein Goldegg-Team wart eine große Hilfe und eure Tipps eine echte Bereicherung.

Ja, die Gründerbibel ist ein absolutes Team-Projekt. Darauf bin ich sehr stolz. Danke an euch, liebe Unternehmerinnen und Unternehmer, die ihr mich als Co-Autoren bei der Entstehung dieses Buch unterstützt habt. Durch euer Fachwissen, die persönlichen Geschichten und eure Impulse konnte ein Buch entstehen, welches das Unternehmertum und die Selbstständigkeit von den unterschiedlichsten Blickwinkeln betrachtet.

Es gehört eben so viel mehr zum Aufbau eines erfolgreichen Unternehmens als ein fundierter Businessplan …

Carina Frei

Der PUSH-UP-Effekt für dein Business

Ich habe in meinem Leben mehrmals gegründet, sowohl in Deutschland als auch in Österreich. Meine Erfahrungen waren sehr unterschiedlich, aber eines hatten sie gemeinsam: Am Ende hatte ich keine Ahnung, was es eigentlich heißt, selbstständig zu sein. Ein Gewerbe anzumelden, ist relativ einfach. Ein Business erfolgreich aufzubauen und langfristigen Erfolg zu generieren, ist hingegen eine ganz andere Nummer.

Um dauerhaft erfolgreich zu sein, braucht es mehr als einen guten Businessplan. Die Basics nützen dir wenig, wenn du nicht in die Umsetzung kommst, dein Marketing eine Katastrophe ist, du die falschen Mitarbeiterinnen oder Geschäftspartner wählst oder keine Zukunftsvision hast. In einem erfolgreichen Business laufen die unterschiedlichsten Prozesse Hand in Hand. Wie bei einem gut geschmierten Uhrwerk greifen die Zahnräder des Unternehmertums perfekt ineinander. Und jedes dieser Rädchen ist wichtig, auch wenn manche größer oder kleiner sind. Das zu erkennen, hat bei mir relativ lange gedauert. Genau deshalb war es ein Wunsch von mir, dieses Buch zu schreiben und dir als Gründer beziehungsweise Gründerin eine möglichst umfangreiche Sichtweise zu präsentieren.

Wir sprechen sowohl über die Grundpfeiler wie Unternehmensformen und Finanzen, aber auch über Mindset, den Aufbau eines Expertenstatus und wie du dich gut verkaufst. Solche Aspekte haben mir in den anderen Büchern für Unternehmensgründung immer gefehlt. Genauso wie du für dein Business Unterstützung brauchst, in Bereichen, in denen du dich nicht so gut auskennst, habe ich mir Unterstützung für einige Kapitel dieses Buches gesucht. Erfahrene Unternehmerinnen des PUSH-UP-your-BUSINESS-Expertenpools schildern dir ihre Erfahrungen und teilen ihren Erfahrungsschatz mit dir.

Herausgekommen ist eines der umfangreichsten Bücher für Gründer und Gründerinnen, das es auf dem Markt gibt. Dieses Buch begleitet dich von den Anfängen bis hin zu deiner Vision einer erfolgreichen Zukunft.

Aber überzeuge dich selbst. Lass uns loslegen!

Viel Spaß beim Lesen,
deine Carina

Wir verwenden in diesem Buch mal die maskuline, mal die feminine Form. Wie auch immer: Gründerinnen/Unternehmerinnen und Gründer/Unternehmer sind gleichermaßen angesprochen.

A wie Anfang:

Ich gründe ein Unternehmen!

Menschen gründen aus unterschiedlichen Bedürfnissen, Ideen und Beweggründen heraus. Doch eines vereint sie miteinander: der unerschütterliche Glaube an ihre Idee, die nicht enden wollende Begeisterung am Anfang, alles für sein Business zu geben.

Was passiert, wenn wir ein Unternehmen gründen, uns selbstständig machen? Wir müssen eine ganze Menge bedenken. Es gibt mittlerweile ein Überangebot an Kursen und Veranstaltungen, die dir fundiertes Wissen an die Hand geben: wie ein Businessplan auszusehen hat, welche Gesellschaftsform die richtige ist, wie du die passende Bank und die nötigen finanziellen Mittel findest. Doch was ist mit der emotionalen Achterbahnfahrt, die gerade in der ersten Zeit gefühlt mehrmals am Tag stattfindet? Darüber möchte ich dir heute erzählen. Vom Zauber des Anfangs. Von der Zeit, in der alles beginnt.

Irgendwann ist eine einzigartige Idee entstanden, die dir nicht mehr aus dem Kopf gehen will. Wie wäre es, sein eigenes Ding zu machen? Endlich frei zu sein, weg von den leidigen Vorgesetzten, festgefahrenen Strukturen und dem wenigen Raum für Kreativität und Innovation. Es ist die Phase, in der deine Idee zu einem handfesten Plan heranreift. Die Inspirationen für das eigene Unternehmen sprudeln aus deinem Kopf, und dein Energielevel ist auf höchstem Niveau.

Du entdeckst das Genie in dir, alles dreht sich um dein Produkt, deinen Markt, deinen Namen, dein Logo und deine Vision. Das genau ist der Zauber des Anfangs. Diese Zeit, in der du dir noch wenig Gedanken über Banken, Steuerbüros und Richtlinien machst. Hier geht es einzig und allein um die Visionärin oder den Visionär in dir. Dir gehört die Welt, nichts und niemand kann dich stoppen. »Endlich kann ich das tun, was ich will und worin ich gut bin. Ohne dass mir jemand reinredet, meinen Tag bestimmt oder gar sagt: ›Lass es uns doch einfach so wie immer machen‹.«

Der Zauber des Anfangs

Der Zauber des Anfangs würde nicht so heißen, wenn sich nicht nach und nach Zweifel einschlichen. Selbstzweifel sind grundsätzlich etwas Normales und treiben jeden Menschen immer mal wieder um. Gerade in der Gründungsphase sind sie immerwährende Begleiter – sie melden sich mal leiser, mal lauter.

Sie zu ignorieren, wäre falsch und gelingt auch nicht auf Dauer. So dauert es bestimmt nicht lange, bist du dir folgende Fragen stellst:

- Gründer sein? Kann ich das? Ist das nicht eine Nummer zu groß für mich?
- Ist mir Freiheit wichtiger als Sicherheit?
- Kann ich mit dem finanziellen Risiko umgehen?
- Mache ich mich voll selbstständig oder nicht?
- Das, was ich anbiete, machen schon tausend andere, oder?
- Worauf lege ich meinen Fokus?
- Springe ich ins kalte Wasser, oder bleibe ich lieber in der lauwarmen Badewanne?

In dieser Phase des Zweifelns neigen wir dazu, Menschen in unserem Umfeld um Rat zu fragen und uns Meinungen anderer einzuholen. Dies zu tun, ist immer eine gute Idee. Nur der Kreis der Menschen, den man fragt, sollte für so eine bedeutende Entscheidung wie die Gründung eines Unternehmens wohlüberlegt sein. Doch die Ersten, mit denen wir uns darüber austauschen, sind Familie und Freunde. Aus meiner Sicht handelt es sich hier nicht um kompetente Ratgeber, sondern eher um (lieb gemeinte) äußere Störfaktoren.

Warum ist das so? Familie und Freunde meinen es gut mit dir. Sie sind besorgt und wollen auf keinen Fall, dass der

Mensch, den sie lieben, Schaden nimmt oder Schiffbruch erleidet. Hinzu kommt, dass Familie und Freunde in der Regel nicht das gleiche Leben führen wie du. Sie besitzen nicht dein Mindset oder empfinden die Risiken einer Selbstständigkeit für so groß, dass sie sich schlicht und ergreifend nicht vorstellen können, dass du es schaffen kannst. Vielleicht erkennst du eine der folgenden Aussagen wieder, hast diese selbst schon hören dürfen:

- Bleib doch lieber in der Sicherheit ...
- Du hast so einen guten Job, wie kannst du diesen nur aufs Spiel setzen?
- Das schaffst du eh nicht ...
- Du warst noch nie der Mensch, der an etwas drangeblieben ist ...
- Das, was du da machen willst, haben schon tausend andere vor dir ...
- Das braucht da draußen doch echt niemand ...

Diese Liste könnte noch ewig weitergeführt werden. Spätestens danach gewinnen die Selbstzweifel die Überhand und der Zauber des Anfangs ist verschwunden. Nicht selten wird der eigene Traum begraben und der Kopf sprichwörtlich in den Sand gesteckt.

Genau an dieser Stelle möchte ich ansetzen. Ich möchte Mut machen, dranzubleiben und an der eigenen Idee festzuhalten. Ich selbst habe diesen Prozess durchlaufen und kenne diese emotionale Achterbahn besser als mir lieb ist. Nach meiner anfänglichen Begeisterung holten mich Selbstzweifel und alte Glaubenssätze immer mehr ein. So stark, dass ich nach meinem ersten Jahr gar nicht mehr meine Erfolge sah, sondern nur noch das, was nicht funktionierte. Vor jedem erteilten Auftrag ereilten mich Panikattacken. Bin ich gut genug? Ist das, was ich anbiete, auch das, was meine Kundschaft wirklich braucht? Was denken sie von mir?

Nach einem Jahr erkannte ich: Ich stecke fest. Ich kam nicht mehr weiter und hatte auch keine Ahnung, wen ich in meinem Umfeld um Rat fragen sollte. Mein Zauber des Anfangs hatte sich in dieser Zeit erfolgreich in Luft aufgelöst.

Den Fehler, Familie und Freunde zu fragen, machte ich ein weiteres Mal. Mit genau dem gleichen Ergebnis: Es half nicht! Das einzige, was ich zu diesem Zeitpunkt wusste, war, dass ich auf keinen Fall meine gerade gewonnene Freiheit wieder aufgeben wollte. Ich wollte dieses Unternehmen, mein Ding. Was auch immer ich dafür tun musste. Also fing ich an, Personen zu fragen, die sich auskennen, Personen, die mir wertschätzendes, aber kritisches Feedback gaben, die meine Ängste und Sorgen ernst nahmen und in mir mehr sahen als ich selbst.

Über ein halbes Jahr ließ ich mich von einem erfahrenen Mentor und Coach begleiten. Er stellte mich und mein Unternehmen auf den Kopf – im wahrsten Sinne des Wortes. Es wurde unbequem, musste ich doch meine über die Jahre lieb gewonnene Komfortzone mehr als einmal verlassen. Der Einsatz hat sich gelohnt und sich bis heute mehrfach ausgezahlt. Und ich spüre heute noch, trotz aller Widrigkeiten, die so ein eigenes Unternehmen mit sich bringt, den Zauber des Anfangs. Das, wofür ich vor vielen Jahren angetreten bin.

Das macht einen Unternehmer aus

Sobald du dich für ein eigenes Business entscheidest – das musst du wissen – bist du Unternehmerin beziehungsweise Unternehmer. Diese denken anders und verfügen über ein starkes Mindset. Zumindest dann, wenn sie dauerhaft erfolgreich sind.

Als solche ist es unerlässlich, Fehler zu machen und verantwortungsvoll mit diesen umzugehen. Was meine ich an dieser Stelle mit **verantwortungsvoll**? Es ist wichtig, eigene Fehler zu sehen und emotional stabil mit ihnen umzugehen. Nehmen negative Emotionen überhand, ist ein Lernen daraus unmöglich. Dann gehen wir in eine Abwärtsspirale und fühlen ein immer wiederkehrendes Versagen. Entscheidender ist es, sich auf die Erfolge zu konzentrieren. Auf der einen Seite motivieren sie uns, und auf der anderen Seite befeuern sie den Wunsch, diesen Erfolg genauso oder noch besser zu wiederholen.

Daher ist es für ein erfolgreiches Unternehmen unabdingbar, seine Fortschritte zu feiern und zu analysieren, warum genau diese eine Aktion so erfolgreich gewesen ist und wie man diesen Zustand wiederholen und optimieren kann.

Ebenfalls gehört es dazu, nicht in Problemen, sondern in Lösungen zu denken. In dem Moment, in dem wir uns ausgiebig und mit größter Sorgfalt den Problemen widmen, ist unser Gehirn nicht mehr in der Lage, Lösungen zu produzieren. Im Business gehören Schwierigkeiten dazu – egal ob sie von extern oder intern kommen. Es ist jedoch hilfreich und eine ganz klare Empfehlung von mir, den Problemen nicht zu viel Aufmerksamkeit zu schenken. Es geht mir nicht darum, sie zu ignorieren. Das wäre ebenfalls der falsche Ansatz. Doch erfolgreiche Unternehmen schenken Schwierigkeiten nur minimale Aufmerksamkeit. Es ist wichtig zu schauen, wann und warum sie aufgetreten sind. Doch dann gilt es immer, den Blick nach vorn zu richten, sich seine Erfahrungen und vor allem seine Erfolge vor Augen zu führen:

- Was sind meine Stärken?
- Wo kann ich zukünftig ansetzen?
- Wen oder was brauche ich, damit sich dieses Problem nicht wieder zeigt?

- Was kann ich genauso wiederholen?
- Wie haben sich meine Kunden und/oder der Markt verändert?
- Wie kann ich meine Einstellung und Denkweise verändern?

Ein weiterer entscheidender Faktor für ein erfolgreiches Business ist, immer diesen einen Schritt weiterzugehen als andere, sich niemals mit dem Status quo zufriedenzugeben. Sich aus der Komfortzone zu wagen und den Mut zu haben, groß zu denken. Einer meiner Mentoren hat mal zu mir gesagt:

»Wenn es dir nicht wenigstens ein bisschen Angst macht, ist es nicht groß genug, dann fordert es dich nicht wirklich heraus.«

Genau das ist der Punkt. Dein Business kann sich nur entwickeln, wenn du bereit bist, auch dauerhaft an dir zu arbeiten, Veränderung nicht als Hemmnis, sondern als absolute Chance zu verstehen. Denn auch deine Kundinnen erwarten genau das von dir. Dass du weiter bist als sie, dass du ihnen einen echten Mehrwert bietest und Chancen aufzeigst. Dazu braucht es Mut, Veränderungsbereitschaft und immer wieder den Spirit des Zaubers vom Anfang. Denke in Möglichkeiten – mit deiner Vision vor Augen. Vergiss bei allem, was du tust, nie: Deine Kunden brauchen dich.

Jede Handlung, jede Entscheidung fängt immer mit dir selbst an. Du allein bist der Dreh- und Angelpunkt, der über Erfolg oder Misserfolg entscheidet. Du bist das, was du denkst. Und das, was du über Situationen und Menschen denkst, ist schlicht und ergreifend nur deine Wahrnehmung, deine Wahrheit. Als Unternehmerin ist es wichtig, sich permanent selbst zu hinterfragen, in die Selbstreflexion zu gehen. Nicht im Außen nach Gründen zu suchen, warum die Dinge schwerer fallen oder Ergebnisse nicht so ausfallen, wie du sie dir vorgestellt hast. Viel zu oft suchen wir die Gründe für unsere negativen Gefühle, unser Scheitern oder unsere ausbleibenden Erfolge im Außen. Es gilt zu verstehen, dass dein Verhalten immer eine Reaktion erzeugt. Gerade im Business solltest du dich immer wieder fragen, was Reaktionen von Auftraggebern mit dir zu tun haben.

An dieser Stelle ist dir bestimmt klar geworden, dass die Gründung und die erfolgreiche Führung eines Unternehmens kein leichtes Unterfangen sind.

Tipps und Empfehlungen

Damit du dir den Zauber des Anfangs bewahren und deine Ziele sowie deine Vision verfolgen kannst, gebe ich dir im weiteren Verlauf einige Empfehlungen und Tipps an die Hand. Sie werden dir Ideen und Impulse geben, dranzubleiben und dich zu fokussieren.

Passende Mentorinnen und Coaches

Einen Mentor oder Coach zu buchen, bedeutet in der Regel eine große Investition in dich selbst.

Treffe diese Auswahl nicht voreilig, und lass dich nicht von vielversprechenden Marketingauftritten, wie wir sie zuhauf in den sozialen Medien finden, leiten. Idealerweise wird dir eine souveräne Mentorin von einer vertrauenswürdigen Person empfohlen. Gehe bei deiner Auswahl wie folgt vor:

- Frage in deinem unternehmerischen Umfeld nach Referenzen.
- Vereinbare mit Mentoren und Coaches, die du in Erwägung ziehst, ein telefonisches kostenfreies Erstgespräch.
- Frage nach ihrer Arbeitsweise, was ihnen im Umgang mit ihren Klienten wichtig ist, welche Methoden sie nutzen und auch danach, welche Werte ihnen wichtig sind. Seriöse Mentorinnen und Coaches geben dazu gern Auskunft.
- Frage nach Aus- und Fortbildungen. Die Begriffe Mentor und Coach sind nicht geschützt. Dennoch gibt es sichere Hinweise, ob eine erfolgreich abgeschlossene Coachingausbildung Hand und Fuß hat.
- Coachingausbildungen, die nur an einem Wochenende stattfinden, liefern oftmals nicht die von dir gewünschte Qualität.
- Frage danach, wie lange der Mentor oder die Mentorin beziehungsweise Coach diesen Beruf schon ausführt, wie viele Klienten er oder sie schon begleitet hat und welche Ergebnisse diese in ihrer Persönlichkeitsentwicklung erzielt haben.
- Prüfe, ob ein echtes Interesse an deiner Person besteht. Der Mentor/Coach sollte dich fragen, was deine größten Herausforderungen sind, was dir wichtig ist, woran du bei dir arbeiten möchtest und welche Ziele du mit einem Mentoring oder Coaching verfolgst.
- Professionelle Mentoren/Coaches vereinbaren mit dir ein erstes persönliches Kennenlernen (virtuell oder vor Ort), um zu prüfen, ob die Chemie von beiden Seiten her stimmt. In der Regel ist dieser erste Termin kostenfrei oder wird bei einer Zusammenarbeit entsprechend verrechnet.

- Lass dich in deiner Auswahl niemals von Anbietern verleiten, die dir versprechen, dass du in sechs Wochen problemlos sechsstellige Umsätze erreichen kannst. Hier handelt es sich immer um einen wohlplatzierten Marketinggag.

Finde dein Warum

Bei der Frage nach dem Warum definierst du, wofür du in deinem Leben und/oder in deinem Business angetreten bist.

Was treibt dich an? Was schenkt dir Energie und Motivation? Welches Versprechen gibst du dir, deinen Klienten und deinen Geschäftspartnerinnen? Womit möchtest du die Welt verändern? Die Auseinandersetzung mit dem **Why, How, What** ist, um eine individuelle Unternehmensvision zu definieren, aus meiner Sicht wichtig. Ich empfehle dir deshalb abschließend zu diesem Thema, dich eingehend mit deinem Warum und deiner Unternehmensvision zu beschäftigen. Je klarer du wirst, desto klarer kannst du dein Angebot und deine Konditionen gegenüber deinen geschäftlichen Partnerschaften formulieren.

Formuliere deine Lebensvision

»Visionen sind was für Träumer.« »Von einer tollen Vision ist noch niemand reich geworden.« »Deine Vision ist doch nur Spinnerei.« So oder ähnlich mögen einige Menschen reagieren, wenn du ihnen etwas darüber erzählst. Wichtig ist, dass du dann erst recht an ihr festhältst.

Je konkreter und bildhafter du deine Vision von deinem Leben zeichnen kannst, desto eher bleibst du dran. Mit dem Zauber des Anfangs fängt die Vision von deinem Leben, deiner Zukunft, an, Form anzunehmen. Daher ist neben deiner

Leidenschaft und dem unbedingten Willen, dein Unternehmen zu gründen und erfolgreich zu machen, ebenso wichtig, dass du dir darüber klar wirst, was du in deinem Leben erreichen möchtest. Wenn du deine Vision formulierst, kannst du wie folgt vorgehen:

- Nimm dir Zeit und suche dir einen Ort, an dem du gut denken und kreativ sein kannst.
- Nutze die Tools, die für dich eingängig und leicht sind.
- Ich empfehle meinen Kunden immer, ihre Vision per Hand aufzuschreiben oder sogar zu zeichnen. So verknüpfen sich die Gedanken direkt mit dem Gehirn.
- Nutze ein schönes Notizbuch oder einfach ein weißes Blatt DIN A4 und größer sind dafür sehr gut geeignet.
- Male dein Visionsboard entweder als Mindmap, als Text oder male Sketchnotes – was auch immer am besten zu dir passt.
- Idealerweise ist deine Vision für dich immer vor Augen. Hänge sie dir in dein Büro oder an eine andere Stelle, die für dich immer sichtbar ist.

Achtung: Deine Vision ist nicht in Stein gemeißelt. Überprüfe sie regelmäßig und passe sie an deine Lebensumstände an.

Setze dir Ziele und komm ins Tun

Ziele gehören zu unserem Leben unbedingt dazu. Wissenschaftlichen Untersuchungen zufolge sind Menschen, die Lebensziele haben und diese konsequent verfolgen, glücklicher und zufriedener. Je konkreter wir sie formulieren und wissen, wie das Ergebnis sein wird, wie wir uns fühlen, wenn wir sie erreicht haben, desto entspannter gehen wir durch unser Leben.

Darüber hinaus sind Ziele der entscheidende Faktor, um

ins Tun zu kommen. Schließlich ist das meist unser größtes Hindernis. Klingt so einfach und ist dennoch das, was die meisten Gründerinnen immer wieder ins Straucheln bringt. Ins TUN kommst du vor allem dann, wenn du weißt, wofür du angetreten bist. Was dein Warum und deine Vision sind. Und ins TUN kommst du vor allen Dingen dann, wenn du den Perfektionismus beiseiteschiebst. Denn oftmals gilt: **Better done than perfect!** Ich möchte dir damit nicht empfehlen, ein schlechtes Produkt oder eine mangelhafte Dienstleistung auf den Markt zu bringen. Mir geht es darum, dir den Druck zu nehmen, gleich am Anfang alles perfekt können und umsetzen zu müssen.

Du brauchst nicht DIE perfekte Vertriebsstrategie, DAS perfekte Angebot, DIE perfekte Landingpage. Das, was du brauchst, sind Leidenschaft, Selbstvertrauen – und ein Ziel. Wenn du dein Angebot kennst, weißt, welchen Mehrwert du deinen Kunden bietest, dann kommt der Rest (fast) von allein.

Der nächste wichtige Punkt ist Dranbleiben und Verbindlichkeit dir selbst gegenüber. Es lohnt sich nicht, deine Ziele und das, was du dir vornimmst, immer wieder über den Haufen zu werfen. Denn Tatsache ist, wenn du dir selbst gegenüber nicht verbindlich bist, wie willst du es dann gegenüber deinen Kundinnen sein?

Oftmals kommen wir nicht ins TUN und/oder erreichen unsere Ziele nicht, weil es nicht unsere Ziele sind oder wir uns zu viel vornehmen. Deshalb ist es unerlässlich, dass du dich mit dir und deinem Business so intensiv wie möglich auseinandersetzt.

- Überprüfe dein Warum: Ist es wirklich deines oder das, was andere glauben, das gut wäre?
- Gleiches gilt für deine Ziele: Passen sie zu deinem aktuellen Stand? Sind es auch wirklich deine Ziele oder welche, die sich einfach nur »schick« anhören?

- Befasse dich an dieser Stelle auch mit deinen Glaubenssätzen: Oftmals sind es Ängste aus früheren Erfahrungen, die uns darin hindern, etwas (neues) umzusetzen.
- »Eat the Frog first.« Soll heißen: Starte mit der schrecklichsten und ungeliebtesten Aufgabe in den Tag. Wenn wir auf etwas keine Lust haben oder wir etwas zu erledigen haben, was uns stresst, neigen wir dazu, es vor uns herzuschieben. Gleichzeitig hindert es uns, auch bei anderen Dingen ins Tun zu kommen.
- Triff Entscheidungen: Entscheidungen auf die lange Bank zu schieben, hindert dich ebenfalls daran, in den Fluss oder ins TUN zu kommen. Entscheidungen sind dazu da, getroffen zu werden. Wenn es dir schwerfällt, diese zu treffen und du zu den Menschen gehörst, die alles mehrfach gegeneinander abwiegen, dann kannst du dir folgende Fragen stellen:
  - Welche Relevanz/Auswirkung hat meine Entscheidung?
  - in den nächsten zehn Stunden, zehn Tagen oder zehn Wochen?
  - für mich, mein Business, meine Kundschaft, meine Lieferanten …?

Mit dieser Methode schlägst du gleich zwei Fliegen mit einer Klappe. Du führst schneller eine Entscheidung herbei und gleichzeitig priorisierst du deine To-dos.

Sei dir darüber klar, dass es in deiner Verantwortung als Unternehmerin liegt, Entscheidungen zu treffen. Das gilt sowohl für Entscheidungen, die dein Business betreffen als auch für Entscheidungen, die du für deine Kunden triffst. Du möchtest noch mehr Input zum Thema Zielsetzung? Weitere Informationen und Methoden findest du in hier im Buch im Kapitel **Z wie Zukunft**.

Ein starkes Mindset

Zugegeben, hätte mir vor vier Jahren jemand gesagt, ein stabiles Mindset sei der Schlüssel zu einem erfolgreichen und zufriedenen Leben, hätte ich kopfschüttelnd abgewunken. Aber genau diese Mindset-Arbeit ist DER Gamechanger. Genau deshalb haben wir in diesem Buch ein eigenes Kapitel, das sich nur um dieses Thema dreht: **M wie Mindset.**

Mindset kann mit folgenden Worten **übersetzt** werden. Mit ihnen wird es dir ein wenig anschaulicher, welche Komponenten beim Thema Mindset eine Rolle spielen können:

- Einstellung
- Denkweise
- Gesinnung
- Innere Haltung
- Achtsamkeit
- Mentale Stärke
- Orientierung
- Blick auf die Welt

Fakt ist, dass unsere Einstellung zu bestimmten Themen – wie wir denken, fühlen und handeln – im Zusammenhang mit unseren erlebten Erfahrungen steht. Im Positiven sind es Erfahrungen, die uns in bestimmten Bereichen ermutigen und bestärken. Dem gegenüber stehen negative Erfahrungen, die dazu führen, dass wir uns Dinge nicht zutrauen. Hier finden sich oft negative Glaubenssätze, die es uns schwermachen, unseren Weg zu gehen, obwohl alles, was es dazu braucht, bereits in uns steckt.

Wenn wir uns intensiv mit unseren Gedanken und Glaubenssätzen befassen, wird uns klarer, wo wir aktuell stehen. Wir können reflektieren, woher unsere Verhaltensweisen kommen, und feststellen, was uns bremst. Mindset-Arbeit macht auch sichtbar, wo unsere Stärken liegen, was wir von unserem Leben erwarten.

Die Motivationspsychologin Carol Dweck forscht seit langem dazu, wie Menschen mit Niederlagen umgehen – warum die einen bei Niederlagen eher den Kopf in den Sand stecken, während andere unbeirrt die nächste Herausforderung annehmen. Ihrer Theorie zufolge gibt es zwei Formen von Mindset, das **Growth Mindset** (growth = Engl. für Wachstum, wird häufig mit wachstumsorientiert, dynamisch übersetzt) und das **Fixed Mindset** (fixed = Engl. für starr, unflexibel).

In ihren Studien beobachtete sie, wie Menschen, die der Kategorie Fixed Mindset angehören, dazu neigen, ihre Fähigkeiten als angeboren zu bewerten. Sie sahen es als Talent, das ihnen quasi in die Wiege gelegt wurde. Ergebnis der Studie war, dass, wenn diese Menschen an einer Aufgabe scheiterten, sie dieses darauf zurückführten, dass ihnen für diese Aufgabe schlicht und ergreifend die Begabung fehlte. Als Ergebnis der Studie kam heraus, dass Menschen ihre Niederlage nicht als Scheitern der Aufgabe bewerten, sondern als Mangel an der dafür notwendigen Begabung.

Menschen hingegen mit einem Growth Mindset haben eine andere feste Überzeugung. Sie sind der Meinung, dass sie mit genügend Einsatz, Lernen und Training alles erreichen können. Und genau diese Einstellung ist es, die den Unterschied macht. Denn genau diese Menschen sind in der Regel erfolgreich und haben ein deutlich geringeres Stresslevel.

Menschen mit einem **starren Mindset** zeigen häufig folgendes Verhalten:

- Sie vermeiden Herausforderungen, wenn sie befürchten, diese nicht zu meistern oder glauben, eine Niederlage zu erleben.
- Sie können nicht oder nur bedingt mit Niederlagen umgehen.
- Sie sprechen niemals offen über ihre Niederlagen, weil es für sie einem Versagen gleichkommt.

- Sie sind überzeugt davon, nur eine oder gar keine Sache gut zu können.
- Sie glauben, was früher schon nicht geklappt hat, ist auch jetzt nicht möglich.
- Sie wiederholen immer wieder ihre negativen Glaubenssätze.

Hingegen zeigen Menschen mit einem **offenen, dynamischen Mindset** folgende Verhaltensweisen:

- Sie sind neugierig und versuchen, die Welt aus verschiedenen Blickwinkeln zu betrachten.
- Sie besitzen eine hohe Reflexionsfähigkeit und einen gesunden Umgang mit Fehlern und Niederlagen.
- Sie verstehen, dass Anstrengungen nötig sind, um Neues zu lernen und weiterzukommen.
- Sie lieben Herausforderungen und nehmen diese gern und immer wieder an.
- Sie sind in der Lage, wenn nötig schnelle Entscheidungen zu treffen.
- Sie reflektieren regelmäßig ihre Handlungen.
- Sie grenzen sich ab und sind in der Lage, nein zu sagen.

Damit du deinen Zauber des Anfangs beibehalten und dein Unternehmen erfolgreich auf Kurs bringen kannst, ist es unerlässlich, dass du – gerade am Anfang – täglich an deinem Mindset arbeitest.

Nimm dir dazu jeden Tag ganz bewusst Zeit. Nutze ein schönes Notizbuch und notiere dir deine Gedanken, deine Hindernisse, Glaubenssätze. Versuche dadurch zu verstehen, welche Geschichten du dir selbst erzählst. Finde heraus, was dich wirklich daran hindert, erfolgreich deinen Weg zu gehen. Wenn du Angst hast, etwas nicht zu schaffen, dann analysiere genau diese Situation.

Schau dir die Menschen in deinem Umfeld an und überlege dir gut, wer dir Energie gibt und wer dir diese immer nur nimmt. Wenn du daran glaubst, dass du nicht gut genug bist, führe dir vor Augen, was du schon alles in deinem Leben geschafft und gemeistert hast. Denke groß, hab deine Vision vor Augen und manifestiere deine Ziele jeden Tag. Nutze den Start in den Tag dafür, dass du dir Gedanken darüber machst, worauf du dich an diesem Tag besonders freust, wofür du dankbar bist.

Zu einem starken Mindset gehört auch deine körperliche Fitness. Achte auf eine gesunde Ernährung, bewege dich und gönne dir vor allem kleine und große Auszeiten ganz für dich.

Hab den Mut, Dinge abzugeben

Dieser Punkt ist wohl einer der entscheidendsten und auch einer der schwersten bei der Gründung eines Unternehmens. Viel zu viele, gerade junge Unternehmer, glauben, alles selbst machen zu müssen – oft aus einem hohen Anspruch an sich selbst heraus, aber vor allem aus finanzieller Sicht. Gerade am Anfang scheuen wir uns, mehr Geld auszugeben als nötig. Wir beschäftigen uns mit Aufgaben, die uns Zeit und Nerven rauben, anstatt diese zeitnah auszulagern. Es geht darum, sich bewusst zu machen, dass das, was wir an Geld investieren, um Arbeiten auszulagern, uns mehr Zeit für die wesentlichen Dinge bringt. Als Unternehmerin ist es wichtig, mit Bedacht zu entscheiden, welche Aufgaben abgegeben werden können. Denn jede Investition an dieser Stelle hilft, den Fokus auf das Wesentliche auszurichten. Mit dem Mehr an gewonnener Zeit stellt sich auch der Erfolg nachhaltig ein.

Konzentriere dich auf dein Business, auf deine Ausrichtung. Sei das Gesicht deines Unternehmens und halte deine Strategie klar vor Augen. Gern möchte ich hier ein persönliches Beispiel anbringen.

In meinen ersten zwei Jahren als Selbstständige habe ich alles selbst gemacht. Oder eben nicht gemacht. Ich habe mich nicht getraut, Themen und Aufgaben auszulagern, immer in dem Glauben, das Geld zusammenhalten zu müssen. Dieses Verhalten führte kurzfristig zu einer hohen Frustration und rückläufigen Umsätzen. Warum war das so? Ich beschäftigte mich ständig mit Dingen, mit denen ich mich nicht auskannte. Die Einarbeitung kostete mich Nerven und Zeit, und oftmals brachte ich sie nicht zu Ende. Es dauerte diese zwei Jahre, bis ich den Mehrwert, Aufgaben abzugeben, klar erkannte. Ich hatte endlich für mich verstanden, dass dieses Geld in freien Mitarbeitern besser investiert war. Meine größte Stärke ist es, strategisch zu denken, kreativ an neuen Ideen für mein Business zu arbeiten und meine Kunden vor Ort in meinen Workshops, Coachings und Vorträgen zu begeistern.

Nachdem ich mir einen kleinen Pool an freien Mitarbeiterinnen zurechtgelegt hatte, war ich entspannt und konnte wieder groß denken. Das Ergebnis waren mehr Aufträge als zuvor und mehr Energie für mich, mein Tun und mein Handeln.

Daher ist meine ganz klare Empfehlung an dich:

- Denke wie ein Unternehmer.
- Fange in kleinen Schritten an, Aufgaben auszulagern, die dich viel Zeit und Energie kosten und andere auch erledigen können.
- Analysiere im ersten Schritt, was dir den größten Mehrwert bietet, wenn du es abgibst.
- Beschreibe konkret, wie die Aufgaben auszusehen haben, die du auslagern möchtest.
- Definiere deine Erwartungshaltung, die du an deine zukünftigen (freien) Mitarbeitern hast.
- Stecke ein Budget ab, welches für dich zum aktuellen Zeitpunkt für die Auslagerung machbar ist.

Passende freie Mitarbeiter findest du in einschlägigen Gruppen, zum Beispiel auf Social-Media-Kanälen, an Universitäten oder auf Portalen für Freelancerinnen.

Verzichte auf den Plan B

Das ist der letzte Tipp, den ich dir auf deinem Weg mitgeben möchte. Damit du alles für dein Business geben kannst, ist es notwendig, dass du dich auf genau dieses fokussierst. Solange du einen Plan B in der Tasche hast, der dir als Fallschirm dient, wirst du nicht oder nur mit großer Anstrengung erfolgreich werden.

Ein Plan B hindert uns daran, aus unserer Komfortzone herauszukommen. Er ist oft genug die Ausrede dafür, warum wir nicht ins Tun kommen oder nicht mit vollem Einsatz dabei sind. »Wenn alle Stricke reißen, dann kann ich mich ja wieder anstellen lassen«, ist einer der am häufigsten genannten Sätze in diesem Zusammenhang.

Keinen Plan B zu haben, heißt, sich bewusst für diesen einen Weg zu entscheiden. Alles für seinen Traum, seine Vision zu geben. Und vor allem auch nicht aufzugeben, weil es manchmal eben auch schwierig ist. Keinen Plan B zu haben, heißt 100 Prozent Commitment zu dir und deinem Leben.

Die Reise hat in dem Moment begonnen, in dem du zum ersten Mal diesen Zauber des Anfangs gespürt hast. Dieses Kribbeln im Bauch, gepaart mit dem unerschütterlichen Glauben an deine Idee und an dich selbst. Wie in der Einleitung beschrieben, ist es nicht einfach, diesen Spirit über die Länge der Zeit aufrechtzuerhalten. Doch wenn du kontinuierlich an dir, deinen Zielen, deiner Vision und deinem Mindset arbeitest, wird es leichter.

Deine ganz persönliche Reise wird nicht immer einer klar vorgegebenen Route folgen. Sie wird leicht und schnell sein, aber auch steinig und schwer. Dennoch wird sie dich stärker machen, dich lernen und wachsen lassen. Sie wird dich an Erfahrungen reicher machen und dir neue Türen und Tore öffnen. Ich wünsche dir von ganzem Herzen, dass du dir deinen Zauber des Anfangs immer wieder zurückholen kannst. Denn genau dieses Gefühl ist es, was uns anspornt und uns Leichtigkeit und Zufriedenheit verschafft.

Ich wünsche dir viel Erfolg, Freude, Perspektivwechsel und Erfahrungen auf deiner Reise.

Verena Kiy
#Mindsetstrategin

B wie Basiswissen:

Gut gerüstet!

Der Schritt in die Selbstständigkeit ist oftmals mit vielen Unsicherheiten und Risiken verbunden. Die Entscheidung, ob du dich selbstständig machst und ein eigenes Unternehmen gründest, sollte wohlüberlegt gefällt werden. Wie in anderen Lebensbereichen auch, hilft eine breite Informationsbasis dabei, die bestmögliche Entscheidung zu treffen. Ganz bewusst haben wir in diesem Kapitel größtenteils die rechtlichen, wenn auch dadurch etwas trockenen Formulierungen beibehalten. Denn die richtige Rechtsform zu wählen, ist für jeden Unternehmer von essenzieller Bedeutung. Hier sollte dir kein Fehler unterlaufen.

Die Basisinformationen der Wirtschaftskammer Österreich und des RKW-Kompetenzzentrums auf den folgenden Seiten verschaffen dir einen Überblick, um die wichtigsten Folgen der Selbstständigkeit abschätzen zu können. Am Ende des Kapitels haben wir außerdem die essenziellen Punkte des Businessplans zusammengefasst.

Bevor wir aber in die unterschiedlichen Rechtsformen eintauchen, würden wir gerne noch ein paar Grundüberlegungen vorausschicken, die du machen solltest: Wie einfach soll die Gründung sein, was soll deine Firma können, liegt eine Teamidee zugrunde, wie viel Risiko kann von dir getragen werden bzw. wie viel Haftung soll geboten werden, wie viel Kapital steht zur Verfügung bzw. wie soll Kapital beschafft werden? Antworten auf diese und ähnliche Fragen helfen dabei, die »richtige« Rechtsform zu finden. Weitere Hilfe zur Beantwortung geben viele der im Text verlinkten Onlineratgeber und/oder die lokalen Kammern mit ihren Gründungsberatungen (siehe für Deutschland auch die Zusammenstellung der IHK Aachen[1]). Und falls du feststellst, dass die Rechtsform bei Gründung nicht die passende ist, gibt es häufig auch später noch die Möglichkeit eines Wechsels.

So meldest du deine Selbstständigkeit an

In Österreich bist du dazu verpflichtet, die Aufnahme deiner unternehmerischen Tätigkeit **innerhalb eines Monats** beim zuständigen Finanzamt anzuzeigen. Eine kurze und formlose schriftliche Mitteilung reicht aus. Wenn du bereits über einen Zugang zum E-Government-Portal FinanzOnline verfügst, kannst du die Anzeige der unternehmerischen Tätigkeit online einbringen. Die Einbringung der Anzeige ist auch bei der Gewerbebehörde auf automationsunterstütztem Wege möglich. Darüber hinaus sind Musterformulare bei der Wirtschaftskammer erhältlich.

Vom Finanzamt bekommst du zur Anmeldung einen Fragebogen, den du ausgefüllt zurücksenden musst. Aufgrund deiner Angaben entscheidet das Finanzamt, ob du steuerlich veranlagt wirst, das heißt eine Steuernummer bekommst oder in Evidenz gehalten werden kannst. Wenn du FinanzOnline verwendest, beantwortest du diese Fragen gleich direkt im Portal.

In Deutschland hängen die Anmeldepflichten von der Art der Selbstständigkeit und Rechtsform ab. Die wichtigsten Behörden sind hier Gewerbeamt, Finanzamt, IHK/HWK, Handelsregister und Berufsgenossenschaft. Ein **Gewerbe** muss zunächst beim Gewerbeamt angemeldet werden, das betrifft zum Beispiel Händler, Gastronomen, Dienstleister oder Handwerker. **Freiberufler** beginnen die Behördengänge direkt beim Finanzamt über den steuerlichen Erfassungsbogen in ELSTER, hierzu zählen Künstler, Rechtsanwälte oder Ärzte (eine vollständige Liste findet sich in § 18 EstG). Je nachdem, welcher freie Beruf und ob es Partner oder Angestellte gibt, kann auch eine Anmeldung bei der Standeskammer, beim Partnerschaftsregister oder Arbeitsamt nötig sein. Weitere Ausnahmen von der Beantragung eines Gewerbescheins sind viele landwirtschaftliche Tätigkeiten wie Weinbau oder Forstwirtschaft. Dagegen gibt es einige erlaubnispflichtige bzw. genehmigungspflichtige Tätigkeiten, für die wiederum das Ordnungsamt zuständig ist, etwa Taxiunternehmen oder Gaststätten.

Die passende Rechtsform

Die Wahl der geeigneten Rechtsform, also Einzelunternehmen oder Gesellschaft, ist bei der Gründung deines Unternehmens eine der wohl schwierigsten Entscheidungen. Welche Rechtsform sich für dein Unternehmen am besten eignet, hängt vom jeweiligen Einzelfall ab. Ein Patentrezept gibt es nicht.

Die Wahl der Rechtsform hat weitreichende Folgen, etwa auf Bereiche des Gesellschaftsrechts, des Gewerberechts, des Arbeits- und Sozialrechts und des Steuerrechts. Um künftigen Unternehmerinnen die Entscheidung zu erleichtern, hat die Wirtschaftskammer Österreich einen Onlineratgeber[2] zur Wahl der Rechtsform eingerichtet.

Im Folgenden geben wir dir einen Überblick zu den gängigsten Rechtsformen in Österreich. Da sich Gründende in der Praxis selten für die Rechtsform einer Erwerbs- und Wirtschaftsgenossenschaft, Aktiengesellschaft sowie Sonderformen wie die GmbH & Co. KG entscheiden, werden diese in der Übersicht nicht berücksichtigt. Ähnliche Onlineratgeber gibt es auch in Deutschland, sowohl auf öffentlichen Plattformen des Bundesministeriums für Wirtschaft und Klimaschutz (BMWK), öffentlich geförderten Plattformen wie der Gründerplattform[3] oder privaten Anbietern wie fuer-gruender.de des FAZ-Instituts oder Firma.de.[4]

Firma.de wurde übrigens vom Seriengründer Michael

Silberberger gegründet, nachdem er bereits mit Go Ahead über 25.000 Gründungen begleitet und den Weg für die UG in Deutschland bereitet hat.

Einzelunternehmen (EU)/Ein-Personen-Unternehmen (EPU)

Von einem EU sprechen wir, wenn die Inhaberin oder der Inhaber des Unternehmens eine einzelne natürliche Person ist, die das Unternehmen auf eigenen Namen und eigene Rechnung betreibt. Der Einzelunternehmer kann Eigentümer oder Pächter sein. Das Einzelunternehmen ist die in Österreich und Deutschland meist verwendete Rechtsform. Dass die Inhaberin oder der Inhaber die Firma allein betreibt, bedeutet nicht, dass sie gänzlich auf sich allein gestellt ist. Du kannst trotzdem Arbeitnehmer beschäftigen, also Arbeitsverträge abschließen und dich bei der Ausführung der übernommenen Aufträge auch Erfüllungsgehilfen bedienen, sofern der Vertrag nicht die eigene höchstpersönliche Auftragserfüllung enthält. Diese Leistungserbringung kann aber nicht nur durch einen Arbeitnehmer, sondern auch durch einen selbstständigen Subunternehmer erfolgen.

Einzelunternehmende benötigen für die Ausübung einer gewerblichen Tätigkeit die entsprechende Gewerbeberechtigung. Mit der erstmaligen Gewerbeanmeldung wird die Gewerbelizenz begründet. Diese fasst alle Gewerbeberechtigungen zusammen. Einzelunternehmer haften unbeschränkt mit ihrem gesamten Betriebs- und Privatvermögen. Aufgrund der persönlichen unbeschränkten Haftung für die Verbindlichkeiten ist die Kreditwürdigkeit von Einzelunternehmern hoch, jedoch selbstverständlich vom Vermögen und Einkommen der Inhaberinnen abhängig.

Als Einzelunternehmerin musst du dich erst ab Erreichung der Rechnungslegungspflicht in das Firmenbuch eintragen lassen. Die Grenze der Rechnungslegungspflicht liegt bei einem Jahresumsatz von mehr als 1 Million € oder mehr als jeweils 700.000 € Umsatz in zwei aufeinanderfolgenden Geschäftsjahren. Bei Nichterreichung dieser Schwellenwerte ist eine freiwillige Eintragung möglich, jedoch ohne Bilanzierungspflicht. Einzelunternehmer, die nicht im Firmenbuch eingetragen sind (nicht protokollierte Unternehmen), müssen zur äußeren Bezeichnung der Betriebsstätte und auf den Geschäftsurkunden ihren Familiennamen in Verbindung mit mindestens einem ausgeschriebenen Vornamen verwenden.

Ins Firmenbuch eingetragene (protokollierte) Einzelunternehmende haben die Bezeichnung »eingetragener Unternehmer« oder »eingetragene Unternehmerin« oder eine allgemein verständliche Abkürzung dieser Bezeichnung, insbesondere »e. U.« zu führen. Die oder der eingetragene »e. U.« kann zwischen einer Namens-, Sach- oder Fantasiebezeichnung als Firmennamen wählen und tritt nach außen damit auf. Sonstige Zusätze (Geschäftsbezeichnungen, Tätigkeitsangaben, Markenzeichen) können ebenfalls eingetragen werden, sofern sie nicht täuschend sind. Der Name der eingetragenen einzelunternehmenden Person muss auf der Homepage, den Geschäftspapieren und Bestellscheinen angegeben werden.

In Deutschland gelten die oben genannten Vorgaben analog, jedoch weichen einige Schwellenwerte ab. So kann zur notwendigen Eintragung ins Handelsregister der Orientierungswert 250.000 € angesehen werden, darunter ist eine Eintragung freiwillig. Mit der Eintragung werden Kleingewerbetreibende zum eingetragenen Kaufmann und müssen den Zusatz e. K. führen. Darüber hinaus weicht die Höhe der Verpflichtung zur kaufmännischen Buchführung, Inventur und Bilanzierung leicht ab, das Bilanzierungsmodernisierungsgesetz entbindet sogenannte »kleine« Kaufleute, die in zwei aufeinanderfolgen Geschäftsjahren maximal 600.000 € Umsatz und 60.000 € Gewinn machen. Näheres findet ihr auch bei der IHK Potsdam[5].

Gesellschaft bürgerlichen Rechts (GesbR)

Die GesbR ist eine Gesellschaft, an der sich zwei oder mehrere natürliche Personen oder Gesellschaften beteiligen, indem sie ihre Arbeitskraft oder Vermögensgegenstände zum gemeinsamen Nutzen einbringen. In der Praxis sind häufige Anwendungsbereiche Arbeitsgemeinschaften (ARGE, zum Beispiel zur Abwicklung größerer Bauprojekte), Bietergemeinschaften und Joint Ventures.

Die Gesellschaft besitzt keine Rechtspersönlichkeit. Rechtstragende sind allein die Gesellschafter. Die GesbR kann nicht klagen oder angeklagt und auch nicht ins Grundbuch oder Firmenbuch eingetragen werden. Im Gegensatz zu einer Kapitalgesellschaft (GmbH, AG) ist kein Stammkapital erforderlich. Es muss also von den Gesellschafterinnen anlässlich der Gründung kein Bargeld aufgebracht werden. So genügt es etwa, dass die Gesellschafter ihre Arbeitskraft einbringen.

Für den Abschluss des Gesellschaftsvertrages bestehen keine Formvorschriften; die Errichtung eines schriftlichen Vertrages empfiehlt sich dennoch. Oft kommt die Gesellschaft durch stillschweigendes Zusammenwirken der (mindestens zwei) Gesellschafterinnen zustande. Diese haften persönlich (mit dem gesamten Betriebs- und Privatvermögen), unbeschränkt (ohne Betragsbeschränkung) solidarisch (nicht anteilsmäßig, sondern jeder für die gesamte Schuld) und primär (ein Gläubiger kann sofort gegen einen der Gesellschafter vorgehen).

Die Gesellschaft kann nicht selbstständige Trägerin einer Gewerbeberechtigung sein, vielmehr hat jede einzelne Gesellschafterin alle erforderlichen Gewerbeberechtigungen zu erlangen (ausgenommen bei Bietergemeinschaften). Übersteigen die Umsatzerlöse zwei Geschäftsjahre hindurch 700.000 €, ist die Gesellschaft im zweitfolgenden Geschäftsjahr zur Eintragung in das Firmenbuch als Offene Gesellschaft (OG) oder als Kommanditgesellschaft (KG) anzumelden und zur Rechnungslegung verpflichtet. Liegt der Umsatz in einem Geschäftsjahr über 1 Million €, entsteht die Eintragungs- und Rechnungslegungspflicht bereits im darauffolgenden Geschäftsjahr. Die GesbR ist kein selbstständiges Steuersubjekt. Eine Ausnahme besteht im Umsatzsteuerrecht. Im Zusammenhang mit der Einkommensteuer gilt die oder der einzelne Gesellschafter als Steuersubjekt. Sowohl die Gesellschaft als auch die einzelnen Gesellschafterinnen benötigen eigene Steuernummern.

In Deutschland ist die GbR eine rechtsfähige Personengesellschaft nach dem BGB, kann also Vertragspartnerin bzw. Partei in Zivilprozessen sein. In den anderen oben genannten Punkten entspricht die Einfachheit der Gründung derjenigen in Österreich. Allerdings wird die GbR »automatisch« zur OHG bereits ab dem Schwellenwert von 250.000 € Umsatz, der zur Eintragung ins Handelsregister verpflichtet.

Offene Gesellschaft (OG)

Eine OG ist eine unter eigener Firma geführte Gesellschaft, die jeden erlaubten Zweck einschließlich freiberuflicher und land- und forstwirtschaftlicher Tätigkeiten innehaben kann. Sie besteht aus mindestens zwei Gesellschaftern, die persönlich, unbeschränkt und solidarisch haften. Gesellschafterinnen einer OG können natürliche und juristische Personen sein. In Ermangelung einer anderen Vereinbarung haben sie gleiche Einlagen zu leisten, die in Geld oder in Dienstleistungen (zum Beispiel Arbeitsgesellschaften) bestehen können. Die Gesellschaft hat unter ihrer Firma aufzutreten, kann Rechte erwerben, Verbindlichkeiten eingehen, klagen und angeklagt werden.

Für die Gründung einer OG ist der Abschluss eines Gesellschaftsvertrages notwendig. Dieser ist an keinerlei

Formvorschriften gebunden, es empfiehlt sich allerdings ein schriftlicher Abschluss. Die Eintragung ins Firmenbuch ist obligatorisch; die OG entsteht erst mit diesem Eintrag. Die Anmeldung zum Firmenbuch erfolgt durch sämtliche Gesellschafter, die Unterschriften am Antrag sind notariell oder gerichtlich zu beglaubigen. Gesellschafter haften persönlich, unbeschränkt, solidarisch und primär.

Alle Gesellschafterinnen sind für sich allein geschäftsführungsbefugt. Widerspricht jedoch ein anderer geschäftsführender Gesellschafter, muss die geforderte Maßnahme unterbleiben. Für außergewöhnliche Vorhaben, die über den gewöhnlichen Geschäftsbetrieb hinausgehen, ist ein einstimmiger Gesellschafterbeschluss erforderlich. Abweichende Regelungen im Gesellschaftsvertrag sind möglich. Vertretungsbefugt sind alle Gesellschafterinnen und zwar jede für sich allein. Im Vertrag können auch einzelne Gesellschafter von der Vertretung ausgeschlossen, oder es kann anstelle der Einzelvertretung eine Gesamtvertretung vereinbart werden. Solche individuellen Regelungen sind im Firmenbuch einzutragen.

Zur Ausübung einer gewerblichen Tätigkeit ist eine Gewerbeberechtigung notwendig, die auf die Gesellschaft ausgestellt sein muss. Dafür ist die Bestellung einer gewerberechtlichen Geschäftsführerin oder eines gewerberechtlichen Geschäftsführers erforderlich. Diese müssen bei einem reglementierten Gewerbe entweder Gesellschafter oder voll sozialversicherungspflichtiger Arbeitnehmer der OG sein, mindestens die Hälfte der wöchentlichen Normalarbeitszeit im Betrieb beschäftigt sein und selbstverantwortliche Anweisungsbefugnis besitzen.

Für die OG besteht die Verpflichtung zur doppelten Buchführung und Bilanzerstellung, wenn sie rechnungslegungspflichtig ist. Das ist der Fall, wenn in zwei aufeinanderfolgenden Jahren der Umsatz mehr als 700.000 € beträgt oder in einem Jahr mehr als 1 Million € Umsatz erzielt werden. Gewinnverteilung und Entnahmerecht der Gesellschafter können im Vertrag geregelt werden. Mangels einer derartigen Vereinbarung regelt das Unternehmensgesetzbuch (UGB) die Gewinn- und Verlustverteilung. Demnach gebührt allen Arbeitsgesellschaftern vom Jahresgewinn ein den Umständen entsprechend angemessener Betrag. Der restliche Gewinn wird den Gesellschafterinnen im Verhältnis ihrer Beteiligungen zugewiesen. Der Anspruch auf Auszahlung des Gewinnanteiles besteht jedoch dann nicht, wenn die Auszahlung der OG einen Schaden zufügen würde, wenn die Gesellschafter anderes beschließen oder wenn ein betreffender Gesellschafter vereinbarungswidrig die eigene Einlage nicht geleistet hat. Es ist empfehlenswert, die Gewinn- und Verlustverteilung und das Entnahmerecht im Gesellschaftsvertrag zu regeln.

Die OG ist kein selbstständiges Steuersubjekt und nicht einkommensteuerpflichtig. Es sind ihre einzelnen Gesellschafter Steuersubjekt und mit ihrem Gewinnanteil und etwaigen weiteren Einkünften einkommensteuerpflichtig. Die Umsatzsteuer ist von der Gesellschaft zu entrichten. Die Gesellschaft und die einzelnen Gesellschafter brauchen eigene Steuernummern. Die Steuernummer der OG ist unter Vorlage einer Fotokopie des Gesellschaftsvertrages (falls vorhanden) und eines Firmenbuchauszuges innerhalb eines Monats ab Aufnahme der Tätigkeit beim Betriebsfinanzamt zu beantragen, die Steuernummern der Gesellschafterinnen beim jeweiligen Finanzamt am Wohnsitz.

In Deutschland firmiert diese Rechtsform als Offene Handelsgesellschaft (OHG), sie ist im Handelsregister eingetragen und somit wie andere Kaufleute auch zu ordnungsgemäßer Buchführung und Bilanzierung verpflichtet; nach dem bereits oben genannten Bilanzmodernisierungsgesetz ist ab einem Umsatz von 600.000 € bzw. Gewinn von 60.000 € auch die Erstellung einer Steuerbilanz verpflichtend.

Kommanditgesellschaft (KG)

Der Start-up Guide Ionos erklärt eine KG folgendermaßen: »Wenn zwei Personen sich mit ihrer Geschäftsidee selbstständig machen und gemeinsam ein Unternehmen gründen möchten, müssen sie sich erst einmal auf eine Rechtsform einigen. Da eine Personengesellschaft in der Regel leichter zu gründen ist als eine Kapitalgesellschaft, fällt die Entscheidung häufig auf eine Kommanditgesellschaft, bei der keine Mindesteinlage und kein festes Kapital vorgeschrieben ist. Sie ist für jede Art von Handelsgewerbe als auch für Familienunternehmen geeignet.«

Die KG ist grundsätzlich wie die OG strukturiert. In einer KG gibt es neben den unbeschränkt haftenden Gesellschafterinnen (Komplementärinnen) auch noch beschränkt haftende Gesellschafter (Kommanditisten). Die Haftung ist dabei gegenüber den Gesellschaftsgläubigern auf einen bestimmten – im Firmenbuch ersichtlichen – Betrag (Haftsumme) beschränkt. Für die Gründung sind wie bei der OG ein Gesellschaftsvertrag und die Eintragung im Firmenbuch notwendig.

Die Komplementäre haften persönlich, unbeschränkt, solidarisch und primär. Kommanditisten haften nur bis zu einem bestimmten Betrag, nämlich der Haftsumme, die in das Firmenbuch eingetragen wird. Des Weiteren sollte die Höhe der Pflichteinlage im Gesellschaftsvertrag festgelegt werden. Das Gesetz schreibt weder bei der Haftsumme noch bei der Pflichteinlage eine Mindesthöhe vor. Die Haftung entfällt, soweit der Kommanditist die im Gesellschaftsvertrag vereinbarte Pflichteinlage an die Gesellschaft leistet und die vereinbarte Einlage der Haftsumme entspricht. Der Kommanditist ist aber unmittelbar und neben der KG Abgabenschuldner der Kommunalsteuer. Hier greift die Haftungsbeschränkung nicht.

Bezüglich der Geschäftsführung (Innenverhältnis) unterscheidet man zwischen gewöhnlichen und außergewöhnlichen Geschäften. Für gewöhnliche Maßnahmen sind allein die Komplementärinnen, und zwar jede für sich allein, berufen. Kommanditistinnen sind von der gewöhnlichen Geschäftsführung ausgeschlossen. Ihnen steht somit kein Mitsprache- beziehungsweise Widerspruchsrecht zu. Vertragliche Änderungen sind zulässig, und es kann zum Beispiel ausschließlich dem Kommanditisten die Geschäftsführungsbefugnis oder ein Weisungsrecht gegenüber den Komplementären eingeräumt werden.

Außergewöhnliche Geschäftsführungsmaßnahmen bedürfen der Zustimmung aller Gesellschafter und somit auch der Kommanditisten. Im Gesellschaftsvertrag kann die Zustimmungserfordernis geändert werden. Beschränkungen im Innenverhältnis sind Dritten gegenüber unwirksam. Das bedeutet, hat beispielsweise die Komplementärin bei einem außergewöhnlichen Geschäft die Zustimmung des Kommanditisten nicht eingeholt, ist dennoch das Geschäft nach außen mit dem Dritten wirksam.

Vertretungsbefugt sind nur Komplementärinnen und zwar jede für sich allein. Die Vertretungsbefugnis umfasst sowohl gewöhnliche als auch außergewöhnliche Geschäfte. Im Gesellschaftsvertrag können einzelne Komplementäre von der Vertretung ausgeschlossen oder anstelle einer Einzelvertretung eine Gesamtvertretung vereinbart werden. Die Änderungen sind im Firmenbuch ersichtlich zu machen. Kommanditistinnen kann zwar keine organschaftliche Vertretungsbefugnis eingeräumt werden, aber sie können Prokuristen werden oder eine Handlungsvollmacht erhalten.

Gewinnverteilung und Entnahmerecht der Gesellschafter können im Gesellschaftsvertrag geregelt werden. Mangels einer derartigen Vereinbarung regelt das Unternehmensgesetzbuch (UGB) Gewinn- und Verlustverteilung. Soweit der Gesellschaftsvertrag nichts anderes vorsieht, ist den unbeschränkt haftenden Gesellschaftern zunächst ein ihrer Haftung angemessener Betrag des Jahresgewinns zuzuweisen. Weiterhin ist für jeden Arbeitsgesellschafter ein den Umständen entsprechender angemessener Betrag zu berücksichtigen. Der restliche Gewinn wird den Gesellschaftern im Verhältnis ihrer Beteiligung zugewiesen. Der Anspruch auf Auszahlung des Gewinnanteiles besteht dann nicht, wenn die Auszahlung der KG einen Schaden zufügen würde, wenn die Gesellschafter anderes beschließen oder wenn der betreffende Gesellschafter vereinbarungswidrig die eigene Einlage nicht geleistet hat. Der Kommanditist kann die Auszahlung des Gewinnes nicht verlangen, soweit die vereinbarte Einlage nicht geleistet wurde oder ihr beziehungsweise ihm zugewiesene Verluste oder die Auszahlung des Gewinnes unter den auf die Einlage geleisteten Betrag gemindert würde. Es ist empfehlenswert, die Gewinn- und Verlustverteilung und das Entnahmerecht im Gesellschaftsvertrag zu regeln.

Die KG gilt hinsichtlich der Ertragsteuer (Einkommensteuer, Körperschaftsteuer) nicht als selbstständiges Steuersubjekt; für die Ermittlung der Einkommensteuer ist vielmehr die oder der einzelne Gesellschafter Steuersubjekt. Hinsichtlich der betrieblichen Steuern (zum Beispiel Umsatzsteuer, Lohnabgaben) gilt die KG als Steuersubjekt. Auch der Gewinn ist von der KG zu ermitteln.

In Ergänzung zu den oben genannten Punkten kann für die KG in Deutschland noch auf die für kaufmännische Unternehmen geltenden Pflichten zur Führung eines Handelsbuches nach den Grundsätzen ordnungsgemäßer Buchführung verwiesen werden, das gilt auch für die Erstellung einer Jahresbilanz und einer Gewinn- und Verlustrechnung. Wie bei den anderen Personengesellschaften gilt hier der Schwellenwert von 600.000 € Umsatz und 60.000 € Gewinn. Eine KG selbst ist in Deutschland nicht einkommensteuerpflichtig, jedoch gewerbesteuerpflichtig.

Gesellschaft mit beschränkter Haftung (GmbH)

Die GmbH ist eine Kapitalgesellschaft, deren Stammkapital in Geschäftsanteile mit Stammeinlagen zerlegt ist. Die Stammeinlagen sind die Beiträge der Gesellschafterinnen zur Bildung des Stammkapitals. Die Gesellschaft ist eine juristische Person mit eigener Rechtspersönlichkeit. Sie kann Rechte erwerben, Verbindlichkeiten eingehen, klagen und angeklagt werden. Anders als Personengesellschaften (OG, KG) kann eine GmbH auch nur durch eine Person errichtet werden. Das Stammkapital, das durch die Gesellschafterinnen aufzubringen ist, muss mindestens 35.000 € betragen. Davon ist die Hälfte bei der Gründung bar einzuzahlen.

Achtung: Neu zu gründende GmbHs können das sogenannte Gründungsprivileg in Anspruch nehmen: Das Stammkapital beträgt zwar nominell 35.000 €, jedoch kann im (Gründungs- beziehungsweise) Gesellschaftsvertrag vorgesehen werden, dass die gründungsprivilegierten Stammeinlagen auf 10.000 € beschränkt werden. Davon ist zumindest die Hälfte (5.000 €) sofort in bar einzuzahlen; Sacheinlagen sind ausgeschlossen. Dieses Gründungsprivileg besteht für maximal zehn Jahre ab Eintragung der Gesellschaft in das Firmenbuch.

Für die Gründung ist der Abschluss eines Gesellschaftsvertrages beziehungsweise eine Erklärung über die Errichtung der Gesellschaft bei einer Ein-Personen-GmbH notwendig, der notariell beglaubigt werden muss. Darüber hinaus ist der Beschluss über die Bestellung der ersten Geschäftsführerinnen nötig, soweit dies nicht schon im Gesellschaftsvertrag geregelt ist. Mit der Eintragung im Firmenbuch entsteht die GmbH. Grundsätzlich haftet nur die Gesellschaft mit ihrem gesamten Gesellschaftsvermögen, das heißt, es besteht keine direkte oder persönliche Haftung der Gesellschafterinnen. Diese haften nur für die Aufbringung des im Gesellschaftsvertrag vereinbarten Stammkapitals.

Die GmbH wird durch Geschäftsführerinnen gerichtlich und außergerichtlich vertreten. Sie muss mindestens eine Geschäftsführerin haben. Diese ist im Firmenbuch einzutragen. Die Geschäftsführerbestellung erfolgt durch Beschluss der Gesellschafter. Wenn im Gesellschaftsvertrag nicht etwas anderes bestimmt ist, wird die Gesellschaft durch alle Geschäftsführer gemeinsam vertreten (Gesamtvertretung). Der Gesellschaftsvertrag kann auch eine Einzelvertretung vorsehen. Die Geschäftsführer haben bei der Geschäftsführung die Sorgfalt einer ordentlichen Geschäftsfrau oder eines ordentlichen Geschäftsmannes anzuwenden und haften der Gesellschaft, wenn sie ihre Obliegenheiten verletzen.

Die GmbH unterliegt den unternehmensrechtlichen Rechnungslegungsvorschriften und muss daher einen Jahresabschluss aufstellen, der auch beim Firmenbuchgericht einzureichen ist. Die Gesellschaft ist eigenes Steuersubjekt. Die Gewinne werden mit 25 Prozent Körperschaftsteuer besteuert. Von den Gewinnausschüttungen an die Gesellschafter sind 27,5 Prozent Kapitalertragsteuer einzubehalten und an das Finanzamt abzuführen (Endbesteuerung). Die Gesamtsteuerbelastung beträgt somit 45,625 Prozent.

In Deutschland beträgt das gesetzliche Stammkapital einer GmbH 25.000 € an Bar- oder Sacheinlagen, wovon mindestens die Hälfte eingezahlt werden muss, Sacheinlagen in voller Höhe. Für diese Rechtsform fallen Notarkosten an, die diese Gründung zusätzlich zu Kosten für eine Eintragung ins Handelsregister nochmals verteuern. Bis zu dieser Eintragung gibt es eine zur GbR-äquivalente Vorgründungsgesellschaft, sobald es rechtsverbindliche Vereinbarungen gibt, ist eine GmbH-Satzung abzuschließen. Wichtig ist, dass somit bereits vor der Gründung Haftungsrisiko entstehen kann. Nach der notariellen Beurkundung und bis zur Eintragung ins Handelsregister firmiert die Vor-GmbH als GmbH i. G. (in Gründung); diesen Zusatz nicht zu führen, wäre ein unzulässiger Firmengebrauch.

Unternehmergesellschaft (UG)

Als Reaktion auf die im angelsächsischen gebräuchliche und erfolgreiche Rechtsform der Limited (Ltd.) wurde in Deutschland im Jahre 2008 mit der Novelle des GmbH-Gesetzes eine vereinfachte Form der GmbH eingeführt. Dabei müssen Gründer lediglich ein Stammkapital von einem Euro aufbringen, was die Gründungskosten erheblich senkt, zumindest theoretisch.

Denn aus dem Namensbestandteil UG (haftungsbeschränkt) abgeleitet kann sich ein Nachteil ergeben, da Geschäftspartner dem verringerten Stammkapital möglicherweise weniger Vertrauen entgegenbringen als einer traditionellen GmbH. Allerdings ist eine UG verpflichtet, jedes Jahr ein Viertel des Jahresüberschusses über Rücklagen zur Erhöhung des Stammkapitals aufzubringen und kann bei einer Erreichung von 25.000 € in eine GmbH umgewandelt werden, und zwar ohne Rechtsformwechsel. Ansonsten entspricht die UG in Haftung, Formalitäten, Entscheidungsbefugnis und Vertrag der GmbH. In Österreich gibt es die UG (haftungsbeschränkt) bislang nicht.

Unterliegt dein Business dem Gewerberecht?

Für Tätigkeiten, die unter die Gewerbeordnung (GewO) fallen, benötigst du bei Aufnahme der Selbstständigkeit eine Gewerbeberechtigung. Diese erhältst du nach erfolgter Gewerbeanmeldung von der Gewerbebehörde (in Österreich von der Bezirkshauptmannschaft beziehungsweise Magistrat). Je nach Art des Gewerbes (frei oder reglementiert) und der Gewerbetreibenden (Einzelunternehmen oder Gesellschaft) sind die Voraussetzungen zur Gewerbeanmeldung unterschiedlich.

Eine natürliche Person muss bei der Anmeldung mindestens 18 Jahre alt sein, eine EU- beziehungsweise EWR-Staatsbürgerschaft haben oder einen Aufenthaltstitel vorweisen können. Erforderlich ist ein Wohnsitz in Österreich oder in der EU/EWR oder in der Schweiz. Zusätzlich dürfen keine Ausschlussgründe (gerichtliche Verurteilung) vorliegen. Eingetragene Personengesellschaften können ein Gewerbe erst nach Eintragung ins Firmenbuch anmelden. Sie müssen einen gewerberechtlichen Geschäftsführer bestellen. Dieser muss entweder ein persönlich haftender Gesellschafter oder ein zumindest zur Hälfte der wöchentlichen Normalarbeitszeit im Unternehmen beschäftigter, voll sozialversicherungspflichtiger Arbeitnehmer sein.

Bei Kapitalgesellschaften muss die oder der gewerberechtliche Geschäftsführer dem zur Vertretung der Gesellschaft befugten Organ angehören, also ein im Firmenbuch eingetragener Geschäftsführer (GmbH) beziehungsweise Vorstandsmitglied (AG) sein oder ein zumindest zur Hälfte der wöchentlichen Normalarbeitszeit im Unternehmen beschäftigter, voll sozialversicherungspflichtiger Arbeitnehmer. Eine Gesellschaft bürgerlichen Rechts (GesbR) ist im Sinne der Gewerbeordnung weder eine juristische Person noch eine eingetragene Personengesellschaft, sie ist daher nicht gewerberechtsfähig. Das bedeutet, dass eine solche Gesellschaft kein Gewerbe anmelden kann. Es müssen daher sämtliche für den Betrieb erforderlichen Gewerbe von allen Gesellschaftern persönlich angemeldet werden.

Freies und reglementiertes Gewerbe

Die Gewerbeordnung unterscheidet zwischen freiem und reglementiertem Gewerbe. Für freie Gewerbe ist kein Befähigungsnachweis vorgeschrieben. Sie dürfen bei Erfüllung der allgemeinen Voraussetzungen aufgrund der Anmeldung des betreffenden Gewerbes ausgeübt werden.

Das österreichische Bundesministerium für Digitalisierung und Wirtschaftsstandort gibt eine bundeseinheitliche Liste der freien Gewerbe heraus, die auch auf deren Homepage abrufbar ist. Bei der »Erfindung« neuer freier Gewerbe muss stets darauf geachtet werden, dass nicht in die Befugnisse reglementierter Gewerbe eingegriffen wird. Freie Gewerbe müssen daher bei ihrer Anmeldung so genau bezeichnet werden, dass eine klare Abgrenzung zu reglementierten Gewerben und Tätigkeiten, die nicht der Gewerbeordnung unterliegen, möglich ist. Bei reglementierten Gewerben muss bei der Gewerbeanmeldung der für dieses Gewerbe vorgeschriebene Befähigungsnachweis erbracht werden. Diese Gewerbe sind in der Gewerbeordnung in einer alphabetisch geordneten Liste der reglementierten Gewerbe festgelegt. Unter Befähigungsnachweis ist der Nachweis zu verstehen, dass die oder der Gewerbetreibende alle fachlichen und kaufmännisch-rechtlichen Kenntnisse, Fähigkeiten und Erfahrungen besitzt, um ein reglementiertes Gewerbe selbstständig ausüben zu können. Als Belege kommen folgende Zeugnisse in Betracht:

- erfolgreich abgelegte Meisterprüfung oder sonstige Befähigungsprüfung,
- erfolgreich abgelegte Unternehmerprüfung oder Abschluss eines universitären Studiums,
- erfolgreicher Besuch einer Fachhochschule, einer Schule oder eines Lehrganges,
- erfolgreich abgelegte Lehrabschlussprüfung,
- fachliche Tätigkeit, Tätigkeit in leitender Stellung, als Betriebsleiter oder als Selbstständiger.

Ausländische Prüfungszeugnisse über die Befähigung für ein reglementiertes Gewerbe sind österreichischen Prüfungszeugnissen gleichgesetzt, wenn dies in Staatsverträgen (zum Beispiel die Anerkennung bestimmter deutscher Meisterprüfungen) oder durch Verordnung der Bundesministerin für Digitalisierung und Wirtschaftsstandort festgelegt ist. Ob durch Zeugnisse einer ausländischen Universität, Schule oder eines ausländischen Lehrganges die für die Ausübung eines reglementierten Gewerbes erforderlichen Fähigkeiten und Kenntnisse erworben wurden, wird im Einzelfall auf Antrag bestimmt. Ausländische Dienstzeugnisse sind grundsätzlich anzuerkennen, wenn sich daraus eine einer inländischen Verwendung gleichkommende fachliche Tätigkeit ableiten lässt.

Allenfalls kann die Gewerbebehörde den Nachweis der Existenz der Ausstellerinstitution des Zeugnisses verlangen. Kann der Befähigungsnachweis nicht erbracht werden, besteht die Möglichkeit der Feststellung einer individuellen Befähigung. Dabei sind der Gewerbebehörde durch entsprechende Beweismittel, die für die jeweilige Gewerbeausübung erforderlichen Kenntnisse, Fähigkeiten und Erfahrungen nachzuweisen. Bei den reglementierten Gewerben gibt es als Sonderfall sogenannte »Zuverlässigkeitsgewerbe«. Diese dürfen erst nach Vorlage eines rechtskräftigen, die besondere Zuverlässigkeit feststellenden Bescheides ausgeübt werden. Es handelt sich dabei zum Beispiel um die Gewerbe Baumeister, Elektrotechnik, Pyrotechnikunternehmen, Gas- und Sanitärtechnik, Reisebüros, Sicherheitsgewerbe, Vermögensberatung, Waffengewerbe, Holzbaumeister.

Die Genehmigung deiner Arbeitsstätte

Eine Betriebsanlage ist der Ort, an dem Unternehmen regelmäßig arbeiten und ihr Gewerbe ausüben. Diese bedarf als örtlich gebundene Einrichtung zum Betrieb des Unternehmens einer Bewilligung, wenn durch die von der Betriebsanlage ausgehenden Emissionen insbesondere Nachbarn, aber auch allgemein die Umwelt negativ betroffen sein können. Die Betriebsanlagengenehmigung schafft Rechtssicherheit gegenüber Behörden und Nachbarn und erlaubt das rechtlich abgesicherte Arbeiten im eigenen Betrieb.

Damit diese Situation auch bestehen bleibt, sind seit der letzten Genehmigung durchgeführte Änderungen an der Betriebsanlage der Behörde zu melden und gegebenenfalls auch um eine Änderungsgenehmigung anzusuchen. Spätestens alle fünf beziehungsweise sechs Jahre hat der Betriebsinhaber den Betrieb auf die Einhaltung der gesetzlichen und durch Bescheid vorgegebenen Bestimmungen zu überprüfen. Durch die zweite Genehmigungsfreistellungsverordnung wurde eine Reihe von an sich ungefährlichen Kleinanlagen von der gewerberechtlichen Genehmigungspflicht ausdrücklich ausgenommen. Dabei handelt es sich um Einzelhandelsbetriebe bis 600 Quadratmeter (einschließlich Lebensmittelhandel) für bestimmte Berufe wie beispielsweise Bürobetriebe, Kosmetik-, Fußpflege- und Massagebetriebe, Friseure, Floristen, Änderungsschneidereien und Schneidereien mit haushaltsähnlichen Nähmaschinen, Fotografen, Beherbergungsbetriebe bis 30 Gästebetten, Eissalons und Betriebsanlagen bis 400 Quadratmeter im Rahmen einer genehmigten Gesamtanlage.

Die Unternehmerin muss sich selbst darum kümmern, dass die Betriebsanlage genehmigt wird. Erst wenn alle Informationen bei der zuständigen Behörde (Bezirkshauptmannschaft beziehungsweise Magistrat) sind, darf die Behörde entscheiden.

FAZIT

Zusammenfassend gibt es nicht die eine optimale Rechtsform, da mit jeder Wahl Vor- und Nachteile verbunden sind. Daher sollte immer die eigene Situation geprüft und verschiedene Szenarien durchgespielt werden. Wie auch bei den Geschäftsmodellen kann die unternehmerische Entscheidung für eine bestimmte Form sich als nicht passend herausstellen. Glücklicherweise gibt es auch hier die Möglichkeit, diese Wahl zu revidieren und ggf. die Rechtsform zu wechseln.

Simon Volderauer
#Wirtschaftskammer Österreich

Prof. Dr. Florian Täube
#RKW Kompetenzzentrum

Der Businessplan

Ein Businessplan fungiert für dich als Fahrplan deiner Gründung. Er hilft dir bei Verhandlungen mit Kooperationspartnern, bei der Beantragung von Fördermitteln oder einer Finanzierung. Denn Banken und andere Kreditgeber sowie Förderstellen wollen wissen, wem und wofür sie Kredite und Zuschüsse geben. Mit Hilfe des Businessplans entwickelst du aus deiner Geschäftsidee ein tragfähiges Konzept.

Auch wenn du Kredite, Kooperationspartner oder Zuschüsse nicht benötigst, macht es Sinn, einen Businessplan zu erstellen. Denn durch eine gezielte Analyse deiner Chancen und möglicher Risiken kannst du Schwachstellen aufdecken und gezielt verbessern. Außerdem kannst du später überprüfen, ob du deine gesteckten Ziele erreicht hast. Im Folgenden die wichtigsten Punkte deines Businessplans:

- **Executive/Management Summary:** Aussagekräftige, kompakte Zusammenfassung deines Businessplans
- **Das Unternehmen:** Informationen über Rechtsform, Unternehmensstandort, Unternehmensziele
- **Gründerprofil & Team:** Vorstellung des Gründers/der Gründerin oder des Gründerteams und eventueller Schlüsselpersonen, inklusive Schul- und Berufsausbildung, Branchenkenntnisse, (kaufmännische) Qualifikationen, Stärken und Schwächen
- **Geschäftsidee:** Alles Wissenswerte zu den Produkten und/oder Dienstleistungen, deine Intention und das Alleinstellungsmerkmal, Kundennutzen, Unternehmensziele (kurz, mittel- und langfristig)
- **Branchen und Marktanalyse:** Trends, Entwicklungen, Marktpotenzial, Zielgruppe, Wettbewerb, Konkurrenzanalyse
- **Marketing und Vertrieb:** USP (Unique Selling Point), geplante Marketingmaßnahmen, Preisstrategie und Konditionen, Werbung und Verkaufsförderung
- **SWOT-Ananylse:** strategische Planung und Positionierung deines Unternehmens durch Chancen-Risiko-Analyse und Identifizierung von Stärken und Schwächen
- **Finanzplan/Planbilanz:** Ertrags- und Rentabilitätsvorschau inkl. Best-Case- und Worst-Case-Szenarien, Investitionsplanung, Umsatzplanung und Deckungsbeitragsrechnung, Fixkosten- und Personalkostenplanung, Sicherheiten, Überblick über Kapitalgeber, Kredite, Darlehnen
- **Anhang:** Detaillierter Lebenslauf, Organigramm, Gesellschaftervertrag, Verträge wie Pachtvertrag, Kooperations- und Leasingverträge, eventuelle Gutachten, Nachweise über Patente, Schutzrechte, Sicherheiten u. Ä.

Auch wenn das nun anspruchsvoller Inhalt war, mit dem du dich vielleicht nicht so gern auseinandersetzt, so ist er doch von großer Bedeutung bei der Gründung eines Unternehmens. Aus meiner persönlichen Erfahrung heraus kann ich dir sagen, dass ich eher der Typ bin, der solche Themen gern meidet, weil es mir einfach keinen Spaß macht, mich damit zu beschäftigen. Da bin ich ganz ehrlich. Als kreativer Mensch beschäftige ich mich wesentlich lieber mit thematischen und audiovisuellen Inhalten als mit Zahlen, Daten und Fakten. Wenn es dir genauso geht, dann lass dir sagen: Das ist vollkommen in Ordnung! Du musst nicht an allem außerordentliches Interesse haben. Dafür gibt es ja Spezialisten! Genau wie in diesem Fall. In Österreich steht dir bei Fragen rund um Gewerbeanmeldung und Rechtsform die WKO (Wirtschaftskammer) mit Rat und Tat zur Seite. Für Jungunternehmer gibt es sogar eine eigene Abteilung, die Junge Wirtschaft (JW). Die JW versteht sich nicht nur als Ratgeber für Gründende, sondern bietet dir auch ein weitläufiges Netzwerk und diverse Weiterbildungsmöglichkeiten. In Deutschland kannst du dich an die IHK (Industrie- und Handelskammer) wenden oder natürlich an die Gründungsspezialisten des RKW-Kompetenzzentrums.

Carina Frei
#Push up your Business

C wie Commitment:

Mehr als Hingabe, Verpflichtung und Engagement

Kennst du die Märchen, in denen der Prinz immer die Prinzessin und das Schloss bekommt und beide glücklich bis an ihr Lebensende miteinander alt werden? Meist ist er verwunschen und fristet sein Dasein als quakender Frosch oder mittelloser Schweinehirte. Dann muss er eine Menge Drachen auf seinem Handlungsweg besiegen. Er kämpft sich durch Täler und Schluchten, um im nächsten Moment auf den höchsten Berg der Berge zu steigen. Auf den gelangt er nur über zigtausend Schwerter aus Eisen. Nicht zu vergessen: die böse Hexe und der verzauberte Waldweg. Und doch hat der ehemals edle Prinz nur ein Ziel, das er ohne zu zögern, ohne auch nur einen Zweifel in sich tragend, verfolgt. Seine Entscheidungen und seine Motive sind sicher und glasklar: die Prinzessin retten. Diese Grundlage schenkt ihm jedes Mal aufs Neue die notwendige Orientierung, um alle abenteuerlichen Herausforderungen erfolgreich umzusetzen.

Was Märchen mit Jungunternehmertum zu tun haben

Der Start deines Business ist wie der Beginn eines Märchens und kann genau diesem holprigen Weg des verwunschenen Prinzen ähneln, und deine Belohnung wird am Ende **weniger, gleich** oder gar **viel großartiger** sein. Heißt: Du gehst los, unternimmst die ersten Schritte, wirst mit Widrigkeiten konfrontiert, stolperst vielleicht und stehst aber wieder auf, denn du glaubst an dich und dein Vorhaben. Am Ende bekommst du den Prinzen oder die Prinzessin, das Schloss und ein Happy End, also noch viel großartiger, als du erwartet hattest. Deshalb ist aus meiner Sicht mit Commitment viel mehr als nur die **Hingabe, Verpflichtung** oder das **Engagement** gegenüber deinem Business gemeint.

Es geht um deine Gefühle, deine Klarheit, deine Autonomie, deine Orientierung und deine **richtigen Entscheidungen.** Also um deine freiwillige Bindung und Verpflichtung dir selbst gegenüber. Gerade als Unternehmerin solltest du zu deinen eigenen Werten, Zielen, Handlungen und vor allem Entscheidungen stehen, damit du letztlich immer mindestens die Prinzessin oder den Prinzen und das Schloss bekommst. Mit anderen Worten: Du lässt dich hundertprozentig auf dein Business ein. Du entscheidest dich für dich, weil du voll und ganz dauerhaft hinter dir und deiner Idee stehst.

Was tun mit Unzuverlässigkeit und Schlendrian?

Diese Arbeitsweisen sind dir als Unternehmerin kein guter Ratgeber. Was meine ich mit Unzuverlässigkeit und Schlendrian? Zu viele Dinge auf deiner Prioritätenliste, und damit schaffst du dann eigentlich gar nichts. Ob das dann E-Mails sind, die von dir nicht beantwortet werden oder Projekte, die liegen bleiben, weil du gerade zu viele davon betreust, oder du denkst, dass kann bis morgen warten. Hoppla! Das schaffst du ja gar nicht alles morgen! Na dann halt übermorgen ;-).

Bewährt hat sich, gleich zu Beginn einen Vertrag mit sich selbst abzuschließen. Du gibst dein Commitment an dich schriftlich ab – wie alles im Leben, das du direkt in deine Prozesse integrierst und sofort verwirklichst. Dieses Vorgehen stärkt dein Selbstvertrauen, und die Umsetzung einzelner Schritte fällt leichter. Beispielsweise kannst du dir eine Liste mit Dingen, die zu erledigen sind, erstellen und diese dann priorisieren. Wichtig dabei ist, bleibe an deiner Priorität eins dran, auch wenn es länger dauert als geplant und beginne dann erst mit deiner Priorität zwei von der Liste.

Wie kann so ein vertragliches Commitment als Jungunternehmer aussehen, und wie kannst du es trainieren? Ich möchte dir hier eine Anregung geben, die dir ganz leichtfallen wird. Dieses Commitment lautet im Grundsatz: Beginne immer mit etwas Einfachem, am besten so einfach, dass du dir denkst: »Ist doch kein Problem.« Plane dafür einen Zeitraum von etwa 14 Tagen ein und beachte, dass du die Aufgabe jeden Tag bis spätestens 20 Uhr erledigt hast.

Verlässliches Commitment dir selbst gegenüber

Worum geht es? Um einen Joghurt! Nimm dir für die kommenden 14 Tage vor, jeden Tag einen Joghurt bis spätestens 20 Uhr zu essen. Ich habe diese Methode von einer jungen Frau gelernt, die dieses Commitment für sich eingegangen ist. Sie hielt erfolgreich die ersten zehn Tage durch. Am elften Tag stellte sie beim Öffnen des Kühlschranks fest: »Oje, kein Joghurt mehr da.« Da kam ihr kurz der Gedanke: »So what, es ist ja nur ein Tag, der ausfällt. Morgen besorge ich sofort neuen Joghurt.«

Stopp! Das ließ ihr mit sich selbst geschlossener Vertrag nicht zu. Bei so einer Kleinigkeit schon aufzugeben, kam nicht infrage. Also ab ins Auto und zur nächsten Tankstelle, um den teuersten Joghurt ihres Lebens zu kaufen. Aber dieser Preis war ihr jeden Cent für das wert, was sie dafür bekam. Ihr Durchhaltevermögen, ihre Verlässlichkeit, ihr enormes

Selbstvertrauen gewannen. Denn sie hielt durch und hat ihr Versprechen sich selbst gegenüber eingehalten – bis zum Tag 14 ihrer persönlichen Challenge.

Diese Geschichte soll dich nicht zum Joghurtessen überreden. Sie soll dir zeigen, dass alle Entscheidungen und Handlungen kein Hexenwerk sind, sondern nur ein verlässliches Commitment dir selbst gegenüber. Je intensiver du dieses Verhalten trainierst und fortschreitend mit größeren, relevanteren Aufgaben anreicherst, desto mehr gewinnen dein Selbstvertrauen und deine Umsetzungskraft für dein Unternehmen.

Die Triade – deine drei Kompetenzzentren

Die wichtigsten Punkte deines Commitments stammen aus deinen drei Kompetenzzentren. Sie sind dein Fundament für bewusste Entscheidungen und bestehen aus Bauch (Intuition), Herz (Emotion) und Kopf (Ratio). Durch deine bewusste Wahrnehmung des Themas, des Vorhabens beziehungsweise deiner Entscheidungsfindung in deinen drei Kompetenzzentren erhältst du Klarheit und kannst dein Commitment dir selbst gegenüber fühlen, verstehen und spüren, was **Voll-und-ganz-Dahinterstehen** bedeutet. Das heißt, dass du deine drei Kompetenzzentren bewusst für Entscheidungen und somit deinem Commitment dir selbst gegenüber einsetzt.

In meinen Beratungen nutze ich immer das persönliche Fundament für die ganz eigenen individuellen Entscheidungsprozesse. Dieses Fundament wird bewusst in die drei Kompetenzzentren **Bauch** (Intuition), **Herz** (Emotion) und **Kopf** (Ratio) geteilt. Als Einheit bringen sie dir Klarheit über dein Commitment. Wie das? Um bei unserem verwunschenen Schweinehirten zu bleiben, können wir festhalten, dass sein Bauchgefühl (Intuition) ihm sagt: »Ich bin schon mit so vielen verschiedenen Widrigkeiten im Leben zurechtgekommen und habe mein Leben auch schon mit nur einem Kanten Brot und einem Krug Wasser gemeistert. Ich weiß, dass ich alle Ungeheuer bezwingen kann.« Sein Herzgefühl (Emotion) sagt ihm: »Oh, wie schön wäre es, ein Prinz zu sein und mit einer holden Prinzessin an meiner Seite in einem prächtigen Schloss zu leben.« Da überlegt er so in seinem Kopf (Ratio): »Das hätte viele Vorteile und bringt Sicherheit sowie ein im Winter wärmendes Schloss mit sich. Ich brauche nicht mehr jeden Tag aufs Neue die Schweine zu hüten und weiß nicht mehr ein noch aus, wenn ich eines der Schweine verliere.«

Diese drei kompetenten Ratgeber **Bauch** (Intuition), **Herz** (Emotion) und Kopf (**Ratio**) trägt jeder von uns in sich. Sie bilden unsere **embodimentalen** (körperlichen) Kompetenzzentren. Wenn du diese nutzt und für dich bewusst einsetzt, ist das die Stärke, die dein Commitment in die Umsetzung überträgt.

Der Trialog für bewusste Entscheidungsfindung

Schon Friedrich Nietzsche wusste: »Es ist mehr Vernunft in Deinem Leibe als in Deiner besten Weisheit.«

Kompetenzzentrum 1: Der Bauch – steht für Raum, Autonomie und Intuition

Kompetenzzentrum 2: Das Herz – steht für Beziehung, Kontakt und Emotion

Kompetenzzentrum 3: Der Kopf – steht für Sicherheit, Orientierung und Ratio

Im Märchen vom verwunschenen Schweinehirten ist dessen Antrieb bekannt: Der Ruf, dem er folgt, die Prinzessin zu retten und das Schloss zu erobern. Tief in seinem Inneren weiß er vielleicht um seine adlige Abstammung, aber in jedem Fall sieht er bereits jetzt den Lohn, wenn er sich auf den beschwerlichen Weg macht. Das könnte eine seiner Motivationen sein, die ihn antreibt. Du kannst für jedes deiner eigenen drei Kompetenzzentren die Motivation herausfinden und feststellen, ob sich alle drei gegenseitig unterstützen und im Fluss miteinander sind.

Der Gang durch die Triade am Anfang der Gründung

Wie steht es um deine Motivation? Stelle dir dazu relevante Fragen. Hier ein paar Beispiele:

- Was ist dein Leitmotiv – Freiheit oder Sicherheit?
- Möchtest du gern mehr Geld verdienen? Warum?
- Was machst du mit dem Geld?
- In welcher Beziehung möchtest du mit deinem geschäftlichen Umfeld stehen?
- Möchtest du weniger Stress?
- Möchtest du tun, was du liebst?
- Möchtest du anderen Menschen helfen?
- Sagt dir keiner, was du zu tun hast?
- Warum willst du die Welt zu einem besseren Ort machen?
- …

Erst wenn du dir auf deine relevanten und vielleicht auch unbequemen Fragen ehrliche Antworten gegeben hast, bist du bereit, businessrelevante Entscheidungen zu treffen.

Wenn du also mit den Antworten zu deiner Motivation zufrieden bist, gehe den zweiten Schritt an.

Der Gang durch die Triade mit einer Entscheidung

- Wie sieht meine Positionierung aus?
- Welche Zielgruppe bediene ich?
- In welcher Branche bewege ich mich?
- Welches Produkt oder welche Dienstleistung biete ich an?
- Bin ich im Hochpreissegment tätig?
- Wie lange möchte ich täglich arbeiten?
- Habe ich Angestellte?
- In welcher Geschäftsform gründe ich?
- Welche Dinge, die ich nicht kann, source ich aus?
- ...

Die Triade kann selbstverständlich auch mit anderen Themen, die dich beschäftigen, begangen werden, damit du zu deiner jeweils individuellen Lösung gelangst. Hier sei erwähnt, dass jeder von uns auf seinem oder ihrem ganz eigenen Betriebssystem läuft. Dafür gehen wir noch einmal zu den drei Kompetenzzentren zurück. Denn es ist wichtig, dass du weißt, wie sich diese gegenseitig bedingen und in der Praxis gleichwertig anzuwenden sind.

Alle drei sind wichtig für dich und sollten eindeutig mit an Bord sein für dein Commitment, denn wenn eines fehlt, kann es schiefgehen beziehungsweise bist du nicht klar entschlossen. Das ist wie bei einem Hocker mit drei Beinen: Fehlt eines der Beine, fällt der Hocker um. Du triffst also deine leichten und schweren Entscheidungen immer aus sowie innerhalb der drei Kompetenzbereiche. Die Kernbedürfnisse sind wie Motivatoren zu sehen, die dein Verhalten gestalten und wichtige Parameter für dein Entscheidungsmanagement bilden.

Die Triade in der Praxis

Den Aufruf »Gang durch die Triade« kannst du in dieser Übung übrigens gern wörtlich nehmen. Dazu nimmst du drei Blätter Papier in unterschiedlichen Farben, die jeweils für Bauch, Herz und Kopf stehen. Leg sie auf den Boden, um dich herum.

Du beginnst immer beim Zentrum **Bauch**, gehst dann mit deiner Aufmerksamkeit über zum Zentrum **Herz,** und danach lenkst du deine Wahrnehmung in das Zentrum **Kopf.** Stell dich also zuerst auf das Blatt »Bauch«, wechsle dann den Platz für das jeweilige Zentrum und lenke deine Aufmerksamkeit dorthin. Welche Informationen signalisiert dir nun dein Körper für die anstehende Entscheidung?

FAZIT:

Dein Commitment ist die Basis deiner persönlichen Entscheidungsarchitektur.

Du hast hier eine der Grundlagen für deine individuelle Entscheidungsarchitektur kennengelernt, mit der du nicht nur dein Commitment dir selbst gegenüber definierst, sondern Klarheit und Orientierung für den Aufbau deines eigenen Business erhältst.

Michaela Forthuber
#Entscheidungsarchitektin

D wie Digitalisierung:

Mehr als ein Schlagwort

Das Wort Digitalisierung ist derzeit in aller Munde, und oft frage ich mich: »Wissen die Leute eigentlich, was damit konkret gemeint ist?« Oft habe ich den Eindruck, dass es nur als Modewort verwendet wird und keiner wirklich weiß, was Digitalisierung für den Einzelnen bedeutet und folglich zu tun wäre. Vor allem von Politikern und Medien höre ich immer wieder: »Wir sind alle gefordert, in Sachen Digitalisierung etwas zu unternehmen, ansonsten verpassen wir den Anschluss und Amerikaner und Chinesen preschen uns davon. Die europäische Wirtschaft wird massiv darunter leiden!« Persönlich sehe ich das nicht so dramatisch, denn das Thema Digitalisierung ist etwas differenzierter zu betrachten.

Was heißt eigentlich Digitalisierung?

Digitalisierung bedeutet so viel, dass keiner so recht weiß, wo anfangen und wo aufhören. Sprechen wir zum Beispiel von einer reinen Businesssoftware mit ihren umfangreichen und integrierten Funktionen, von Advanced Analytics auf Basis von Big Data, von Virtual Reality oder von Chatbots und Robotern, gepaart mit künstlicher Intelligenz, oder gar von einer Smart Factory. Man sieht schon – und das sind nur einzelne Bereiche der Digitalisierung –, dass dieses Schlagwort viele, viele Themen umfasst und deshalb nicht mit ein paar Sätzen erklärt werden kann.

Grundsätzlich ist meine Meinung dazu: Digitalisieren, ja! Nur was genau und wie, muss gut überlegt sein. Digitalisierung darf und soll kein Selbstzweck sein und/oder einfach gemacht werden, weil eine Bekannte oder ein Wettbewerber es auch gerade macht. So wie der Köder dem Fisch und nicht dem Angler schmecken soll, darf die Digitalisierung vor allem den Anwendern beziehungsweise den Kunden gefallen und nicht der Person, die sie entweder implementiert oder einfordert.

Nehmen wir zum Beispiel die Bahn. Was nutzen dir Informationen über Fahrpläne via Smartphone, wenn letztlich der Ticketautomat nicht funktioniert und dieser weder Bargeld noch EC-Karte annimmt und du gegebenenfalls im Zug dafür dann Strafe zahlen musst. Oder wenn das »kostenlose« WLAN in den Zügen grottenschlecht beziehungsweise zu langsam ist, um damit vernünftig arbeiten zu können. Dann kannst du schlichtweg behaupten, die Digitalisierung sei im Alltag nicht angekommen. Solche Situationen treffen nicht nur Kundinnen, sie spiegeln sich auch bei den Prozessen und Arbeitsabläufen der Mitarbeiterinnen wider.

Das Wichtigste gleich zu Beginn. Sobald ein Unternehmen die Planung seiner digitalen Transformation beginnt, muss es sich die Frage stellen: »Wozu?« Erst dann wird eine neue Software implementiert, in der Folge dann Apps entwickelt und weitere Workflows initiiert. Wenn das Unternehmen nicht weiß, warum es einen Ablauf oder Vorgang digitalisiert, sondern das nur tut, weil alle es gerade tun, dann wird sich früher oder später ein Problem einstellen. Das ist meist mit hohen Investitionskosten, mangelhaftem Nutzen und fehlender Anwenderakzeptanz verbunden.

Du fragst dich bestimmt, wieso ich das behaupte. Immer dann, wenn neue Anwendungen über den Köpfen der betroffenen Personen hinweg ausgesucht und implementiert werden, fehlen natürlich wesentliche Informationen zu den Anforderungen und Bedürfnissen der schlussendlichen Benutzer, die im Auswahlprozess nötig gewesen wären. Und dies betrifft natürlich nicht nur die Mitarbeiter, sondern vor allem die Kunden, die eigentlich von der Transformation profitieren und den Mehrwert gegenüber Wettbewerbern erkennen sollten. Das gilt natürlich nicht nur für bestehende Unternehmen, sondern auch für Start-ups und Solopreneure. Speziell diese Unternehmerinnen sollten mit Argusaugen darauf achten, welche Form der Digitalisierung zum aktuellen Zeitpunkt der Unternehmensentwicklung die richtige ist. Am Start kann durchaus eine Exceltabelle sinnvoll sein, aber ab einem gewissen Zeitpunkt ist es dieses Werkzeug vielleicht nicht mehr, da Effizienz verloren geht und zeitnahe Entscheidungsgrundlagen nicht zur Verfügung stehen.

Technologie ist nur Mittel zum Zweck und sollte nicht durch deren Popularität ausgewählt werden. Achtung: Technologie kann richtig viel Geld kosten. Den Einsatz neuer Technologien mit erfolgreicher digitaler Transformation gleichzusetzen, ist genauso falsch wie der Kauf eines amerikanischen Doppeltürkühlschranks mit schickem Eiswürfelbereiter –, wenn anschließend das Geld für die Getränke fehlt. Dann trinkst du Eiswürfel. Der Fokus sollte hundertprozentig auf den Bedürfnissen der Bediener und Kunden gelegt werden. Achte dabei darauf, dass beide Gruppen rechtzeitig und vollumfänglich in die Erstellung eines sogenannten Anforderungskataloges eingebunden werden, laufend den Entwicklungsprozess begleiten und bei Tests intensiv involviert sind. Es sollte also nicht ein Projekt der Organisationsleitung und IT-Abteilung sein, in dem die oben genannten Gruppen nur marginal involviert sind. Und speziell in diesem Punkt ist der Unternehmer gefragt, aktiv mitzugestalten und das Projekt nicht aus den Augen zu verlieren.

Gerade durch meine berufliche Erfahrung in den vergangenen Jahren musste ich leider oft feststellen, dass Projekte genau nach diesem falschen Ansatz beziehungsweise Schema abgelaufen sind und am Ende verdutzte Mitarbeiterinnen, mangelhafte Ergebnisse und nicht eingetretener Erfolg das Resultat waren.

Potenziale erkennen und nutzen

Da das Thema Digitalisierung sehr umfassend ist, stellt sich die Frage: »Was bedeutet Digitalisierung für mein Unternehmen?« Die Potenzialanalyse kann eine Hilfestellung sein.

Die Digitalisierung soll schließlich kein Selbstzweck sein. Einfach nur alle theoretischen Möglichkeiten umzusetzen, wäre einerseits innerhalb eines realistischen Zeitrahmens unmöglich, andererseits nicht wirklich sinnvoll. Die Potenziale sind vielfältig und immer unternehmensspezifisch. Dazu muss sich jede Organisation vorab viele Fragen wie diese stellen:

- Welche Abläufe oder Prozesse haben das Potenzial zur Effizienzsteigerung?
- Welche ergänzenden Dienstleistungen können auf digitaler Basis angeboten werden?
- Lassen sich bestimmte Produkte oder Dienstleistungen vollständig digitalisieren?
- Wie lassen sich Arbeitsplätze oder Tätigkeiten effizienzsteigernd optimieren?
- Welche Tätigkeiten und Personen könnten stärker digital vernetzt werden?

Speziell diese Fragen sind für Jungunternehmer von großer Relevanz. Sie müssen sich viel häufiger damit auseinandersetzen, da meist nicht von Start an alles perfekt und effizient organisiert werden kann.

Und ja, natürlich muss nicht alles digitalisiert werden. Einzelne Tätigkeiten können nach wie vor analog verrichtet und manche nur zum Teil digitalisiert werden; einige dafür vollständig. Ergänzend sind auch die technologischen Aspekte für eine Potenzialanalyse relevant. Fragen dazu können sein:

- Was kann man in die Cloud verlagern?
- Wie kann man Marketingautomation nutzen?
- Welche Bedeutung haben Datenauswertungen, Analysen und Big Data für uns?
- Wie und wo kann dein Unternehmen künstliche Intelligenz nutzen?
- Können wir mit 5G zum Internet of Things gehören?
- Sind Blockchain oder Smart-Contracts für uns relevant?
- Sind 3-D-Drucker ein Thema für dein Unternehmen?
- Wie könntest du Augmented Reality für dein Angebot nutzen?

Schlussendlich bedeutet dies nichts anderes, als das gesamte Unternehmen oder die gesamte Organisation zu durchleuchten, mit allen betroffenen Personen zu sprechen und gemeinsam die Handlungsfelder zu definieren. Es hilft zunächst einmal, in sich beziehungsweise in das Unternehmen hineinzuhorchen und zu erkennen, an welchen Stellen es zwickt, sticht oder brennt. Eine richtungsweisende Selbstanalyse ist dabei schon mit Blick auf den eigenen Alltag und das eigene Konsumverhalten möglich, weil hier die Digitalisierung relativ weit vorangeschritten ist. Wer wissen will, wo sein digitaler Schmerz liegt, der frage sich:

- Ist mein von mir geschaffenes Kundenerlebnis annähernd so gut wie das von Amazon Prime?
- Kann ich genau sagen, wo jeder Euro meines Marketingbudgets hinfließt?
- Ist mein User-Interface so einfach wie das eines Smartphones?
- Und: Habe ich Bestellungen per Fax abgeschafft?

Unter Umständen kommt dabei eine lange Liste mit interessanten und erfolgversprechenden Punkten raus, die du zeitgleich und kostentechnisch gar nicht direkt umsetzen kannst. Daher gilt es dann zu priorisieren und festzulegen, mit welchen dieser Punkte du starten möchtest.

Ich möchte dir dazu die Geschichte meines Cousins und sein Erlebnis mit einem beschädigten Samsungtablet erzählen. Das fast nagelneue Tablet fiel auf einen Fliesenboden und das Bildschirmglas ging zu Bruch. Shit! Was nun? Mein Cousin ging auf die Webseite von Samsung, und der Kundenservice bot ihm eine komfortable Reparatur über das Internet an. Angefangen mit der Erfassung der persönlichen Daten und Registrierung erhielt er automatisch ein Versandetikett mit allen relevanten Daten auf seinen Drucker bis hin zu einer Vorgangsnummer für seine Reparatur. Nach dem Einsenden des Paketes bekam er regelmäßig eine Statusmeldung per E-Mail und konnte gleichzeitig jederzeit auf der Webseite den Reparaturvorgang seines Tablets verfolgen. Allein die Rückmeldung, das Paket sei bei der Servicestelle angekommen, löste schon die erste Erleichterung in ihm aus. Dieses Tablet war ja nicht gerade sehr billig und daher hatte er doch ein mulmiges Gefühl bei dem Versand.

Anschließend ging es mit der Rückmeldung der voraussichtlichen Reparaturkosten, der Aufforderung einer Bestätigung sowie der Meldung, dass das reparierte Tablet versendet wurde, weiter. Schlussendlich war die Reparatur des Tablets eine positive Erfahrung für meinen Cousin. Im Fachjargon spricht man auch von einer gelungenen **Customer Journey** (zu Deutsch: Die Reise des Kunden beziehungsweise der Kundin). Warum erzähle ich das? Nun, jeder Unternehmer sollte sich gedanklich in die Lage des Kunden versetzen und sich ein Bild davon machen, wie sie oder er selbst als Kunde eine solche »Kauf-Reise« erleben möchte.

Ein wichtiger Aspekt in Bezug auf Potenziale, der gern übersehen wird, ist der Blick über den Tellerrand. Aus heutiger Sicht und zugleich zurückblickend betrachtet, gab es viele Veränderungen am Markt. Sie waren vordergründig und vor allem innerhalb der eigenen Branche nicht so einfach vorhersehbar und haben in weiterer Folge zu massiven Veränderungen innerhalb der Branche geführt. Wenn dich Fallbeispiele dazu interessieren, kannst du sie in meinem Buch »DIGITALISIERUNG – erfolgreich managen« nachlesen.

Der Blick auf Veränderungs- und Entwicklungspotenziale ist in vielen Fällen zu stark nach innen – ins Unternehmen und auf die eigene Branche – gerichtet. Seltener wird auf Trends geachtet, die auf den ersten Blick mit der eigenen Branche nichts zu tun haben. Der Wettbewerb oder ein Konkurrent hat dies vielleicht früher erkannt. Chance verpasst! Es bleibt spannend, welche Veränderungen auf uns zukommen und welche Branchen und Unternehmen rechtzeitig agieren und welche das Nachsehen haben werden.

Eine andere Sichtweise als die einer kompletten Veränderung des Geschäftsmodells ist die Betrachtung der Produkte in Kombination mit Software und daraus folgenden datenbasierten Dienstleistungen. Die Bedeutung von Software ist schon heute bei vielen Unternehmen wettbewerbsentscheidend. Eine Untersuchung des Bundesministeriums für Wirtschaft und Energie (BMWi) ergab: »Die Automobilhersteller werden bis 2050 über 50 Prozent ihres Umsatzes mit datenbasierten Dienstleistungen erzielen.«

Auch in anderen Branchen nimmt die Bedeutung der Software rasant zu. Stereoanlagen werden mit dem Smartphone gesteuert, das Fernsehgerät besitzt einen smarten Internetzugang, und es gibt bereits Kühlschränke mit einer Verbindung zum Internet und komplexer künstlicher Intelligenz, die Nachbestellalgorithmen beinhaltet. Die Software beziehungsweise nutzenstiftende Dienstleistung wird daher zu einem wichtigen Unterscheidungsmerkmal im Wettbewerb. Karsten Kempe, Solution-Architekt bei Microsoft, meint dazu: »Wenn ich meine Kaffeemaschine mit dem Smartphone steuern kann, dann ist es nicht mehr die Kaffeemaschine, die den Kunden an die Firma bindet, sondern die Software, die dazu führt, dass der Kunde sich beim nächsten Mal wieder für eine Maschine desselben Herstellers entscheidet.«

Beispiele für Marketingautomation

Ein oftmals prädestinierter Bereich, in dem Digitalisierung und in weiterer Folge Automatisierung stattfindet, ist der Vertrieb beziehungsweise Verkauf. Die Zeiten, in denen unzählige Vertreter das Land bereisten und **Klinken putzen** mussten, scheint langsam zu Ende zu gehen. Heute wird mit neuen und digitalen Mitteln am Markt gekämpft und gebuhlt. Das Zauberwort dafür lautet Marketingautomation.

Dieser Begriff ist sehr vielfältig und lässt sich nicht mit einem Satz erklären. Unabhängig davon werden wir heute schon laufend damit konfrontiert und merken gar nicht, dass es sich hierbei um Marketingautomation handelt. Vereinfacht gesagt, geht es um die digitale Automatisierung des Verkaufsprozesses. Da der Verkaufsprozess sehr vielschichtig und unterschiedlich sein kann, ist eine kurze Definition schwierig. Unterschiedlich deshalb, weil Unternehmen zum einen ihre Kontakte in bekannte und unbekannte unterscheiden und zum anderen unternehmens- und produktspezifische Aspekte berücksichtigen. Vielschichtig deshalb, weil es einen Unterschied macht, in welcher Phase des Verkaufsprozesses sich der Kontakt befindet. Aber wie es so schön heißt, ein Bild sagt mehr als tausend Worte.

Hier ein Beispiel für eine Marketingautomation. Dies ist natürlich nur ein kleines Beispiel, in dem viele mögliche Varianten unberücksichtigt bleiben. Stell dir vor, du bist an einem E-Book interessiert. Wie sieht dann dazu ein digitaler Prozess aus?

ÜBER DIGITALE PROZESSE - BEISPIEL

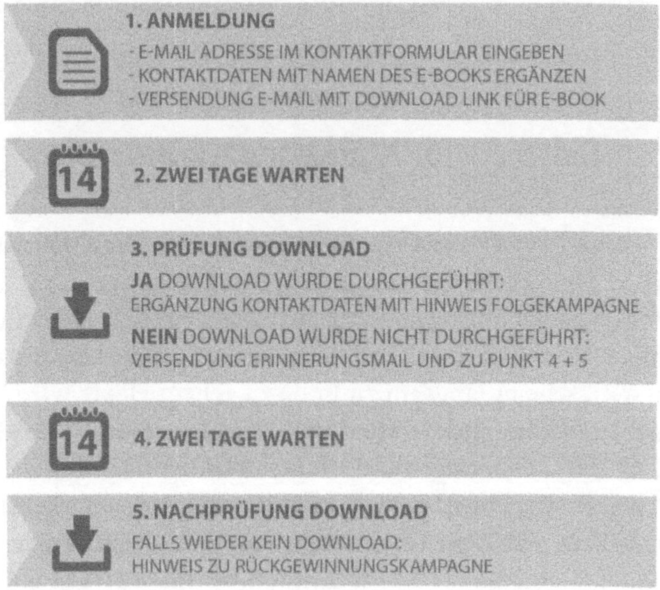

Die einzige manuelle Tätigkeit in diesem Prozess ist das Eingeben deiner E-Mail-Adresse in das Kontaktfeld. Alles weitere sind automatisierte Folgeschritte. Das heißt, nach deiner Eingabe läuft alles vollautomatisch ab und keine Person ist angehalten, irgendeine manuelle Tätigkeit durchzuführen. Deine Kontaktdaten sind fallspezifisch mit Hinweisen für weitere Kampagnen ergänzt. Ein Beispiel dafür könnte das Geburtsdatum sein. Und diese weiteren Kampagnen funktionieren auf ähnliche Weise automatisiert und führen gegebenenfalls zu weiteren Aktionen. Solltest du im Kontaktformular dein Geburtsdatum angegeben haben, so könnte es dafür eine eigene Kampagne geben. Bei dieser **Geburtstagskampagne** wird dir zum Geburtstag gratuliert und gleichzeitig aufgrund deiner bisherigen Interessen auch Vorschläge zu E-Books desselben Genres geliefert.

Wie du diesem Beispiel entnehmen kannst, sind dafür relativ wenige Daten notwendig, um daraus personalisierte Aktionen mit kundenfreundlichem Ambiente und dies vor allem vollautomatisch zu gestalten.

Wichtig ist also, dass alles mit einem Kontakt beginnt. Für die Gewinnung von Kontakten, die oftmals mit dem Begriff Leads bezeichnet werden, gibt es eine Vielzahl von Methoden und Werkzeugen. Sollte dich das näher interessieren, so kannst du ganz schnell viele Anwendungsfälle mithilfe des Begriffes Lead-Generierung oder auch Lead-Nurturing (to nurture: hegen und pflegen) googeln. Eine wunderbare und vor allem sehr einfache Methode, um Leads zu generieren, stelle ich jetzt vor.

Der QR-Code

Angenommen, jemand hält einen Vortrag. Um seinen Worten Nachdruck zu verleihen, greift er auf eine digitale Präsentation zurück. Oftmals kommt dann die Frage der Zuhörer, ob sie diese erhalten oder von einer Webseite herunterladen könnten. Ein möglicher Weg wäre natürlich ein Download auf der Webseite des Redners. Dieser Weg birgt jedoch den Nachteil, dass die vortragende Person in der Regel keine Kontaktmöglichkeit wie die E-Mail-Adresse von Interessenten erhält. Es sei denn, sie erstellt für diese Präsentation ein Onlinekontaktformular auf ihrer Webseite. Zudem besteht die Gefahr, dass Interessenten später den Download der Präsentation schlichtweg vergessen und es so nie zu einem Austausch kommt. Das wäre doch wirklich schade für beide Seiten.

Einfacher für die Zuhörerinnen und eine komprimierte Möglichkeit für den oder die Vortragende ist, während der Präsentation die Kontaktdaten direkt vor Ort einzusammeln. Entweder tragen sich die Interessierten in eine Liste ein, oder sie können ihre Visitenkarte abgeben. Der Nachteil darin besteht, dass vielleicht nicht jeder eine Visitenkarte bei sich trägt oder es den Anwesenden zu mühsam ist, die persönlichen Daten vor Ort noch abzugeben. Ein weiterer sehr großer Nachteil ist der hohe zeitliche Aufwand, die Präsentation an jede einzelne Person zu versenden. Das geht leichter!

Die Rednerin erstellt einen sogenannten QR-Code und stellt diesen am Ende der Präsentation zur Verfügung. Wie ein QR-Code aussieht, weiß mittlerweile jeder. Doch was bedeutet der Begriff eigentlich genau? QR steht für den englischen Begriff »Quick Response«, zu Deutsch: schnelle Reaktion. Der QR-Code ist im Gegensatz zu einem Strichcode ein zweidimensionaler Code. Er besteht aus kleinen schwarzen und weißen Quadraten, die stellvertretend für den binären Code (0 oder 1) stehen. Die Quadrate in den Ecken dienen als Orientierung während des Scannens mit dem Smartphone. Wusstest du, dass sich jeder einen QR-Code beliebig oft erstellen kann, da dieser lizenz- und kostenfrei ist? Im Internet findest du jede Menge Webseiten, die dir einen für dich maßgeschneiderten QR-Code erstellen. Mit dieser Form eines Codes lassen sich noch viele andere interessante Lösungen entwickeln. Zum Beispiel werden aktuell in der Schweiz QR-Rechnungen eingeführt, wodurch Einzahlungsscheine abgelöst werden und der Zahlungsablauf digitalisiert wird. Kein mühevolles, manuelles Abtippen von Konto- und Referenznummern ist mehr notwendig. Wikipedia und natürlich das Internet bieten noch viele weitere Anwendungen für den QR-Code und ausreichend Informationen.

Zurück zu unserer vortragenden Person. Die Zuhörerschaft hat somit die Gelegenheit, den Präsentations-QR-Code am Ende mit dem Smartphone einzuscannen. Nachdem der Scanvorgang beendet ist, öffnet sich auf dem Smartphone des Interessierten die Mailapplikation mit dem vorbereiteten Text und der Empfängeradresse des oder der Vortragenden. Die interessierte Person muss lediglich auf Senden drücken und schon ist die Angelegenheit für sie erledigt. Daraus lässt sich ableiten, dass der QR-Code zum einen den Funktionsaufruf enthält (Öffnen der Mailfunktion am Smartphone), einen individuellen Text für die E-Mail und natürlich eine Mailadresse, zu welcher diese E-Mail versendet werden soll.

Sobald die E-Mails im Posteingang des Redners oder der Vortragenden eintreffen, kann dieser durch eine entsprechende Marketingautomation einen vorgefertigten Ablauf für eine Kampagne starten. Als ersten Schritt werden die Kontaktdaten und der besuchte Vortrag als Hinweis innerhalb der Kontaktdaten automatisch gespeichert. Der nächste Schritt umfasst die automatisierte Versendung der Präsentation. Und jetzt könnte man der Fantasie freien Lauf lassen, wie zum Beispiel eine Nachfrage per E-Mail automatisiert versenden lassen, ob der Interessierte die E-Mail erhalten hat und innerhalb dieser auf weitere Veranstaltungen vom oder von der Vortragenden hinweisen oder einen kostenlosen Service für ein Webinar oder ein Whitepaper anbieten.

Visitenkarte 2.0

Einen weiteren Gimmick gibt es zum Thema Visitenkarten. Du kennst die Problematik wahrscheinlich. Du bist auf einer Veranstaltung, lernst dort viele neue Menschen kennen und tauschst die eine oder andere Visitenkarte aus. Wäre es nicht einfacher, wenn du diese einfach per Smartphone abfotografieren könntest und diese dir mehr oder weniger automatisch in deinem Adressbuch zur Verfügung stünden? Das geht! Heutzutage gibt es für diese Funktion bereits etliche Anbieter. Du scannst die Visitenkarte, und die Applikation auf deinem Smartphone wandelt mittels OCR (optical character recognition; Technik für eine automatisierte Texterkennung) das Bild in ein digitales Format um, das du wie gewohnt als Kontakt in deinem Telefon abspeicherst.

Zusätzlich zur Texterkennung wird natürlich auch das Bild der Visitenkarte gespeichert, sodass dir diese weiterhin im Original zur Verfügung steht. Aber es geht noch besser: Du scannst die Visitenkarte ein und sendest diese, mit einem sogenannten Hashtag versehen, an deinen Computer. Was ist ein Hashtag, und was ist der Nutzen eines solchen Ablaufs? Hashtag ist ein zusammengesetztes Wort aus den beiden englischen Begriffen Hash und Tag. Hash steht für das Schriftzeichen Doppelkreuz (#) und Tag steht für Markierung, Hinweis oder Etikett. Unser Präsentations-Hashtag könnte zum Beispiel #Anruf, #Infobroschüre, #Angebot oder was dir gefällt sein. Mit dieser zusätzlichen Information weißt du zu Hause sofort, wie und in welcher Form du mit diesem Kontakt vorangehen möchtest.

Zurück zum Ablauf. Die Visitenkarten inklusive Hashtag wurden an dein eingerichtetes System gesendet. Dieses übernimmt nun automatisch die Texterkennung und stellt diese Information für eine Weiterbearbeitung zur Verfügung. Die Folgeschritte könnten von der Überarbeitung der Informationen auf der Visitenkarte bis zum Start einer Kampagne reichen. Stell dir mal vor, wie dein neuer Kontakt staunen wird, wenn er schon auf der Veranstaltung seine Mails checkt und in seinem Postfach bereits seine gewünschte Information vorfindet. Auch hier sind der Fantasie keine Grenzen gesetzt und das Ergebnis eines solchen Ablaufs sind Zeitersparnis beziehungsweise Effizienz und im besten Fall Begeisterung bei deinem neuen Kontakt.

DAS FAZIT:

Diese zwei Beispiele sollten dir nur einen kleinen Eindruck von der Marketingautomation vermitteln. Wie bereits angedeutet, sind die Verkaufsprozesse sehr vielschichtig und individuell. Aber eines kann ich dir sagen, die heute schon zur Verfügung stehenden Möglichkeiten und Lösungen in diesem Bereich bieten umfangreiches Potenzial für eine Digitalisierung der Abläufe in deinem Vertrieb.

Die Transformation von Analog auf Digital ist kein Selbstläufer und geschieht nicht von allein. Und wie schon erwähnt, sind gerade Jungunternehmer angehalten, sich ständig mit diesen Abläufen auseinanderzusetzen und sich die wichtigen Fragen zu stellen:

- Sind die bestehenden Tätigkeiten effizient?
- Gibt es alternativ fixfertige Werkzeuge, mit denen die Prozesse optimiert werden können?
- Was macht der Wettbewerb?
- Welche digitalen Trends zeichnen sich ab?

Abschließend wünsche ich allen Unternehmern und Unternehmerinnen viel Erfolg und genügend Durchhaltevermögen, sodass der gewünschte Erfolg in naher Zukunft eintrifft. Und keine Angst vor der Digitalisierung, denn eine auf das Unternehmen maßgeschneiderte Digitalisierung ist einer von vielen Erfolgsfaktoren.

Reinhard Palaver

#Digitalisierungsexperte

E wie Expertenstatus:

Der Konkurrenz einen Schritt voraus!

Jetzt stehst du vielleicht gerade am Anfang deines Businessplans, überlegst, ob die Selbstständigkeit überhaupt etwas für dich ist, und schon fangen wir an, vom »Expertenstatus« zu sprechen. Oder du bist bereits erfolgreich in dem, was du tust, hast einen vollen Terminkalender und freust dich über gute Verkaufszahlen. Wozu also noch diesen Expertenstatus aufbauen?

Wozu Expertenstatus, und was ist das überhaupt?

Die Geschäftswelt ist eine schnelllebige. Die Ansprüche des Marktes wachsen und verändern sich. Deine Konkurrenz steht schon in den Startlöchern und ist bereit, an dir vorbeizuziehen. Du wirst in diesem Kapitel – und auch in den folgenden – einiges über den Aufbau deiner Personal Brand, deiner Marke, erfahren. Wir werden dir die Relevanz einer exzellenten Reputation nahebringen und dir zeigen, wie sich diese positiv auf dein Business auswirkt. All das ist Teil deines anfänglichen Weges, um erfolgreich zu sein und sich von der Konkurrenz abzuheben.

Um zu verstehen, warum es ein cleverer Schachzug ist, sich als Experte auf seinem Gebiet zu etablieren, stelle ich dir eine Frau vor, die es innerhalb kürzester Zeit geschafft hat, als absolute Expertin in ihrem Themengebiet wahrgenommen zu werden und von der ich persönlich ein Fan bin: Dr. Sheila de Liz. Dr. Sheila de Liz ist Gynäkologin. Sie studierte Medizin in Mainz. Seit 2006 arbeitet sie in ihrer eigenen Praxis für Gynäkologie und Geburtshilfe in Wiesbaden. So weit, so normal. Fachlich absolut kompetent. So wie Tausende andere Gynäkologinnen auch. Sie tauscht ihre Zeit gegen Geld, rechnet nach dem gängigen Stundensatz – kein

Expertenstatus weit und breit. Sie ist eine von vielen und, sieht man mal von ihren Patientinnen und Kolleginnen ab, weitestgehend unbekannt.

Doch Dr. de Liz beginnt an ihrem Bekanntheitsgrad zu arbeiten. Sie fängt an zu veröffentlichen, schreibt Bücher und landet 2019 mit **Unverschämt: Alles über den fabelhaften weiblichen Körper** einen Bestseller. Sie ist aktiv in den sozialen Netzwerken unterwegs und bei TikTok genauso erfolgreich wie bei Instagram oder YouTube. Ihre offene und humorvolle Art ist ihr absoluter USP (Unique Selling Proposition; ihr Alleinstellungsmerkmal).

Immer häufiger sieht man sie nun bei TV-Diskussionen oder auf Kongressen als Speaker. Beim ersten Speaker Slam Swiss sicherte sie sich sowohl den Jury- als auch den Publikums-Award. Durch ihren steigenden Bekanntheitsgrad wird auch das Fernsehen auf Dr. Sheila de Liz aufmerksam. Sie bekommt nicht nur Rollen in TV-Sendungen, sondern macht mittlerweile auch Werbung für Wechseljahresprodukte. Wir halten fest: Dr. Sheila de Liz tauscht nun nicht länger Zeit gegen Geld, sie bekommt dank ihres Bekanntheitsgrades lukrative Angebote und verdient an ihrem erarbeiteten Expertenstatus höchstwahrscheinlich wesentlich mehr als vorher in ihrer gynäkologischen Praxis.

Du siehst, ein Expertenstatus bringt dir unter anderem:

- mehr Sichtbarkeit
- mehr Reichweite
- neue Kundschaft
- mehr Aufträge
- neue Einnahmequellen

Um deinen Expertenstatus aufzubauen, musst du an deiner Bekanntheit arbeiten. Doch wie wird man »berühmt«? Manchmal passiert das tatsächlich mit einem einzigen Volltreffer über Nacht. Dir gelingt es beispielsweise, wie

Dr. Sheila de Liz, einen Bestseller zu landen. Oder eines deiner Videos geht viral. Eine prominente Person supportet dich usw. Doch deine Bekanntheit kannst du auch nach und nach mit verschiedenen Tools aufbauen, die wie Zahnräder ineinandergreifen:

- starke und einzigartige Personal Brand entwickeln
- ein Buch schreiben
- einen Podcast kreieren
- einen YouTube-Channel aufbauen
- dich für TV-Auftritte und Radiointerviews ins Spiel bringen
- Zeitungsartikel veröffentlichen
- für Auftritte bei öffentlichen Veranstaltungen wie Kongressen und Messen bewerben
- Pressearbeit vorantreiben
- und viele Möglichkeiten mehr

Am Anfang eines jeden Expertenstatus steht die **Personal Brand.** Wie du deine Marke aufbaust, was dazu nötig ist und wie du sie für dich nutzen kannst, erzählt dir Sabrina von Nessen auf den kommenden Seiten. TV-Psychologe Rolf Schmiel zeigt dir im Anschluss, wie wichtig gute Medienarbeit ist, und Olaf Schild geht näher auf das Thema Expertenstatus durch Podcasts ein.

Der Aufbau eines Expertenstatus ist ein spannendes Thema, und wir hoffen, dir in diesem Kapitel einen Anreiz zu geben, deinen eigenen Expertenstatus aufzubauen!

Personal-Branding: Erfolgsgarant für Unternehmer, Selbstständige und Führungskräfte

Unsere Welt ist laut und schnelllebig. Das begeistert mich und stellt mich als Introvertierte gleichzeitig vor große Herausforderungen. Denn nicht nur unser aller Privatleben, sondern auch das Businessumfeld ist **social**. Bedeutet auch: Wer nicht sichtbar ist, findet nicht statt! Wer nicht gesehen wird, dem schenken Geschäftspartner, Kundinnen und Mitarbeiter kein Vertrauen. Denn Menschen **kaufen** von Menschen, die sie kennen und sympathisch finden und denen sie vertrauen. **Kaufen** steht dabei sinnbildlich für eine vertrauensvolle Zusammenarbeit in unterschiedlichen Formen. Selbst wenn du wie ich einer Generation angehörst, die nicht mit der Begeisterung für die öffentliche Zurschaustellung aufgewachsen ist, so darf ich dich sanft, aber bestimmt darauf hinweisen: Dein Erfolg steht in direktem Zusammenhang mit der Wahrnehmung von dir als Personal Brand. Lass uns gemeinsam die Aspekte des Personal Branding auf Relevanz in deinem Umfeld prüfen.

Warum Personal Branding für dich relevant ist

Den Begriff Personal Branding verbinden wir intuitiv mit einer kleinen Minderheit, die außergewöhnlich viel Wissen über ein Nischenthema aufgebaut hat und dieses eloquent vortragen kann. Dieses Missverständnis möchte ich gleich am Anfang über Bord werfen. Blättere kritisch durch die in Fernsehen, Radio, Internet, Podcasts oder Printmedien präsentierten Meinungen: Ist der Erfahrungsschatz der dargestellten Personen tatsächlich außergewöhnlich? Oder handelt es sich vielmehr um professionelle und ehrwürdige

Menschen, die nur in Relation zum Normalbürger vertieftes Wissen mitbringen? Nicht immer sind es Universitätsprofessorinnen und Eremiten, die uns mit wissenschaftlichen und philosophischen Erkenntnissen beglücken. Das ist auch nicht notwendig, denn die geneigte Leserschaft, Zuhörer und Zuschauer zollen der Person auf der Bühne dann Anerkennung, wenn sie tiefer gehende Kenntnisse aufweist, als jeder selbst in sich trägt. Expertentum bezeichnet somit keinen absoluten Zustand, sondern vielmehr eine relative Wahrnehmung. Daher werden täglich neue Influencer ernannt und verschwinden genauso schnell wieder von der Bühne.

Bitte lass dich nicht entmutigen, denn wir werden auf unserer gemeinsamen Reise klären, welche Schritte beim Aufbau einer ehrlichen, authentischen Personenmarke zu beachten sind. Deine Mitarbeiterinnen, Geschäftspartnerinnen, Kolleginnen und Kundinnen werden deinen Weg und das Ergebnis sehr schätzen. Aufmerksamkeit, Reputation, Image und Bekanntheit strahlen auf das Recruiting ab, erhöhen die Empfehlungsrate, kreieren unfaire Wettbewerbsvorteile zu Lasten der Preissensitivität und fördern so die Bindung dieser Stakeholder (Mitarbeiter, Kunde, Lieferant usw.) an dein Unternehmen, an dein Team oder an deine Person.

Denn wir alle profitieren von mehr Sein und weniger Schein, von mehr Tiefgang und weniger Oberflächlichkeit, kurzum: von mehr Persönlichkeit in Personenmarken. Und damit weniger von all dem Anrüchigen, das dem Begriff Selbstvermarktung anhaftet.

Was ist eine Personal Brand?

Mit einer flüchtigen Definition einer Personal Brand wollen wir uns nicht zufriedengeben. Wir fragen nach: Was macht eine Personenmarke aus, wie entsteht sie, und wie ist sie definiert?

Eine Marke ist laut Markengesetz ein Warenzeichen, das einen oder mehrere dieser Bestandteile umfasst: Namen, Begriffe, Schriftzüge, Symbole, Farben oder Logos. Die Grundidee ist, dass eine Marke einen Wiedererkennungswert schafft. Den bekanntesten Marken der Welt – wie Google, Mercedes-Benz oder Coca-Cola – ist es gelungen, dass wir ähnliche Vorstellungen und Erwartungen in Bezug auf die Marke haben. Während die Marken von Produkten und Unternehmen bei entsprechender Eintragung einem gewissen Kopierschutz unterliegen, gilt es beim Personal Branding weniger, diese zu schützen, sondern vielmehr, diese bekannt zu machen. Der etymologisch interessierten Leserschaft seien zur Herkunft des Begriffes Personal Branding die Ausführungen von Hubert K. Raspersad[6], Thomas J. Peters[7] oder Dan Schawbel[8] empfohlen. Deren Grundgedanken finden sich in allen aktuellen Ausführungen zum Personal Branding wieder und inspirierten in gleicher Weise meine persönliche Haltung zum Expertentum.

Die Essenz der Personal Brand

Im Kern deiner Personal Brand steht die Wahrnehmung der Öffentlichkeit: Personenmarken werden von den Rezipienten kreiert, indem sie der Person den Expertenstatus zuschreiben. Du könntest dich zwar selbst als wichtige Persönlichkeit wahrnehmen (was nur bis zu einem gewissen Grad gesund ist), doch erst eine breite Bestätigung dieser Wahrnehmung durch andere Menschen macht dich zu einer Personal Brand.

Die logische Folgefrage lautet: Wie kann ich die Öffentlichkeit dazu bewegen, mich zu sehen? Die kurze Antwort: Mach dich sichtbar.

Nun, wenn das so einfach wäre! Denn vor der gewünschten Sichtbarkeit steht die Frage: Wofür willst du stehen? Welche deiner (positiven) Eigenschaften sollen im Vordergrund stehen, und welche deiner Ecken und Kanten möchtest du preisgeben? Für welches Thema möchtest du als Expertin »in den Ring gehen«?

Diese Fragen haben schon so manch erfahrenes Urgestein davon abgehalten, sich einer virtuellen Darstellung in den sozialen Medien zu öffnen, in der die Markenbildung neben persönlichen Kontakten insbesondere stattfindet. Doch um aus der Masse herauszustechen, wird dein Onlineauftritt zum bedeutenden Werkzeug hin zur Personenmarke.

Zusammenfassend lässt sich die Formel wie folgt beschreiben:

Deine Persönlichkeit, Erfahrungen, Glaubenssätze und Werte UND deine rationale und emotionale Botschaft an die Zielgruppe ERGEBEN deine Sichtbarkeit und die Bewertung der Öffentlichkeit UND DAMIT deinen Expertenstatus = deine Personal Brand.

Wie du zu deiner Personenmarke gelangst, erläutere ich in den folgenden Schritten.

Wer bist du?

Ich behaupte, dass nur diejenigen sich erfolgreich zu einer Personal Brand etablieren, die sich bis in die Tiefe mit der eigenen Persönlichkeit auseinandersetzen – also diejenigen, die ihre Erfahrungen und Glaubenssätze hinterfragen und in einen Kontext stellen, der gleichermaßen die Stärken wie auch persönlichen Vorlieben und Ziele spiegelt. Menschen, die sich der eigenen Schwächen und persönlichen Niederlagen bewusst sind, daraus jedoch gleichsam Kraft schöpfen, um das Gegenüber zu inspirieren und zu ermutigen. Denn letztendlich zehren wir alle von der großen Vielfalt der Persönlichkeiten. Daher ermuntere ich dich dazu, dich eingehender mit dir selbst zu beschäftigen. Modelle und Tests wie das OCEAN-Modell, der Meyer-Briggs-Typenindikator, das DISG-Modell oder 16 Personalities geben einen gleichermaßen spielerischen wie tiefgründigen Einblick in die Persönlichkeit. Nur wer sich selbst kennt, wird es mit Leichtigkeit gelingen, folgende Fragen zu beantworten:

- Welche Eigenschaften prägen deine Persönlichkeit?
- Welche Eigenschaften empfindest du als hinderlich?
- Welcher Glaubenssatz könnte dahinter verborgen sein?
- In welchem Umfeld könnte diese Eigenschaft positiv empfunden werden?
- Welche Charakteristika repräsentieren deine Superpower?
- Weswegen fragen dich Menschen um Rat?
- Welches Feedback erhältst du sehr oft?
- Welche sind deine größten Stärken, und erkennst du diese als solche auch an?

Bei eingehender Betrachtung wohnt uns allen eine mächtige Kraft inne. Eine besondere persönliche Geschichte, die uns zu der- oder demjenigen geformt hat, die wir heute sind. Begegnungen, Erlebnisse, Überzeugungen, die uns einzigartig machen und damit zu einer oder einem besonderen Experten auf unserem Gebiet, wenn auch möglicherweise nicht zum besten Experten. Bitte denke dabei an Errungenschaften aus deiner Kindheit, aus Sport, Schule und Studium oder Karriere in allen Aspekten rund um deine Fach-, Sozial- und Selbstkompetenz. So wird schnell deutlich, dass Expertentum so viel mehr als reines Fachwissen ist.

Solltest du auf diesem Weg noch nicht zu deiner Positionierung oder deiner Nische gefunden haben, hilft der Austausch mit Kollegen und Geschäftspartnern: Welche Expertise schreiben sie dir zu? In welchen Fragen suchen sie deinen Rat? Was erachten sie als einen bemerkenswerten Erfolg? Letztendlich findest du über deine facettenreiche Persönlichkeit zu deiner Positionierung. Finde heraus, was du liebst und kannst, und was die Welt gleichzeitig benötigt und bereit ist, dafür zu bezahlen. Der Sweet Spot liegt in der Überschneidung dieser Bereiche; die ideale Nische verbindet also Einkommenschancen mit Begeisterung, Sinnstiftung und deinen Talenten.

Ein Wort der Mahnung und Ermutigung: Keine Eigenschaft ist absolut gesehen gut oder schlecht. Deren Wirkung ist immer abhängig von Zielgruppe, Botschaft und Situation. Was in einem Moment für mein Gegenüber förderlich sein kann, ist für einen anderen möglicherweise nicht nachvollziehbar. Wir alle haben liebenswerte, strahlende Seiten, die wir der Außenwelt zeigen sollten. So bestärke ich insbesondere Introvertierte, den Schritt zur Personenmarke zu gehen. Wenngleich die Hürden beim Präsentieren größer sein mögen, so ist doch häufig die Vielfalt und Fülle im Inneren bei introvertierten Expertinnen bereichernd und überzeugend. Egal, ob introvertiert oder extrovertiert, lass andere an dir teilhaben, beide Seiten profitieren davon.

Ich kann gar nicht intensiv genug dazu appellieren, dieses Fundament für deine Personenmarke zu definieren. Denn wenn du diese erst einmal aufgebaut hast, wird keine

Zeit mehr dafür sein, dich essenziellen Fragen zu widmen. Du solltest dir nicht erst in Vorträgen oder in Interviews die Frage nach dem eigenen Selbst stellen. Noch schlimmer: Dazu wird es gar nicht erst kommen, denn ohne klar erkennbare Eigenschaften und damit eine einzigartige, greifbare Persönlichkeit bist du ein Niemand für die breite Öffentlichkeit.

Deine Botschaft ist gefragt!

Eine Botschafterin hat immer eine Botschaft. Diese basiert auf der Summe persönlicher Erfahrungen, Überzeugungen und Ziele. Welche Strategien verfolgst du also mit deiner Darstellung? Denn diese soll schließlich nicht der Selbstdarstellung dienen, sondern vielmehr der Inspiration und Motivation deines Gegenübers. Es geht nicht um eine Ego-Show, sondern um Authentizität. Ein faules Ei erkennt der Betrachter sofort. Du wirst nicht in der Lage sein, dauerhaft über deine Absichten zu täuschen – und willst dies sicherlich nicht.

Daher definierst du im nächsten Schritt deine Ziele: Mit welchen Absichten möchtest du deine Botschaften verkünden? Wem nutzt dein Expertentum, warum und in welcher Weise? Welche persönlichen Ziele verfolgst du mit deiner Personal Brand? Bitte sei ehrlich zu dir selbst. Macht, Ansehen, Status und Reichtum sind zwar nicht für jeden ehrbare Ziele, könnten aber die deinen sein. Prüfe, ob und wie sich diese persönlichen Ziele mit denen deiner Kunden verbinden lassen, auch wenn dies zu Beginn noch keine zahlenden sind. Denn ohne Mehrwert wird deine Botschaft dein Gegenüber nicht erreichen, ohne Botschaft gibt es keine Sichtbarkeit und ohne diese keine Personenmarke.

- Welche Ideen und Werte vermittelst du?
- Welche Kernbotschaft sendest du an wen?
- Welchen Mehrwert schafft die Botschaft für wen?
- Welche speziellen Aussagen oder Inhalte inspirieren wozu?
- Inwiefern ist der Stil, mit dem du die Botschaften präsentierst, einzigartig?
- Bitte formuliere: Mit (meinem Angebot) helfe ich (meiner Zielgruppe) (folgendes Ziel) zu erreichen.

Deine Botschaft ist dann passend, wenn du das Gefühl hast, diese unermüdlich verkünden zu können. Wenn es spielerisch leicht scheint, Bücher zu diesem Thema zu schreiben, Vorträge zu halten und in einer Talkshow aufzutreten. Sollte das vom Start weg nicht gelingen, ist es immer möglich, leichte Korrekturen auf dem bereits beschrittenen Weg vorzunehmen.

Weg von der Rationalität

Unsere Sozialisierung lehrt uns: Professionalität wird mit Rationalität gleichgesetzt. Aus eigener Erfahrung wissen wir jedoch, wie viel einprägsamer ehrliche Einblicke in Lebensgeschichten sind, wie viel tiefer wir uns mit nicht perfekten Persönlichkeiten verbinden.

Eine authentische Geschichte basiert dabei immer auf dem Wahrnehmen, Analysieren und Kontrollieren der eigenen Emotionen. Ach herrje, nun auch noch Gefühle. Ja, liebe Experten, denn alle menschlichen Wesen sind zutiefst emotionale Geschöpfe. Deshalb zahlen wir gern mehr für die Lieblingsmarke oder den netten Plausch beim Bäcker um die Ecke, deshalb arbeiten wir gern mit Kolleginnen, selbst wenn sie nicht zu den Top-Performern gehören. Deshalb fällt es uns so schwer, schlechte Gewohnheiten loszulassen. Freude, Trauer, Angst, Wut – all diese Emotionen prägen unser Miteinander im privaten und professionellen Umfeld.

Bist du in der Lage, die Gefühle zu beschreiben, die bestimmte Trigger in dir auslösen? Und gleichermaßen zu reflektieren, auf welchen teilweise anerzogenen oder kulturell geprägten Vorstellungen diese Reaktionen beruhen? Und diese zu guter Letzt zu kontrollieren? Herzlichen Glückwunsch, denn nur so findest du die wahre Authentizität, die dich zum Erfolg im Miteinander führen wird. Charakterstärke schätzen wir bei Politikerinnen, Medienvertretern oder Menschen im alltäglichen Umgang. Charisma beruht auf dieser Kenntnis des eigenen Selbst. Hilfreich ist in diesem Zusammenhang die Kenntnis der eigenen Werte: Stehst du für Beständigkeit, Veränderung, Wachstum oder Verantwortung? Durch integres Verhalten wirst du Vertrauen aufbauen, denn verbindliches Handeln und Auftreten sind gerade in einer immer oberflächlicheren Welt ein Nahezu-Garant für Erfolg durch Menschlichkeit. Dabei wird dir deine Umwelt auch mal einen Fehler verzeihen, wenn du mit guten Absichten gehandelt hast.

Das i-Tüpfelchen: Die Verpackung

Es wird schon seine Gründe haben, dass Apple besonderen Wert auf die Verpackung legt. Denn unsere erste Begegnung mit einem Produkt (und auch Experten sind letztendlich Produkte) bestimmt maßgeblich unsere Qualitätswahrnehmung und die damit verbundenen Erwartungen. Ein gepflegter Auftritt, offline wie online, ist daher kein Schmuck am Nachthemd, sondern vielmehr ein Must-have. Dies umfasst sowohl die eigene Website, die sozialen Medien wie jeglichen digitalen und persönlichen Kontakt mit der Öffentlichkeit.

Fühlt sich das zu herausfordernd an, so als ob du dich verbiegen müsstest? Dann reflektiere bitte nochmals die ersten Schritte. Dein authentisches Selbst wird keine Mühe damit haben, sich im Außen darzustellen und auf die eigenen Stärken und Vorzüge hinzuweisen. Denn wenn du von dir selbst überzeugt und mit dir im Reinen bist, wird es die Öffentlichkeit auch sein. Und auch in Zeiten von New Work und weniger Formalität im Business darf ein gepflegtes Äußeres in persönlichen Kontakten nicht unterschätzt werden. Bei Bedarf helfen dir Stilberater dabei, deine Persönlichkeit durch gekonnte Kleiderwahl und Körpersprache zu unterstützen. Deine Haltung wird das verbindliche Auftreten unterstreichen und damit die Markenbildung unterstützen.

Du bist davon überzeugt, dass dein authentisches Selbst keine gefällige Verpackung benötigt? Musst du nicht. Du musst dann allerdings mit der Konsequenz leben, dass die Öffentlichkeit deine fachliche Expertise nicht anerkennt oder deine Botschaften falsch interpretiert. Wir leben leider in einer oberflächlichen Welt, ob uns das gefällt oder nicht.

Kommunikationskanäle und -mittel: Eine Übersicht

Wo fange ich mit der Sichtbarkeit an? Die digitalen Möglichkeiten sind nahezu unerschöpflich. Sichtbarkeit ist ein Muss, denn nur dann kannst du den Kundinnen mit deinem Angebot helfen. Um nicht von der Vielzahl an Optionen überfordert zu werden, empfehle ich dir, zunächst die Kommunikationswege und -mittel zu nutzen, die dir persönlich liegen. Nicht jedem oder jeder ist das Talent zum eloquent vorgetragenen Wort gegeben, manch einer oder manch eine konzipiert und strukturiert Texte lieber im stillen Kämmerlein.

Bewerte also die vielfältigen Optionen des Offline- und Onlinemarketings zum Aufbau deiner Marke nicht nur nach Faktoren wie Reichweite und monetärer Investition, Komplexität oder Erreichbarkeit deiner Zielgruppe, sondern auch immer nach persönlichen Vorlieben. Das senkt die Einstiegshürde, schafft neue Gewohnheiten und Rituale und damit eine höhere Wahrscheinlichkeit, dass du motiviert und diszipliniert am Ball bleibst. Eintagsfliegen haben im Wettbewerb um Sichtbarkeit keine Chance. Es darf also leicht sein, damit du deinen dauerhaften Erfolg sicherst.

Analysiere zunächst deinen Status quo. Leichter als von null zu starten, ist es, die Kanäle und Plattformen zu nutzen, die du bereits bedienst. Reichweite bezieht sich dabei nicht nur auf die digitalen Kanäle, sondern ebenso auf berufliche und private Netzwerke vom Business Club bis zum Kegelverein. Die folgende Übersicht gibt dir einen ersten Überblick und erleichtert dir die Auswahl der relevanten Kommunikationskanäle und -mittel zum Verbreiten deiner Botschaft. Der Überblick hat keinen Anspruch auf Vollständigkeit und dient nur der initialen Orientierung.

- **Onlinemarketing**
  - *Website:* Der Aufbau einer eigenen Website ist heute nicht mehr sonderlich komplex (abhängig von deinen Ansprüchen) und lässt sich sowohl über Dienstleister (machdudas, Fiverr, Facebook-Gruppen, Virtuelle Assistenzen) als auch in Eigenregie (WordPress) mit überschaubarem Zeitaufwand bewerkstelligen. Der größte Vorteil liegt in deinem virtuellen Zuhause: Wer auch immer etwas über dich erfahren möchte, kann ohne anzuklopfen eintreten und sich in Ruhe bei dir umsehen. Es ist das Schaufenster, die Galerie und das Beratungszimmer in einem, ganz wie du es gestalten möchtest. Die eigene Website ist zudem der ideale Anlaufpunkt in Bezug auf deinen Newsletter, mit dem du zwar via Massenmedium, aber dennoch auf persönliche Art und Weise mit Lesern verbunden bleiben und auch persönliche Geschichten teilen kannst.

- *Gastbeiträge in Foren und Portalen:* Der große Vorteil von themenbezogenen Foren und Portalen ist, dass die passende Zielgruppe schon vor Ort ist. Durch fundierte Gastbeiträge erlangst du so in kurzer Zeit die Aufmerksamkeit deiner Wunschkunden und kannst dich tiefgründig austauschen.
- *Intranet:* Das Intranet ist in Konzernen ein nicht zu unterschätzendes Medium, das die Imagebildung eines Bereiches und Teams massiv unterstützen kann. So gelingt es auch in großen, weltweiten Unternehmen, Sichtbarkeit als Experte zu erlangen.

- **Soziale Medien:** TikTok, Facebook(-Page), Instagram, Xing, LinkedIn, Twitter – je nach Geschmack, Zielgruppe und Affinität wählst du das für dein Angebot passende Medium. Die Netzwerke unterscheiden sich deutlich in der Haltbarkeit deiner Botschaft und Interaktionsfreudigkeit der Nutzer. Besonders hilfreich für die Markenbildung ist die Zugänglichkeit und Erreichbarkeit deiner Person, also bitte bleibe nahbar. Die Anzahl der Follower sollte nicht gegenläufig zur Antworthäufigkeit sein – es sei denn, Exklusivität ist Teil deiner Positionierung. Zudem ist es eine exzellente Gelegenheit, dein Netzwerk auszubauen und zu vertiefen, mit anderen Expertinnen zu kooperieren und neues Wissen aufzubauen.
- **Bewertungs- und Expertenportale:** Bitte deine Kundinnen um eine Bewertung. Selbst wenn das im ersten Moment befremdlich wirkt: Wir wissen von Amazon, wie wichtig **Social Proof** ist. Und du wirst überrascht sein, wie viele Kontakte gern eine positive Bewertung hinterlassen, zum Beispiel auf sozialen Medien (LinkedIn) und Plattformen wie Google oder ProvenExpert. Mehr dazu erfährst du im Kapitel **O wie Onlinemarketing und R wie Reputation.**

- **Visuelle und auditive Medien**
  - *Radio:* Experten für das Radio sind gesucht, denn es gibt unzählige lokale und themenzentrierte Formate. Spezialisierte Dienstleister vermitteln den Kontakt zwischen Radiosender und Expertin. Wenn du eine spannende Geschichte zu erzählen hast, die für die Zielgruppe des Senders wie maßgeschneidert ist, kannst du natürlich auch den direkten Kontakt suchen. Wie du in den Medien wie Radio und TV stattfinden kannst, erzählt dir der Medienexperte Rolf Schmiel im weiteren Verlauf dieses Kapitels.
  - *Podcasts:* Noch immer wächst die Nutzer- und Anbieterzahl von Podcasts. Eines meiner Lieblingsmedien, da sich nützlicher Inhalt in fast jeder Lebenssituation konsumieren lässt. Gerade aufstrebende Podcaster sind für Anfragen offen und laden thematisch passende Experten zum Gespräch ein. Olaf Schild, Podcast-Experte, verrät dir im Teilbereich Expertenstatus durch Podcast, wie du deinen Podcast erfolgreich aufbauen und ihn für deinen Expertenstatus nutzen kannst.
  - *YouTube:* Zwar rate ich bei allen Inhalten zu Qualität, da die Beiträge immer auch auf die übergreifende Markenwahrnehmung ausstrahlen. Dennoch ist es heute mit einem Smartphone problemlos möglich, deine Zielgruppe mit mehr oder weniger tiefgründigen Geschichten und Einblicken zu inspirieren. Diese Inhalte kannst du natürlich wiederum auf anderen Plattformen teilen.
  - *Vorträge:* Keynote-Speeches oder Podiumsdiskussionen sind nahbar, persönlich und ein exzellenter Weg, um exklusiven Expertenstatus zu demonstrieren. Die Bandbreite erstreckt sich von Wohnzimmeratmosphäre bis zur Messebühne. Natürlich sind Vorträge heute gleichermaßen online, etwa in Form von Webinaren, möglich.

- **Public Relations**
  - *Pressekontakte:* Nicht jeder hat Kontakt zu vielen Pressevertretern, dennoch stehen uns allen freie Presseportale zur Verfügung, zum Beispiel openPR oder connektar. Auch lokale und branchenbezogene Zeitungen und Zeitschriften sind oftmals für Themenvorschläge offen. Mehr dazu erfährst du im nächsten Teilbereich: Expertenstatus durch Pressearbeit.
  - *Verbände und Interessenvertretungen:* Verbände und Interessenvertretungen sind gute Anlaufpunkte für die Erweiterung des eigenen Netzwerkes und die Platzierung von fachlich relevantem Content.

Du siehst: Die Möglichkeiten sind vielfältig – bis hin zur Publikation des eigenen Buches oder eines Podcasts. Da die technologische Unterstützung heute sehr ausgereift ist, gibt es kaum Limitationen.

Die »Wenn und Aber« deiner Sichtbarkeit

Du fragst dich: Muss das alles sein? Nein. Ich kann sehr gut nachvollziehen, dass die Verpflichtungen in Beruf, Familie und Freundeskreis eine tiefgehende Bearbeitung eines oder mehrerer Kanäle nicht zulassen. Entscheidend ist, dass du zu Beginn deiner Selbstständigkeit das passende Medium wählst und es in der dir möglichen Intensität konsequent nutzt. Qualität sticht in meiner Wahrnehmung dabei Quantität. Setze dich mit den Mechanismen des Mediums auseinander, beobachte andere Accounts und tausche dich mit den Nutzern in deiner Nische aus. Unterschätze nicht die Kraft der kleinen Schritte. Jeden Tag eine Stunde Investment kann langfristig relevanten Impact haben. Später können problemlos weitere Kommunikationskanäle ergänzt werden, die bereits vorhandenen Inhalt wiederverwenden können.

Eine Website muss nicht am ersten Tag erstellt werden, du kannst alternativ zum Beispiel linktr.ee nutzen, um die Veröffentlichungen an einer Stelle zu sammeln. Wenn du zunächst anfängliche Medienpräsenz üben möchtest, kann das geschriebene Wort einfacher sein, da dir dies ausreichend Zeit und Rückzug bietet, um die passenden Formulierungen zu finden. Sichtbarkeit ist der initiale Lohn deiner Mühen. Sie mag für dich jedoch gleichermaßen ein Risiko darstellen. Denn es obliegt fortan nicht mehr deiner alleinigen Kontrolle, wer die Botschaften empfängt, wie der- oder diejenige sie versteht, deutet und verarbeitet. Missverständnisse entstehen und Neider melden sich zu Wort. Möglicherweise ist dein Markenbild noch nicht gefestigt, sodass du selbst mit Äußerungen für Irritationen sorgst. Natürlich bestehen Risiken, aber wer nicht spielt, kann nicht gewinnen. Gehe die Risiken bewusst und überlegt ein, dann werden die Vorteile überwiegen. Letztendlich bieten Niederlagen auch immer die Chance, zu lernen und dich und deine Marke weiterzuentwickeln.

Welche Inhalte soll ich veröffentlichen?

Dir fehlen die Ideen, um für ständigen Nachschub zu sorgen? Natürlich könntest du auch hierfür ein Dienstleistungsunternehmen engagieren, davon rate ich aber gerade zu Beginn ab. Denn jede Veröffentlichung führt dazu, dass du dich und deine Botschaft hinterfragst und diese Stück für Stück weiterentwickelst. Erst wenn die Inhalte in gleicher Qualität reproduzierbar sind, solltest du Outsourcing in Erwägung ziehen, denn Spontanität und Vielfalt werden darunter leiden. Vielleicht findest du sogar Gefallen am Social Game?

Zu berichten gibt es jeden Tag etwas, schließlich tauschst du dich mit Kolleginnen, Familie und Freundinnen ebenfalls über die Ereignisse des Tages aus. Selbstverständlich bedienen deine Inhalte niemals die Gerüchteküche, Interna und Vertrauliches. Erzählenswert sind persönliche Beobachtungen und Geschichten, Einblicke in deine Gefühlswelt, erfreuliche Begegnungen, Erfolge und Errungenschaften. Oder Zitate, interessante Nachrichten, relevante Trends, aber auch Niederlagen, Ängste und Fragen. Der zentrale Punkt ist die Relevanz: Passt der Content zu meiner Marke, zu meiner Botschaft, unterstützt er meine Ziele? Mache daraus keine Wissenschaft, dein Bauchgefühl ist in dieser Hinsicht ein sehr verlässlicher Ratgeber.

In jedem Fall dürfen die Inhalte einen persönlichen Anstrich haben. Es gibt keine fixen Regeln in puncto Stil, Häufigkeit oder Inhalt. Mit einer Ausnahme: Der Content muss zu dir beziehungsweise zu deiner Marke passen. Verbiege dich nicht und schlüpfe nicht in eine unpassende Rolle. Beherzige meine Ratschläge zur Authentizität, das macht dich mit allen Ecken und Kanten attraktiv, glaubwürdig und nahbar. Damit nicht zu verwechseln ist das Privatleben: Privates darf privat bleiben, Persönlichkeit sollte immer durchscheinen.

Was hält dich vom Aufbau deiner Marke ab?

Was hält dich davon ab durchzustarten? Du bist mir bis hierhin gefolgt, daher interpretiere ich, dass du ein grundlegendes Interesse am Personal Branding hast und meine Haltung nicht (gänzlich) konträr zu deiner Überzeugung ist. Dennoch beschleicht dich ein ungutes Gefühl, das dich daran hindert, den ersten Schritt zu gehen? Du bist noch nicht bereit?

Wir alle kennen das Teufelchen, das uns einflüstert, wir seien nicht gut genug. Schubs es einfach von der Schulter. Du bist bereit, du bist ein Meister deines Faches und die Welt sollte von dir erfahren.

Lass dich nicht von den argwöhnischen Äußerungen der Neider abhalten, in der Regel sind diese den Weg über den Start hinaus nicht gegangen.

Du weißt nicht, wo du anfangen sollst? Nun, am besten ganz am Anfang. Reflexionen zur Persönlichkeit dienen nicht nur dem Expertenstatus, sondern auch allen persönlichen Beziehungen. Die ersten Schritte in der Vermarktung dienen dem Sammeln von Erfahrung. Du und auch kein anderer sollten die Erwartungshaltung haben, morgen zum Superstar zu werden. Daher dürfen die ersten Erfahrungen leicht und spielerisch gesammelt werden.

Du hast keine Zeit? Die haben wir alle nicht, wir nehmen sie uns. Möglicherweise findet sich eine Stunde am Abend oder am Morgen, in der Mittagspause oder auch nur am Wochenende. Ich nutze beispielsweise sehr gern lange Autofahrten, um Gedanken und Ideen zu sortieren. Es gibt heute unzählige Tools von Sprachaufnahme- über Notizen- und Kalender-Apps, die Selbstmanagement unterstützen und ermöglichen. Eine Accountability-Partnerin kann dich daran erinnern, dir die notwendige Zeit im Kalender zu blocken, um dich nicht von scheinbar dringlichen Aufgaben abhalten zu lassen. Bedenke, wie zeitraubend es langfristig sein wird, nicht in Personal Branding zu investieren, zum Beispiel im Hinblick auf Mitarbeiterinnen-, Kundinnen- oder Job-Akquise.

MEIN FAZIT FÜR DEINEN WEG ZUR PERSONAL BRAND:

Gerade weil unsere Zukunft von rasantem technologischem Wachstum geprägt sein wird, rückt der Mensch zunehmend in den Vordergrund. Wir alle suchen nach Tiefe in unseren Beziehungen, nach echten Verbindungen, die Geist und Herz berühren. Personal Branding unterstützt dich dabei, deine Werte und Haltungen zu vermitteln und die Menschen anzusprechen, die diese Werte mit dir teilen. So kannst du auch auf der geschäftlichen Ebene tiefgründige Beziehungen aufbauen, die dir ein erfülltes Unterleben ermöglichen.

Denn Menschen folgen nun mal Menschen, deren Botschaften inspirieren.

Ausgeprägte Meinungen wiegen dabei oftmals stärker als Fakten, wenngleich das ebenso eine Gefahr darstellt. Ich sehe es positiv, denn durch respektvolle, vielfältige Meinungsäußerung gewinnt das ethische Miteinander an Farbe. Ich ermutige dich daher dazu, deine Botschaften, Ideen, Gedanken und Visionen zu teilen und so nicht nur dich selbst zu verwirklichen, sondern auch andere zu inspirieren. Experten wie du zeigen ihre Persönlichkeit mit Ecken und Kanten, stehen für etwas ein und leisten dadurch einen gesellschaftlichen Beitrag.

Sabrina von Nessen
#EmotionalLeadership

Expertenstatus durch Medienarbeit

Wenn du dir einen Expertenstatus aufbauen möchtest, ist Presse- und Medienarbeit ein wichtiger, wenn nicht sogar unverzichtbarer Teil auf deinem Weg dorthin. Willst du erfolgreich sein, musst du sichtbar werden. Das ist eine der Grundvoraussetzungen, um als Unternehmen überhaupt erfolgreich zu werden und auf dem Markt bestehen zu können. Wenn wir von Medienarbeit sprechen, hast du vermutlich die bezahlten Werbeanzeigen in Zeitschriften, Fachmagazinen oder TV-Werbung im Kopf. Doch ich möchte dir zeigen, wie du nahezu kostenlose PR bekommst durch Auftritte in TV und Radio, wie du dadurch einen Expertenstatus aufbaust und so Kunden, Aufträge und Verkäufe generierst. Am schnellsten erlangst du einen breiten öffentlichen Bekanntheitsgrad durch TV-Präsenz. Jetzt wirst du vielleicht die Stirn runzeln und denken »Das Fernsehen ist doch tot!« Auf den ersten Blick sieht das vielleicht auch tatsächlich so aus: Streamingdienste lösen das herkömmliche Fernsehprogramm ab und Kontakte werden auf Social Media gepflegt. Doch lass uns mal die Fakten dazu checken und einen kleinen Blick auf die Medienreichweite einzelner Sender und konkreter Programme werfen:

- Markus Lanz (ZDF) ca. 1 Million Zuschauer
- Punkt 12 Mittagsmagazin (RTL) ca. 1 Million Zuschauer
- Frühstücksfernsehen (Sat.1) ca. 500.000 Zuschauer
- Café Puls (Puls 4) ca. 50.000 Zuschauer
- WDR 2 (Radio) ca. 800.000 Zuhörer

Klassische Kanäle wie TV und Radio sind also mitnichten tot, und Fernsehpräsenz zählt weiterhin zum absoluten Ritterschlag!

Durch Auftritte als Experte oder Expertin deiner Branche in Radiointerviews oder Talkrunden bekommst du eine große Zuhörerschaft, erreichst Menschen außerhalb deiner Bubble und kannst diese mediale Sichtbarkeit in bares Geld umwandeln. Als diplomierter Psychologe war ich zunächst als wissenschaftlicher Mitarbeiter am Lehrstuhl für Kommunikationspsychologie einer Universität tätig. Durch die Entwicklung einer eigenen Medienstrategie habe ich es mittlerweile zu unzähligen TV-Auftritten und Radiointerviews geschafft. Das führte dazu, dass die Wochenzeitschrift GALA mich sogar als »bekanntesten Psychologen Deutschlands« bezeichnete. Anhand meines persönlichen Beispiels und meiner Erfahrung kann ich dir also versichern, dass Medienarbeit deinen Expertenstatus und damit dich und dein Business enorm nach vorne katapultieren kann!

Warum der Standardweg nicht empfehlenswert ist

Um das eigene Business zu vermarkten, engagieren viele Gründer und Unternehmer eine PR-Agentur. Diese Agentur schreibt für dich Pressemitteilungen und versucht diese in unterschiedlichen Publikationen zu platzieren. Das ist der übliche Weg. Doch diesen Weg kann ich dir nur bedingt empfehlen, denn er kostet dich sehr viel Geld und bringt so gut wie nichts, weder deiner Marke noch dem Markt. Die Wirkung ist zu gering, als dass du damit Umsatz erzielen oder neue Kunden generieren könntest. Lediglich für die PR-Agentur ist die Zusammenarbeit profitabel, denn sie bekommt sehr viel Geld für ihre Dienste.

Dein Geld ist also in diesem Fall nicht sinnvoll investiert, denn der klassische Weg der PR-Agenturen kommuniziert über die Unternehmensleistung, und das wird in den seltensten Fällen abgedruckt oder platziert. Redakteure werden solche Pressemitteilung als versteckte Werbung klassifizieren und dafür gibt es sowohl in Zeitschriften als auch im Radio oder TV den Werbeteil mit bezahlten Anzeigen. Was also tun?

Anstatt nun rein über die Unternehmensleistung oder das Produkt zu kommunizieren, empfehle ich dir nicht auf **Company** Branding zu setzen, sondern auf **Personality** Branding. Das heißt, du stellst nicht das Unternehmen/das Produkt in den Vordergrund, sondern deine Persönlichkeit als Gründer bzw. Gründerin. (Dazu hast du bereits einiges im Kapitel Personal Branding gelesen.)

NOCH EINMAL KURZ ZUSAMMENGEFASST:

Vergiss klassische PR-Agenturen und Company Branding, sondern stelle eine Persönlichkeit deines Unternehmens nach vorne. Fange an, diese Persönlichkeit nicht nur in ihrem Expertenstatus, sondern in ihrer Ganzheit zu kommunizieren.

Wenn du dir Expertenstatus durch Medienarbeit aufbauen möchtest und damit dein Business erfolgreich machen willst, muss als Erstes geklärt werden, wer das öffentliche Gesicht deiner Firma wird. Denn eines ist klar: Presse = Sichtbarkeit!

Du kannst als Gründer natürlich selbst im Rampenlicht stehen, oder jemand anderes in deiner Firma übernimmt diese Rolle. Egal wer das Gesicht deines Unternehmens wird, diese Person muss Spaß daran haben, in der Öffentlichkeit zu stehen und Interviews zu geben. Viele Unternehmen setzen auf diese Art von Personality Branding, denn das Storytelling funktioniert so einfach besser. Du bist noch skeptisch? Stell dir dazu folgende Fragen: Mit welchem Gesicht assoziierst du Firmen wie Apple oder Amazon? Wer ist der

Chef des Playboy oder die Chefin der Vogue? Steve Jobs, Jeff Bezos, Hugh Heffner oder Anna Wintour sind das Gesicht der jeweiligen Marke. Sie stehen in der Öffentlichkeit. Auch wenn sie bereits tot sind, werden diese Unternehmen immer mit diesen Persönlichkeiten in Verbindung gebracht werden.

In meiner Arbeit als Psychologe und Unternehmensberater erlebe ich bei Gründern häufig, dass sie erst am Tag des Launches mit der kommunikativen Arbeit beginnen. Wenn du ein Unternehmen gründen möchtest, solltest du dir aber bereits im Vorfeld über diese beiden Fragen im Klaren sein:

Wofür stehe ich?

- Bin ich fleißig, sportlich, humorvoll, unangepasst, traditionell etc.?
- Habe ich bestimmte Hobbys oder Talente? Was macht mich und meine Persönlichkeit aus?
- Wofür sollen mich meine Kunden und Geschäftspartner kennen?

Das legt deine Kommunikation nach außen fest, sowohl was deinen Web-Auftritt angeht, deine Social Media Performance auf LinkedIn, Instagram, TikTok & Co., aber auch deine Flyer und Werbebroschüren.

Mit dieser Arbeit solltest du bereits vor der Gründung beginnen und dich als Person bekannt machen, damit du mit der offiziellen Gründung oder des Produktlaunches schon eine gewisse Fangemeinschaft aufgebaut hast, die von dir weiß.

Gute Kommunikationsarbeit ist Beziehungsarbeit, mit dem Ziel Vertrauen zum Rezipienten herzustellen:

- Ich kenne die Person (Wer ist der Gründer/die Gründerin?)
- Ich mag sie (Welche Eigenschaften hat die Person, welche Hobbys, welchen Charakter?)
- Ich vertraue ihr/ihm (Was ist ihre/seine Expertise im Unternehmen und darüber hinaus?)

Wenn das erreicht wurde, hast du eine viel bessere Grundlage für Verhandlungen, Verkauf und Vertrieb.

Dafür ist es aber im ersten Schritt wichtig zu wissen:

1. Wer ist die Person, die sichtbar wird?
2. Was sind ihre Eigenschaften?
3. Was sind ihre Kompetenzen über »Ich rede über mein Produkt/meine Firma« hinaus?

Das Trojanische Pferd

Der Expertenstatus hat immer etwas mit klassischem Content-Marketing zu tun. Was weiß ich als Gründer, das jenseits meiner Produktwelt anderen helfen könnte? Hier stoßen wir auf ein weit verbreitetes Problem:

Gründer sind häufig zu produktverliebt, sie sprechen dauernd über das Produkt an sich, zum Beispiel über ihr neues Gewürzsalz, aber nie übers große Kochen. Beim klassischen Company Branding würdest du nun die Inhaltsstoffe und den Geschmack des Gewürzsalzes anpreisen. Beim Personality Branding würdest du hingegen etwa deine Leidenschaft fürs Kochen oder Grillen in den Vordergrund stellen: Während du deinem Publikum die zehn besten Tipps für den perfekten Grillnachmittag vorstellst, kannst du nebenbei dein eigentliches Produkt erwähnen.

Ich nenne diese Taktik gerne das **Trojanische Pferd der**

Medienkommunikation. Diese Taktik funktioniert nicht nur besser, um eine Beziehung zu deinen potenziellen Kunden herzustellen, sondern auch, um in die Medien zu kommen: Du gehst mit einem Thema, das viel höhere Relevanz und Medieninteresse hat, in die Kommunikation mit Pressevertretern und streust dabei die entsprechenden Inhalte, die produkt- oder unternehmensrelevant sind, beiläufig ein. Dadurch bietest du der Presse ein auf den ersten Blick werbefreies Thema an und dein Zielpublikum sprichst du auf einer persönlichen und emotionalen Ebene an.

Im Beispiel mit dem Gewürzsalz könntest du mit folgenden Themen nach außen kommunizieren:

- Was sind die Food-Trends von morgen?
- Zehn Tipps für den perfekten Grillnachmittag
- Ein veganes Festmenü, das garantiert allen schmeckt!

Gründer denken oft, Sichtbarkeit und Außenkommunikation darf nur auf das Unternehmen oder das Produkt bezogen sein. Wenn wir aber mal ehrlich sind, müssen wir zugeben, dass das die meisten nicht interessiert und diese Art von klassischer Werbung nervt.

Was wir erreichen müssen, ist, eine Emotion zu erzeugen, beim Zuschauer und den Kunden ein Gefühl auszulösen, wie Freude, Liebe, Spannung oder Leidenschaft – etwas, mit dem man sich identifizieren kann. Dann klappt der Verkauf des eigentlichen Produktes nahezu von selbst. Joe Kelly – um dir ein bekanntes Beispiel zu nennen – ist ein gern gesehener Gast in TV, Radio oder bei Veranstaltungen. Er könnte über seine Bücher sprechen, über die anstehenden Konzertdaten mit der Kelly Family oder seine aktuelle CD promoten. Das tut er aber nicht. Joe Kelly spricht über Motivation! Er erzählt über seine Anfänge als Extremsportler, über die Höhen und Tiefen seines Lebens oder über seine Familie. Ganz beiläufig, fast schon unauffällig erwähnt er zwischendurch eines seiner Bücher. Aber erst an einem Punkt, wo das Publikum von seinen Erzählungen bereits gefesselt ist, gelacht und mitgefiebert hat. Joe Kelly hat es geschafft, sich als Experte für Motivation zu etablieren. Diese Sichtbarkeit bringt ihm neben weiterer Presse und Aufmerksamkeit jede Menge kostenlose Werbung für seine Bücher und Konzerte.

Geld verdienst du durch die Vermarktung deiner Sichtbarkeit!

Medienaufmerksamkeit bringt dir nicht nur reine Sichtbarkeit, du steigerst dadurch deine Reputation und deinen Marktwert. Und genau dieser Marktwert bringt dir im Endeffekt höheren Umsatz. Um dir zu erklären, wie du es nun schaffen kannst, dich in den Medien zu platzieren, erzähle ich dir erst mal, wie es nicht geht.

Wählst du den herkömmlichen Weg, nämlich über Massenmails, wird sich bei dir schnell eine gewisse Frustration breitmachen. Der Aufwand ist enorm und bringt so gut wie nichts. Du suchst mühsam in Zeitschriften oder auf Homepages nach möglichen Ansprechpartnern im Impressum und schickst dann deine produktinformationslastige Standardmail raus. In der Regel führt das zu null Kommunikation. Redaktionen bekommen täglich Hunderte solcher Mails. Sie kennen dich nicht und klassifizieren deine Mail als Werbung, falls sie überhaupt gelesen wird.

An diesem Punkt entschließt du dich, eine PR-Agentur zu engagieren, denn die hat ihre fixen 20, 30, 40 Kontakte, mit denen sie in die direkte Kommunikation gehen kann. Agentur und Redaktion verhandeln, dir wird zusätzlich zu den Agenturkosten noch ein Anzeigen-Bundle in der Zeitschrift verkauft und dann hast du endlich deinen Presseartikel! Dieser Weg kostet dich ein kleines Vermögen, wenn du bedenkst, dass allein die Agentur 2000 bis 4000 € pro Monat kostet. Außerdem bist du immer in einer direkten

Abhängigkeit, denn trennst du dich von der Agentur, sind auch deine Kontakte verloren. Der bessere Weg ist, sich selbst Kontakte aufzubauen, und zwar eben nicht durch Mails, sondern über persönlichen Kontakt. Dazu kannst du klein anfangen mit lokalen Medien. Überlege, ob du bereits jemanden kennst, der bei einer Zeitschrift oder einem Radiosender arbeitet, oder hast du jemanden im Bekanntenkreis, der dir einen Kontakt herstellen kann?

Im nächsten Schritt suchst du das persönliche Gespräch und schlägst verschiedene Themen vor, zu denen du etwas sagen könntest. Wie muss ein Themenvorschlag aussehen, damit er für die Redaktion interessant ist?

Golden Rules für den perfekten Themenvorschlag

- **Kurz, bündig und interessant**
  Formuliere deinen Vorschlag so, dass er einfach zu verstehen ist. Vermeide Fremdwörter oder lange Schachtelsätze. Denke in Schlagzeilen!
- **Konkrete Tipps/Impulse zur Umsetzung**
  Tipps oder Tricks, die Leser oder Zuschauer selbst direkt umsetzen können, kommen immer gut an. Biete Mehrwert! Beispiele:
  - Zehn Tipps für den perfekten Grillnachmittag
  - In fünf Steps zum perfekten Make-up
  - Drei simple Tricks für stahlharte Bauchmuskeln
- **Aktueller Bezug**
  Dein Vorschlag muss aktuelle Relevanz haben. Formuliere deine Themen so, dass sie Bezug zur Jahreszeit haben, zu Themen, die gerade für eine breite Masse interessant sind, oder die auf einen speziellen Tag abzielen wie etwa den Valentinstag, Weihnachten, den Welttag des Buches/Hundes/XY.

- **Storytelling, not Productselling**
  Denk bei deinen Inhalten wieder daran, Storytelling zu nutzen, also eine Geschichte zu erzählen und Emotionen zu erzeugen, anstatt ausschließlich über dein Produkt zu sprechen. Tipps dazu findest du im Kapitel **S wie Storytelling.**

Redakteure sind immer auf der Suche nach gutem Content. Deine Chancen, als Experte in TV oder Radiosendern eingeladen zu werden, ist dementsprechend sehr gut, sofern du deine Sichtbarkeit ausweitest und du in den Ausbau deines PR-Netzwerkes investierst. Medienarbeit ist ein Marathon, kein Sprint. Ein gutes und hilfreiches Netzwerk muss aufgebaut und gepflegt werden. Nutze die folgenden fünf Tools, um deinen Expertenstatus durch Medienarbeit zu stärken:

- **Google**
  Lege auf deiner Unternehmenshomepage eine Unterseite für Redakteure an. Der textliche Inhalt muss auf die Stichwörter »TV/Radio/Experte« SEO optimiert sein. Medienmacher müssen diese Seite bei ihrer Internetrecherche leicht finden können. Zeige auf dieser Seite bereits veröffentlichte Zeitungsartikel, Pressemitteilungen und Interviews.
- **YouTube**
  Bei den Ergebnissen der gängigen Suchmaschinen landen YouTube-Videos ganz oben. Mach dir das zunutze, indem du ein aussagekräftiges Video drehst, das dich bestmöglich präsentiert. Achte hier wieder auf Storytelling! Dadurch wirst du nicht nur schneller gefunden, sondern zeigst dem Redakteur bereits, wie du vor der Kamera agierst und welcher Typ du bist.

- **Amazon**
  Ebenfalls im Ranking der Suchmaschinen weit vorne liegt Amazon. Redaktionen suchen hier gerne nach Autoren und Autorinnen zu bestimmten Themen. Das muss kein 300 Seiten starkes Hardcover sein. Du wirst bereits mit einer Ratgeberbroschüre im E-Book-Format als Autor gelistet. E-Books kannst du mit dem Tool Kindle Selfpublishing relativ einfach selbst herstellen und bei Amazon anbieten.
- **PR-Netzwerk**
  Ein Garant für Presse sind immer die direkten Kontakte. Baue dir ein Netzwerk von Redakteuren und Medienmachern auf. Pflege diese Kontakte persönlich und liefere ihnen regelmäßige Themenvorschläge, die aktuell, relevant, interessant und außergewöhnlich sind.
- **Medien bringen Medien**
  Sichtbarkeit in den Medien führt nahezu automatisch zu weiteren Veröffentlichungen. Der Zeitungsartikel führt zum Radiointerview, das bringt dir wiederum eine Einladung ins Fernsehen. Fang bei regionalen Medien an und baue darauf kontinuierlich auf.

Hast du eine Einladung zum Interview bekommen, bereite dich bestmöglich darauf vor. Das heißt aber nicht, dass du Antworten oder Aussagen vorformulieren und auswendig lernen sollst. Wisse, wofür du stehst, wer du bist und was deine Expertise ist. Sei du selbst, hab Spaß dabei und teile deine Leidenschaft! Denk immer daran: Erst die Person, dann das Produkt/das Unternehmen. Dann steht der Verwirklichung deines Expertenstatus nichts mehr im Weg!

Dipl. Psych. Rolf Schmiel
#TV-Experte und Medienprofi

Expertenstatus durch Podcast

»Mit einem Podcast zum Expertenstatus? Echt jetzt? Aber es gibt doch schon so viele, und eigentlich ist der Podcastmarkt doch tot!« Bestimmt hast du solche oder ähnliche Aussagen schon gehört. Doch entsprechen sie der Wahrheit? Ist ein Podcast überhaupt dafür geeignet, einen Expertenstatus aufzubauen beziehungsweise dich als Experte zu positionieren?

Dazu sollten wir als Erstes mit dem Mythos aufräumen, dass der deutsche Podcastmarkt bereits gesättigt sei. Hierzu vorab ein paar Zahlen, die ich **Podcastinsights** entnommen habe: Weltweit werden ca. 1 Million Podcasts angeboten. Davon macht der deutsche Markt gerade einmal 15.000 Sendungen aus, Tendenz steigend. Der absolute Boommarkt ist die USA – hier konsumieren ca. 33 Prozent der Haushalte Podcasts. Absoluter Spitzenreiter allerdings ist Südkorea mit 58 Prozent. In Deutschland sind es 22 Prozent aller Haushalte, die einen Podcast konsumieren. Wie auch bei den Video-Streamingdiensten nimmt die Zahl der Podcasthörer jährlich zu. Warum ist das so?

Durch Podcasts kann sich der Hörer quasi sein eigenes Infotainment-Programm erstellen. Es gibt eigentlich kein Thema, dass sich nicht im Podcastmarkt findet. Egal in welcher Rubrik du deinen Podcast platzieren möchtest, du wirst eine oder mehrere Nischen finden, die genau zu deinem Thema passen. Gerade weil sich im deutschsprachigen Raum die Zahl der Abonnenten noch im Wachstum befindet, könnte der Zeitpunkt, einen Podcast zu starten, nicht besser sein. Denn noch ist der Markt relativ jungfräulich und hat noch viel Luft nach oben!

Wähle ein Format

Podcasthörer sind häufig auf der Suche nach Wissen oder Problemlösungen, wünschen sich Hilfestellungen in allen Lebensbereichen. Deshalb bietet sich ein Podcast geradezu dafür an, sich als Expertin zu positionieren. Denn hier wird ohne Umschweife genau an das Themengebiet herangeführt. Dies kann auf einer rein sachlichen Ebene geschehen, man kann aber auch den nicht zu unterschätzenden Faktor Storytelling mit einbauen, denn eigene Geschichten und Erfahrungen untermauern immer die eigene Expertise.

Ein weiteres, gern genutztes Stilmittel sind sogenannte Experteninterviews. Hierzu kannst du Expertinnen, die zu deinem eigenen Themengebiet passen, zu einem Interview einladen. Je bekannter sie sind, desto mehr wird auch dein eigener Expertenstatus unterstrichen. Es gibt Podcastformate, die nur mit Interviews laufen. Entscheidest du dich für diese Form, musst du dir allerdings die Frage stellen, ob es dir gelingt, deine eigene Expertise genügend ins rechte Licht zu rücken, denn in einem Interview geht es ja meist eher um die zu interviewte Person als um einen selbst.

Wo geht die Reise hin?

Als hilfreich hat sich für mich von Anfang an ein Redaktionsplan erwiesen. Dieser Plan gibt einem selbst, aber auch dem Hörer eine gewisse Struktur vor. Zu diesem Redaktionsplan gehört vor dem Start des Podcasts die Frage nach deinem Themengebiet.

- Was möchtest du deiner Hörerschaft näherbringen, worüber möchtest du sprechen?
- Welche Struktur soll dein Podcast haben?
- In welchem Rhythmus lädst du deine Folgen hoch?

Hast du diese Fragen geklärt, einen Plan aufgestellt und mit der Veröffentlichung begonnen, musst du deine Bekanntheit steigern.

Am Anfang hast du vielleicht noch nicht die großen Downloadzahlen. Am besten schaust du die ersten Wochen auch erst mal gar nicht rein, da es unter Umständen frustrierend ist. Aber wie gelingt es dir nun mithilfe eines Podcasts deine Bekanntheit zu steigern? Es gibt zum einem schon die erwähnten Interviews. So erreichst du eine neue Zielgruppe und steigerst automatisch deine Reichweite.

Podcasts sind SEO-relevant, das heißt sie erscheinen in der Google-Suche. Wenn man deinen Namen googelt, stößt man zwangsläufig auf den unterschiedlichsten Plattformen auf deinen Podcast. Wenn du darüber hinaus noch selbst in verschiedenen Podcasts als Interviewgast aufgetreten bist, erscheinen diese ebenfalls in den Suchmaschinen. Auf diese Weise steigt deine Sichtbarkeit, und damit ergeben sich völlig neue Möglichkeiten. Vielleicht wirst du auf Off- wie auch Onlinekongressen als gefragter Experte zu deinem Themenschwerpunkt eingeladen, weil der Veranstalter deinen Podcast abonniert hat. Oder du generierst direkte Kundenanfragen, bekommst gute Rezensionen und vieles mehr. Du siehst: Ein Podcast kann dir dabei helfen, deinen Expertenstatus auszubauen. Darauf komme ich später noch einmal zurück.

Ist es einfach, einen Podcast zu starten? Ja und nein zugleich. Der technische Aufwand ist verhältnismäßig gering. Für die Technik benötigst du folgende Ausstattung:

- Mikrofon – günstige Modelle sind ab 50 € erhältlich;
- Audioschnittprogramm – hier kannst du auf Freeware zurückgreifen wie beispielsweise Audacity;
- Jingle für das Intro – gratis bis kostengünstig erhältlich auf Plattformen wie Free Music Archive;
- Logo – leicht selbst zu erstellen mit Design Tools wie Canva;

- Plattform – Spotify, UpSpeak, iTunes usw.;
- Content – eigene Inhalte, Interviewpartner.

Die Vorteile gegenüber einem eigenen YouTube-Kanal liegen auf der Hand. Du brauchst keine aufwendige Videotechnik oder teure Kamera. Auch die Postproduktion ist im Vergleich zum Videoformat gering.

Wie viel Zeit musst du investieren? Wie bei vielen anderen Social-Media-Plattformen gilt auch bei einem eigenen Podcast: Deine Follower wollen Content. Ich erlebe es immer wieder, dass Menschen mit einem Podcast starten, und dann kommt irgendetwas anderes dazwischen und sie stellen keine Folgen mehr online, oder nur sehr unregelmäßig. Podcasthörer erwarten aber regelmäßigen Content. Meiner Meinung nach sollte mindestens einmal die Woche eine neue Folge erscheinen, wenn du keinen großen Einbruch bei den Hörer- und Downloadzahlen haben willst.

Dass der zeitliche Aufwand beim Produzieren unterschätzt wird, ist einer der Hauptgründe, warum viele scheitern. Gerade die Anfangszeit, wo du eventuell noch nicht so ganz mit der Technik vertraut bist, ist zeitintensiv. Hinzu kommt die Erstellung der Folge, sprich die Vorbereitung des Inhaltes, die Sprachaufnahme, das Schneiden der Aufnahme, das Bewerben und die Ankündigung der fertigen Folge – das alles erfordert eine gewisse Arbeitszeit. Dieser kann pro Folge bei über einer Stunde, wenn nicht sogar mehr liegen. Aber es lohnt sich durchzuhalten. Hast du dir eine treue Community aufgebaut, wirkt sich das nicht nur auf deinen Expertenstatus aus, sondern kann dir auch Empfehlungen und neue Kunden bringen.

Finde dein individuelles Thema!

Alles beginnt mit der Frage, auf welchem Gebiet du dich als Expertin positionieren möchtest. Danach suchst du dir dein Themengebiet aus. Der Titel deines Podcasts sollte natürlich ebenfalls dazu passen. Hilfreich ist, wenn du einen Bezug zu deinem Claim, deinem Buch, deinem Seminar oder deinem Produkt herstellen kannst.

Gut sind stets kurze und knackige Titel, die den Hörer sofort wissen lassen, um was es in dem Podcast geht.

Bei der Erstellung deines Logos gilt zu beachten, dass es auf den Plattformen meist relativ klein dargestellt wird. Achte hier auf eine einheitliche Darstellung deiner Marke und verwende die bevorzugten Farben, Schriftarten und Stile deiner Personenmarke.

Oft höre ich die Frage: »Kann ich mein Thema oder den Titel ändern?« Natürlich kannst du das! Gerade wenn du mit einem Podcast startest, weißt du nicht wirklich, ob das Thema in ein oder zwei Jahren noch zu dir passt oder ob es vielleicht sogar gar nicht mehr dem Trend der Zeit entspricht. Ich bin zum Beispiel mit dem Podcast »Persönliche Krisen meistern« gestartet und nach knapp anderthalb Jahren hat sich das Thema für mich einfach nicht mehr rund und stimmig angefühlt – vielleicht auch bedingt durch die aufkommende Coronakrise. Die Zahlen waren rückläufig. Meine Zuhörer waren ein wenig müde geworden, was das Thema Krise angeht. Deshalb habe ich trotz eines erfolgreich laufenden immerhin Top-Ten-Podcasts den Switch in Richtung Wachstum gewagt und bin mit meinem neuen Podcast »Wachstums-Booster« online gegangen. Mit Erfolg. In meinen Podcasttrainings gibt es immer wieder Teilnehmer, die ihr Thema aus verschiedenen Gründen erfolgreich gewechselt haben. Also lieber mit deinem Podcast starten und später nochmals verändern, als nie in die Umsetzung zu kommen!

Baue ich mir dadurch tatsächlich einen Expertenstatus auf?

Das ist nun die alles entscheidende Frage. Es durchaus möglich, durch einen Podcast den eigenen Expertenstatus auszubauen oder hervorzuheben. In deinem Podcast kannst du bereits als Expertin auf deinem Gebiet auftreten. Dadurch kannst du mögliche Kundinnen von dir und deinem Können überzeugen. Doch ein Podcast kann noch viel mehr.

Egal ob Eventmanager, Radiostationen oder TV-Sender – sie alle orientieren sich immer mehr an der Reichweite ihrer potenziellen Gäste. Denn Reichweite in den sozialen Netzwerken steht für Bekanntheit > Kunden > Geld. Dein Podcast kann durch seine Reichweite und der Möglichkeit zur Selbstdarstellung tatsächlich ein Türöffner für dich sein, um beispielsweise als Gast in einer Radiosendung eingeladen zu werden.

Also komm in die Umsetzung, verwirkliche den Traum deines ersten eigenen Podcasts, behalte stets ein offenes Ohr für die Themen, die dein Umfeld oder die Menschen allgemein bewegen. Dann hast du eine gute Chance, deinen Status als Experten durch einen Podcast auszubauen. Ich freue mich schon darauf, wenn ich deinen Podcast in den Neuerscheinungen finden werde!

Olaf Schild
#Podcastprofi

F wie Finanzen:

Essenziell – gerade am Anfang

»Oh nein, Finanzen!«, wird sich jetzt so mancher denken. Jetzt wird es trocken. Weit gefehlt. Ich werde dir in diesem Kapitel die absoluten Basics mitgeben, die du berücksichtigen solltest, wenn du mit deinem Start-up erfolgreich werden möchtest.

Warum ich das kann? Seit knapp zwei Jahrzehnten bin ich mit Leib und Seele Unternehmerin und habe alle Höhen und Tiefen der Selbstständigkeit durchlebt. Ich habe eine Insolvenz hinter mir; sozusagen einen missglückten Versuch der Skalierung. Dafür erwirtschafte ich seit mehreren Jahren konstant siebenstellige Jahresumsätze mit meinem Amazon-Business im Bereich Kinderbettwäsche. Unsere Marke zählt mittlerweile zu den führenden Marken im Bettwäschebereich in Deutschland. Außerdem gebe ich mein Unternehmerwissen aus den letzten Jahren in Finanzcoachings an andere weiter. Als Finanzhackerin suche ich kreative Lösungen für finanzielle Herausforderungen.

In diesem Kapitel geht es um Finanzen in der Praxis. Wie sieht es mit der Finanzbildung von Gründern, jungen Unternehmerinnen und Selbstständigen aus? Vor einigen Monaten habe ich in einem IHK-Gründerseminar gehört, dass sich weniger als 30 Prozent der Start-ups überhaupt mit dem Thema Finanzen beschäftigen. Das ist ein alarmierend geringer Prozentsatz. Vor allem, wenn du bedenkst, dass es sich um ein so wichtiges und grundlegendes Thema handelt.

Insbesondere:

1. Steuern,
2. Unternehmensfinanzierung und
3. Geschäftsplanung

sind in der Planungsphase essenziell. Deshalb widmen wir uns zunächst dem Bereich Steuern und der richtigen Wahl der Unternehmensform. Denn diese beiden Bereiche haben enormen Einfluss auf deine unternehmerischen Finanzen.

Anschließend geht es um Finanzierungsmöglichkeiten von Unternehmen, insbesondere von Start-ups. Weiterhin beschäftigen wir uns mit finanziellen Zielen und wie du diese erreichst. In diesem Zusammenhang liegt der Schwerpunkt auf dem 6-Konten-Modell. Abschließend gebe ich dir meinen ultimativen Tipp für Gründer mit auf den Weg in die Selbstständigkeit.

Steuern sind Chefsache!

Viele Menschen denken, sie hätten ja einen Steuerberater. Was einige von ihnen jedoch nicht bedenken: Die Aufgabe von Steuerberatern ist es, Steuern korrekt zu errechnen und ans Finanzamt zu melden. **Korrekt** heißt hierbei nicht immer zu Gunsten für den Mandanten! Es ist nicht unbedingt Aufgabe von Steuerberatern, Steuern zu sparen und neue Wege zu gehen. Das liegt im Verantwortungsbereich der Unternehmer. Es gibt so viele Gestaltungsmöglichkeiten, die jede Gründerin in ihren Grundzügen kennen sollte, denn das Steuerspiel wird immer in der Zukunft gespielt.

Du kannst jetzt beeinflussen, was du später machen möchtest. Für die Vergangenheit etwas glattzuziehen, ist selten möglich. Als Gründerin mag es weit in der Zukunft liegen, sich mit einem Holdingmodell oder Ähnlichem zu beschäftigen – doch bist du erst einmal richtig erfolgreich, wird es schwierig, dein Unternehmen zu verkaufen, ohne viel Steuern zu zahlen, wenn es in der Rechtsform eines Einzelunternehmens gegründet wurde. Deshalb lohnt sich hier ein Blick über den Tellerrand!

Wenn du dich richtig mit dem Thema Steuern beschäftigst, ist es auch nicht mehr trocken oder langweilig. Es macht dann sogar richtig Spaß. Das kann ich dir aus eigener

Erfahrung sagen. Es ist wie mit vielem beim Gesetz der Anziehung: Worauf du deine Aufmerksamkeit richtest – davon bekommst du mehr. Wenn du erst einmal anfängst, lernst du viele steuerliche Identitäten und Möglichkeiten kennen, die sich im Positiven daraus für dich ergeben.

Die Wahl der richtigen Rechtsform

Gerade mit dem Steuerthema geht die Frage nach der Wahl der richtigen Unternehmensform einher. **Richtig** ist hier relativ und hängt von einigen Faktoren ab.

Der erste Schritt in die Selbstständigkeit beginnt in jedem Fall mit der Anmeldung eines Gewerbes. Ein Gewerbe muss gemäß § 15 Absatz des Einkommensteuergesetzes angemeldet werden, wenn die Tätigkeit selbstständig, nachhaltig, mit Gewinnerzielungsabsicht und durch Beteiligung am allgemeinen wirtschaftlichen Verkehr ausgeübt wird. Dies ist bei Verkaufstätigkeiten immer der Fall. Umstritten war dies bei Coaches und Beraterinnen. Jedoch wird auch in diesem Bereich – von wenigen Ausnahmen abgesehen – eine gewerbsmäßige Tätigkeit (und keine freiberufliche) unterstellt.

Bevor du nun zum Gewerbeamt gehst, solltest du dir überlegen, in welcher Rechtsform deine Unternehmung gegründet werden soll. Die wohl am meisten genutzten Rechtsformen sind die des Einzelunternehmens (optional mit Kleinunternehmerregelung) als Personengesellschaft oder die GmbH (Gesellschaft mit beschränkter Haftung) beziehungsweise die UG (Unternehmergesellschaft) als Kapitalgesellschaft.

Am häufigsten starten Alleingründende wohl als Einzelunternehmen. Vorteil ist, dass du außer einer Gewerbeanmeldung erst einmal nicht viel brauchst. Die Gründungskosten sind sehr gering, und du benötigst auch keine Verträge, Stammeinlagen oder eine komplizierte Buchführung. Ein großer Nachteil ist jedoch die persönliche Haftung. An der kommst du als Einzelunternehmerin nicht vorbei. Ein Auftreten im wirtschaftlichen Verkehr unter eigenem Namen sowie eine hohe Steuerbelastung – insbesondere, wenn du hohe Gewinne erzielst – sind weitere Merkmale des Einzelunternehmens.

Zu Beginn kannst du als Einzelunternehmerin von der Kleinunternehmerregelung Gebrauch machen. Diese erleichtert den Einstieg – zum Beispiel durch eine vereinfachte Buchhaltung und der Befreiung von der Umsatzsteuer nach § 19 UStG. Die Kleinunternehmerregelung bedeutet im Umkehrschluss auch, dass du nicht zum Vorsteuerabzug berechtigt ist. Die Voraussetzungen zur Nutzung der Kleinunternehmerregelung ist neben einem geschätzten Umsatz von weniger als 22.000 € im Gründungsjahr ein niedrigerer Jahresumsatz als 50.000 € im Folgejahr (Stand 2021). Dem gegenüber ist die Gründung einer Kapitalgesellschaft zwar mit höheren Gründungskosten und mehr bürokratischem Aufwand im laufenden Geschäftsbetrieb verbunden, du beschränkst dafür die persönliche Haftung auf die Stammeinlage von mindestens 25.000 € (gilt für Deutschland). Außerdem trittst du nach außen unter einem Firmennamen auf, was Unternehmen in manchen Branchen einen professionelleren Gesamteindruck verschaffen kann.

Mehr dazu erfährst du im Kapitel **B wie Basiswissen.**

Unternehmensfinanzierung

Die Unternehmensfinanzierung ist ein weiterer großer Bereich, in dem definitiv Weiterbildungsbedarf besteht – meistens nicht nur bei Start-ups! Wenn du an die Unternehmensfinanzierung denkst, kommt dir vielleicht die klassische Methode des **Bankdarlehens** oder **Geschäftskredites** in den Sinn. Diese sind bestimmt keine schlechte Wahl, das hängt auf jeden Fall von dem jeweiligen Zinssatz ab.

Unproblematisch wird ein Bankdarlehen sein, wenn damit ein Fuhrpark oder Produktionsmaschinen finanziert werden sollen. Wenn du also einen Pizzalieferdienst gründen möchtest, wird es für dich nicht allzu schwierig werden, einen Kredit für den Ofen und die Lieferfahrzeuge zu erhalten. Vermutlich werden junge Gründer und Inhaber von Start-ups das Darlehen mit persönlichen Bürgschaften absichern müssen, aber die Kreditvergabe wird letztlich funktionieren. Dabei gilt für dich natürlich zu bedenken, dass eine persönliche Bürgschaft die Gründung einer Kapitalgesellschaft aushebelt, weil du für den Kredit privat haftest. Leider wird dir keine Bank ein Darlehen ohne eine Sicherheit geben. Daher sollte der Haftungsgedanke zurücktreten, wenn du kein anderes Startkapital aufbringen kannst.

Problematischer wird die Finanzierung, wenn du damit Waren finanzieren möchtest. Das kann ich aus leidgeprüfter Erfahrung sagen. Es bedarf eines wirklich guten Plans, um von den Banken Geld für die Lagerexpansion zu erhalten. Das Hauptproblem der produzierenden Betriebe beziehungsweise von Wiederverkäufern ist meist nicht der fehlende Gewinn, sondern ganz einfach die fehlende Liquidität. Der Gewinn steckt im Lagerbestand, den jedes Unternehmen vorhalten muss, um lieferfähig zu bleiben.

Wenn du Waren vorfinanzieren musst (und das muss nahezu jedes Business gerade am Anfang), ist der Rückfluss des Geldes sehr langwierig und du solltest früh nachproduzieren lassen, um nicht Out-of-Stock zu gehen. In diesem Bereich der Warenfinanzierung sind aus meiner Sicht die meisten Banken gegenüber den jungen Unternehmen nicht besonders hilfreich.

Glücklicherweise gibt es für die meisten Probleme eine Lösung, so auch in diesem Fall: Mittlerweile gibt es zahlreiche Dienstleister, die sich gerade dieses Manko zum Alleinstellungsmerkmal gemacht und sich auf **Warenfinanzierungen** spezialisiert haben. Mit einer dieser Firmen, die sich als Partnerunternehmen für die E-Commerce-Branche verstehen, arbeiten wir seit einiger Zeit sehr erfolgreich zusammen. Wenn du darüber mehr Informationen haben möchtest, kontaktiere mich einfach. Bei diesen Firmen bekommst du – Bonität vorausgesetzt – auch kleinere Darlehen mit flexiblen Laufzeiten zwischen drei und zwölf Monaten zu einem moderaten Zinssatz zuzüglich einer Bereitstellungspauschale. Als Sicherheit bürgen in dem Fall die gekauften Waren, die bei einem kooperierenden Fulfillment-Dienstleistungsunternehmen eingelagert werden. Gegen Zahlung der vereinbarten Raten wird die Ware Stück für Stück an dich freigegeben. So wird ein größerer Import von Waren aus dem Ausland auch für kleinere Unternehmen möglich, die diese Waren über einen längeren Zeitraum verkaufen möchten.

Eine weitere Möglichkeit der Finanzierung besteht neben klassischen Bankdarlehen und Dienstleistungsunternehmen für die Warenfinanzierung darin, Investoren für sich zu gewinnen. Gerade für innovative Start-ups mit einem hohen Kapitalbedarf kann es sinnvoll sein, einen Investor an Bord zu holen, der sich mit Kapital und Know-how an dem jungen Unternehmen beteiligt. Eine Beteiligung ist nichts weiter als Eigenkapital, das dem Start-up von Privatpersonen oder Unternehmerinnen zur Verfügung gestellt wird. Investorinnen beteiligen sich entweder über eine stille oder über eine offene Beteiligung. Der Unterschied ist: Der stille

Gesellschafter leistet eine Einlage in das Unternehmensvermögen, erwirbt jedoch keine Anteile. Die Geschäftsleitung bleibt in der Hand der Gründer. Bei einer offenen Beteiligung wird der Investor auch nach außen hin erkennbar Gesellschafter und erhält damit neben einer Gewinnbeteiligung auch Mitsprache- und Informationsrechte.

Das wäre eine gute Möglichkeit für dich, wenn du über ausreichend Eigenkapital verfügst. Du solltest dir jedoch gut überlegen, ob du dir wirklich eine Investorin in dein Unternehmen holst. Am Anfang kannst du vielleicht vieles noch nicht so gut einschätzen, und im Nachgang ist es extrem schwierig, Anteile zurückzukaufen, wenn das Unternehmen so richtig gut läuft.

Wenn du mit dem Gedanken an Investoren spielst, stolperst du schnell über die Begriffe Crowdfunding und Crowdinvesting. Was verstehen wir darunter?

Beim **Crowdfunding** (Schwarmfinanzierung) finanzieren eine Vielzahl an Geldgebern mit kleineren Summen ein Projekt. Eine Crowdfunding-Beteiligung ist mit einer Spende vergleichbar. Als Gegenleistung erhalten Geldgeber meist Sachgüter oder projektbezogene Privilegien.

Unter **Crowdinvesting** verstehen wir dagegen eine Finanzierung, bei der den Anlegern/Investoren Zinsen oder eine Gewinnbeteiligung versprochen wird.

Beide Investitionsmöglichkeiten können attraktive Alternativen zur herkömmlichen Investorensuche sein.

Es gibt verschiedene Förderprogramme von Bund, Ländern und der EU. Sie stellen Existenzgründerinnen unter anderem eine KfW-besicherte Vollfinanzierung bis zu 100.000 € zur Verfügung. Über aktuelle Förderprogramme kannst du dich gut auf der Übersichtsseite der KfW-Bank unter https://tinyurl.com/34vvsc2t informieren.

Geschäftsplanung – finanzielle Ziele

Nach meiner Erfahrung entscheiden sich 95 Prozent des langfristigen Finanzerfolges eines Unternehmens in den ersten zwei Stunden am Schreibtisch.

Was meine ich damit? Der Grund, warum viele Unternehmerinnen und Selbstständige scheitern, ist der falsche Fokus: Gründer beginnen viel zu früh, sich auf Produkte, Dienstleistungen oder ein konkretes Angebot zu konzentrieren, ohne sich ausreichend Zeit für die Planung zu nehmen. Dadurch passiert es, dass sie sich im Tagesgeschäft »verrennen« und viel zu schnell in ein Hamsterrad geraten, das es ihnen nicht erlaubt, entspannt über Ziele nachzudenken und fokussiert zu planen.

Das voreilige Handeln kannst du vermeiden, wenn du gerade in der Gründungsphase und später kontinuierlich immer wieder Zeit in deine Planung steckst. Ich mache das als fixes Ritual, immer am letzten Samstagvormittag eines Monats. Dann werfe ich einen Blick auf die wichtigsten Kennzahlen. Es ist schwierig, eine Pauschalaussage darüber zu treffen, welche Kennzahlen die wichtigsten im Unternehmen sind. Das ist sehr stark branchenabhängig.

Im E-Commerce zählen dazu sicherlich die Warenkosten. Auch hierzu ein wichtiger Merksatz: Der Gewinn steckt im Einkauf, nicht im Verkauf. Neben den Warenkosten ist für uns auch der Prozentsatz der Marketingkosten eine wichtige Kennzahl. Marketingkosten umfassen neben den Werbekosten auch die Plattform- und Schnittstellenkosten sowie die PPC-Kosten (Pay-per-Click). Der dritte Bereich, in dem Weiterbildungsbedarf besteht, ist also die Geschäftsplanung und darin speziell die finanziellen Zielsetzungen.

Sich finanzielle Ziele zu setzen, mag abgedroschen klingen. Du kennst das sicherlich aus deinem Privatleben … Regelmäßig nimmst du dir vor, das Einkommen zu erhöhen, dein Vermögen zu steigern, mehr in Weiterbildungen und weniger in »Quatsch« zu investieren. Im Unternehmensumfeld sieht das ein bisschen anders aus. Im Bereich der Geschäftsplanung unterscheiden wir finanzielle Ziele in dreierlei Hinsicht:

1. Ziele, die sich am Gewinn orientieren
2. Ziele bezüglich der Liquidität
3. Ziele hinsichtlich des Unternehmenswertes

Gerade bei Letzterem kommt es natürlich darauf an, welche Pläne du mit dem eigenen Unternehmen hast. Manche Unternehmer möchten etwas für die Ewigkeit schaffen, es an ihre Kinder weitergeben und einfach unsterblich machen. Andere wiederum gründen ein Unternehmen mit der Intention, es schnell nach oben zu bringen und dann zu verkaufen. Vor allem im letzten Fall ist es essenziell, sich neben der eben bereits erwähnten Unternehmensstruktur auch finanzielle Ziele hinsichtlich des Unternehmenswertes zu setzen. Je höher der Unternehmenswert, desto höher ist schließlich auch der Verkaufspreis.

Die SMART-Methode

Egal welches der drei Ziele du jetzt betrachtest, finanzielle Ziele haben immer eines gemeinsam: Sie müssen SMART sein. Was steht dahinter?

S – spezifisch
M – messbar
A – attraktiv
R – realistisch
T – terminiert

Im Einzelnen bedeutet das:

Ziele müssen zunächst **spezifisch** sein, also konkret. Es reicht hierbei nicht, wenn du dir vornimmst: »Nächstes Jahr mache ich mehr Umsatz!« Das ist nicht konkret genug. Es sollte eher heißen »Im nächsten Geschäftsjahr wird unser Umsatz 2,5 Millionen € betragen.« Das ist ein konkretes Ziel und erfüllt auch die zweite Anforderung: **messbar** zu sein. Hier kannst du am Ende des Jahres genau sagen: 2,5 Millionen € habe ich erreicht oder eben nicht.

Darüber hinaus sollte ein Ziel **attraktiv** sein. Das halte ich für das am wenigsten selbsterklärende der fünf Kriterien, denn wann ist ein Ziel attraktiv? Es muss auf jeden Fall positiv formuliert sein. Und es geht hier in erster Linie um die Motivation, also das WARUM hinter dem Ziel: Warum möchtest du das Ziel erreichen? Dies könnte im Beispiel des Umsatzzuwachses sein: »Ich möchte 2,5 Millionen € Umsatz erzielen, damit ich mein Gehalt erhöhen kann.«

Zudem muss ein Ziel **realistisch** sein. Es sollte nicht zu niedrig angesetzt sein, sodass du es ohnehin erreichst. Es sollte auch nicht utopisch hoch sein. Wenn du es von vornherein nicht schaffen kannst, ist die Motivation schnell am Tiefpunkt angelangt. Wenn du etwa im ersten Jahr mit zehn Produkten 1 Million € Umsatz erreicht hast und dir für das zweite Jahr vornimmst, 2,5 Millionen € Umsatz zu erreichen, dann stellt sich sofort die Frage, ob das realistisch ist und wie du dieses Ziel möchtest.

Im Bereich des Realistischseins spielt demnach auch ein bisschen die Vorgehensweise hinein. »Ich möchte nächstes Jahr 2,5 Millionen € Umsatz erwirtschaften, indem ich 15 neue Produkte auf den Markt bringe, die sich jeweils x-mal zum Preis von y verkaufen.« Gerade das Realistische ist sehr wichtig für das eigene Mindset, für den Glauben an das Gelingen der Sache und das Commitment, mit dem du die gesetzten Ziele angehst.

Das Kriterium der **Terminierung** ist schnell erklärt – ein

Ziel muss ein Datum haben. Also nicht einfach »Ich mache mehr Umsatz«, sondern: »Ich mache bis zum 31.12. im Jahr X 2,5 Millionen € Umsatz!« Ein Ziel ist eben ein Wunsch mit Datum.

Von dieser SMART-Formel für die Zielplanung haben bestimmt schon die meisten Leser dieses Buches gehört. Doch das Bekannte und banal Klingende ist meist das, was Veränderungen wirklich bewirkt. Die wichtige Frage ist daher nicht, ob du die Formel schon kanntest, sondern die, ob du sie schon verinnerlicht hast. **Gehört haben** oder **verinnerlicht haben** und **anwenden** sind ein riesengroßer Unterschied.

Ich kannte die SMART-Formel schon vor 15 Jahren – dennoch habe ich früher oft Ziele formuliert, ohne sie nach dieser Formel abzuklopfen. Ein Beispiel aus der Praxis: Irgendwann haben wir uns ausgerechnet, dass unsere Unternehmenszahlen am besten sind, wenn die Warenkosten nicht höher als 30 Prozent betragen. Ein Ziel war geboren, groß ausgedruckt und an die Bürowand gehängt. »Nächstes Jahr liegen die Warenkosten unter 30 Prozent« – hat es geklappt? Nein! Der erste Monat verging und es waren deutlich mehr, der zweite Monat verging und der dritte ebenso.

Warum klappt es nicht? Das Ziel war zwar spezifisch, messbar, attraktiv und terminiert bestimmt – es war allerdings nicht realistisch. Und zwar deshalb nicht, weil wir aufgrund der hohen Qualitätsansprüche den Einkaufspreis kaum senken konnten. Auf der anderen Seite konnten wir den Verkaufspreis nicht so erhöhen, dass die 30 Prozent hätten erreicht werden können. Der neue Preis wäre dann zu weit oberhalb des akzeptierten Marktpreises gewesen. Mit ein bisschen Übung passieren dir derartige Fehler nicht. Mit der Zeit spürst du von innen heraus, ob ein Ziel SMART ist oder nicht. Wenn ja, bist du voll committet und kannst Vollgas geben. Wenn nein, meldet sich meist die zweifelnde innere Stimme und dann solltest du deine Ziele erneut anhand der genannten Kriterien prüfen.

Wenn du schließlich deine finanziellen Ziele definiert hast, stellt sich natürlich die Frage, wie du diese auch erreichen kannst.

Die 6-Konten-Methode

Eine – wenn auch nicht ganz neue, jedoch sehr effektive – Methode ist die Einführung des **6-Konten-Modells.** Der Ursprung dieses Modells ist auf den kanadischen Autor T. Harv Eker zurückzuführen. Es funktioniert nach dem Profit-First-Prinzip. Dieses Prinzip bedeutet auf einen Satz reduziert, dass die altbekannte Formel

Umsatz minus Kosten = Gewinn
in die neue Formel gewandelt wird:
Umsatz minus Gewinn = Kosten

Leider höre ich immer wieder von Selbstständigen und Unternehmerinnen, dass sie nur ein Konto haben, auf dem sie alle Eingänge verzeichnen, Rechnungen, Fixkosten und andere Ausgaben begleichen, am Ende des Monats: »Ups, ist ja gar nichts mehr zum Entnehmen, Sparen oder Investieren übrig.« Dem entgegen funktioniert das Prinzip Profit First – wie der Name schon sagt – umgekehrt: Erst wird das Gehalt gezahlt und Gewinne für Investitionen und auch Rücklagen entnommen und vom Rest werden dann die Ausgaben bestritten.

Hier gewinnt das 6-Konten-Modell an Bedeutung. Es lässt sich wunderbar im Privaten und leicht modifiziert im Business anwenden und funktioniert so, dass alle Geldeingänge auf ein Eingangskonto fließen. Von dort werden sie in verschiedene Unterkonten sortiert.

Es hat sich folgende Aufteilung im **privaten Bereich** bewährt. Das erläutere ich vorab, weil der Privatbereich verständlicher ist und jeder Gründer einen privaten Finanzbereich hat, wodurch sie oder er das 6-Konten-Modell gleich in zwei Bereichen nutzen kann.

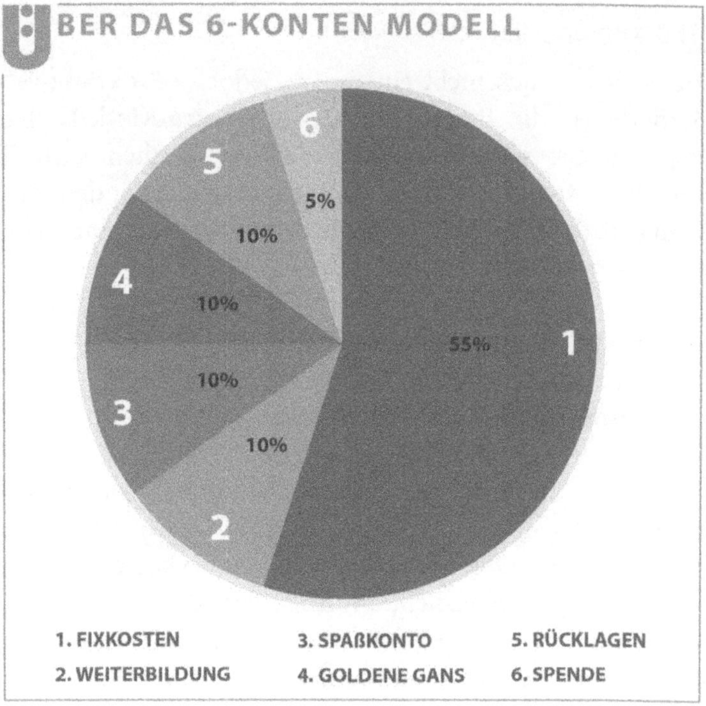

55 Prozent der Einnahmen sind für Lebensunterhalt und Fixkosten bestimmt. Darunter fallen Strom, Gas, Miete, Telefon, Lebensmittel, regelmäßige Beiträge für Kinderbetreuung wie Kindergarten oder Ganztagsschule, Mitgliedschaften in Sportvereinen, aber auch das Auto nebst Versicherungen und Benzin.

10 Prozent der Einnahmen gehen in den Weiterbildungstopf. Von diesem Geld werden Seminare, Coachings und

Fachbücher bezahlt. An dieser Stelle möchte ich gern das bekannte Zitat von Benjamin Franklin einfließen lassen: »Eine Investition in Wissen bringt immer noch die besten Zinsen.« Da ist etwas dran. Ich habe die Erfahrung gemacht, dass ich seit der Einführung dieses Topfes viel mehr Weiterbildungen mache als zuvor, denn früher hatte ich immer den falschen Glaubenssatz im Kopf, dass kein Geld dafür zur Verfügung stünde. Was für ein Irrglaube.

10 Prozent fließen auf dein Spaßkonto – ja, richtig gelesen: Ein SPASSKONTO. Hier ist der Name Programm. Ziel des Spaßkontos ist, am Ende des Jahres leer zu sein. Vom Spaßkonto wird Luxus bezahlt: Mal richtig schick in Abendkleid und Smoking Essen gehen, einen Ferrari übers Wochenende mieten, Auszeit im Wellnesstempel und Urlaube. Wenn das Spaßkonto leer ist, ist es leer. Was drauf ist, darf verprasst werden.

10 Prozent der Einnahmen sollen in die sogenannte GOLDENE GANS gehen. Dieses Geld wird niemals angefasst, sondern langfristig investiert. Es dient auf der einen Seite als Notgroschen, soll jedoch nicht unbedingt dafür genutzt werden. Vielmehr soll es langfristig Vermögen aufbauen. Das kann zum Beispiel im Besparen eines ETF-Sparplanes erfolgen oder im Aktienkauf nach der Buy-and-Hold-Strategie (also kaufen und liegen lassen). Denkbar sind natürlich auch längerfristige Lebensversicherungen oder private Rentenversicherungen – hiervon würde ich aus rein persönlicher Einschätzung abraten, weil sie einfach nicht genügend Rendite bringen und die Verwaltungskosten gepaart mit der Inflation den Gewinn in vielen Fällen aufzehren. Wichtig ist – egal für welche Investitionsstrategie du dich entscheidest: Dieser Topf wird nicht angetastet!

10 Prozent fließen auf ein Rücklagenkonto. Die Rücklage kann für die Waschmaschine sein, die eigentlich immer nach dem Urlaub oder vor Weihnachten kaputtgeht. Oder für eine neue Küche. In manchen Familien könnte so ein Rücklagen-

konto auch Sinn ergeben, um einen geplanten Auslandsaufenthalt der Kinder zu finanzieren. Das Rücklagenkonto ist für Ausgaben in der Zukunft gedacht, die du selten aus den laufenden Einnahmen heraus bestreiten kannst.

Schließlich bleiben noch 5 Prozent übrig, die du in Spenden investierst. Warum Spenden? Abgesehen davon, dass sie Dankbarkeit und soziale Verantwortung ausdrücken, sind sie ein wichtiger Punkt im Glauben an das Gesetz der Anziehung und die Kraft des Universums. Wenn du anderen gibst und deinen Reichtum ein Stückchen teilst, signalisierst du dem Universum, dass du teilen und mit dem Geld Gutes bewirken kannst. Die Antwort des Universums wird lauten, dass du noch mehr Geld bekommst. Da glaube ich nicht nur fest dran, sondern habe diese Erfahrung selbst gemacht!

Daher meine Empfehlung: Ein Herzensprojekt aussuchen, hinter dem du aufrichtig stehst. Es dürfen Wälder, Tiere, Vereine in deiner Stadt oder dergleichen sein. Wenn du dich mit dem Gedanken an 5 Prozent noch nicht anfreunden kann, starte mit weniger. Hauptsache, du berücksichtigst das Spendenthema innerhalb deines 6-Konten-Systems.

Dieses 6-Konten-Modell im privaten Bereich solltest du für den **Firmenbereich** etwas modifizieren – sowohl bezüglich der Konten als auch der Prozentsätze. Unternehmenstechnisch funktioniert das Modell mit der prozentualen Aufteilung aus dem Privaten meist nicht, insbesondere dann nicht, wenn Ware im Spiel ist.

Im Folgenden stelle ich mein modifiziertes 6-Konten-Firmenmodell vor. In Wirklichkeit ist es ein 5-Konten-Modell geworden, was sich in meiner unternehmerischen Praxis der letzten Jahre extrem bewährt hat:

Die modifizierte 6-Konten-Methode

In unserem E-Commerce-Unternehmen ist es tatsächlich so, dass statt der 55 Prozent Lebensunterhalt 75 Prozent der Einnahmen für die Positionen Warenkosten, Versand, Verkaufsgebühren, Marketing und natürlich weitere Fixkosten wie Gehälter, Miete, Strom, Gas, Wasser, IHK-Gebühren, Steuerberater benötigt werden. Daher verbleiben auf dem Geldeingangskonto 75 Prozent der Einnahmen.

Die restlichen 25 Prozent werden bei uns wie folgt verteilt:

15 Prozent der Einnahmen gehen direkt auf ein Rückstellungs- beziehungsweise ein Rücklagenkonto.

EXKURS: Worin liegt der Unterschied zwischen Rücklagen und Rückstellungen? Sind Rücklagen Rückstellungen?

Der Unterschied besteht in der Begrifflichkeit: Rückstellungen werden für Verbindlichkeiten in der Zukunft gebildet. Sie gehören bilanziell zum Fremdkapital des Unternehmens und demnach auf die Passivseite der Bilanz. Sie wirken steuermindernd, umgangssprachlich werden sie als absetzbar bezeichnet.

Rücklagen hingegen wirken nicht gewinnmindernd, sie dienen eher dem Sicherheitsgefühl des Gewerbetreibenden. Wenn ich in diesem Kapitel über das Thema spreche, meine ich Rücklagen.

Diese 15 Prozent sind Rücklagen für schlechte Zeiten. Schlechte Zeiten kommen irgendwann. Und wenn es Rücklagen für die Steuern sind. Gerade als Gründerin oder als Start-up im ersten Jahr sind die Steuern noch so weit weg. Davon unabhängig, ob als Einzelunternehmen oder Kapitalgesellschaft – die Steuererklärung beziehungsweise der Jahresabschluss werden kommen. Und was passiert dann? Bei der steuerlichen Erfassung hast du erst einmal angegeben, dass kein Gewinn erwartet wird. Klar, du möchtest ja nicht im Voraus zahlen. Dann ist das erste Jahr vorbei, du hast richtig guten Umsatz gemacht und hoffentlich auch gute Gewinne. Herzlichen Glückwunsch, denn jetzt freut sich das Finanzamt doppelt. Mit dem Steuerbescheid für das abgelaufene Jahr kommt auch direkt der Vorauszahlungsbescheid für das laufende Jahr – und das nicht nur für die Umsatzsteuer, sondern auch für die Körperschafts- und Gewerbesteuer (bei Kapitalgesellschaften). Diese Forderungen können so richtige Lücken in die Liquidität eines gesunden Unternehmens reißen.

Es kann dich den Kopf kosten, wenn du alte Steuern und Vorauszahlungen zeitgleich leisten sollst und natürlich die monatlichen Fixkosten weiterlaufen. Sie haben schon so einige an sich florierende Unternehmen in den Ruin getrieben.

Doch dieser Werdegang lässt sich einfach vermeiden. Und zwar durch Rückstellungen und Rücklagen.

Aus eigener Erfahrung kann ich sagen, dass mir die über einen längeren Zeitraum aufgebauten Rücklagen mittlerweile die schlaflosen Nächte ersparen. Selbst als die große Verunsicherung wegen Corona kam. Die Pandemieauswirkungen haben uns Händlerinnen auf Amazon zunächst genauso getroffen wie lokale Geschäfte, weil über mehrere Wochen keine lebensnotwendigen Waren geliefert werden durften. Außerdem haben die Menschen ihr Geld in den ersten Wochen der Unsicherheit lieber in Lebensmittel und Toilettenpapier als in Kinderbettwäsche investiert. Trotzdem wusste ich, dass das Rücklagenkonto gut gefüllt ist und ich eine Durststrecke notfalls überbrücken kann. Dieses Wissen ließ mich ruhig schlafen. Daher kann ich jedem Gründer und auch fortgeschrittenem Selbstständigen nur den Tipp geben, dieses Thema wirklich nicht aufzuschieben, sondern sofort damit zu beginnen, auf dieses Konto einzuzahlen.

Warum liegt mir das Thema so am Herzen? Weil ich selbst erlebt habe, wie es ist, alles zu verlieren. Und die Insolvenz ist letztlich der Abschluss einer ganz schlimmen Zeit. Existenzangst ist eine mächtige Form der Angst und ich wünsche sie niemandem. Nachts wach zu liegen und Panikattacken zu durchleben, sind die schlimmsten Erfahrungen, die ich bisher durchleben musste. Das Gute ist, du kannst ihnen vorbeugen – mit Rücklagen. Das hört sich einfach an, ist es auch. Wie bei vielem im Unternehmertum ist Umsetzen das Zauberwort. TUN. Ich dachte früher, das ginge nicht, ich könne 1 € ja auch nur einmal verwenden und zwar für das Bezahlen von Rechnungen. Natürlich stimmt das auch in gewisser Weise. Aber wenn ich etwas gelernt habe, dann, dass du das unmöglich Erscheinende nur schaffst, wenn du es aktiv angehst.

Aus dem Grund ist mir das Thema ein wichtiges Anliegen. Ich hätte mir damals gewünscht, jemanden mit guten Ratschlägen an meiner Seite zu wissen. Dieses Rücklagenkonto lassen wir über das Jahr hinweg anwachsen. Wenn es am Jahresende nicht oder nicht viel Geld davon benötigt wurde, wird die Hälfte des Kontos in die GOLDENE GANS überführt.

5 Prozent fließen monatlich in die gerade erwähnte Goldene Gans. Dieses Geld investieren wir gezielt und betreiben damit Vermögensaufbau unserer GmbH. Wie dieses Geld investiert wird, hängt von persönlichen Vorlieben, von betrieblichen Gegebenheiten und der eigenen Risikofreude ab. Das Geld könnte beispielsweise in Immobilienprojekte investiert werden, es könnte in Aktien angelegt werden, aber selbstverständlich auch konservativer in Fonds, Sparplänen oder notfalls auch in einem Tagesgeldkonto. Letzteres halte ich für die schlechteste Alternative.

Im geschäftlichen Bereich investieren wir etwa 5 Prozent der Einnahmen in Weiterbildung. Für den betrieblichen Bereich sind dies keine persönlichkeitsbildenden Coachings, sondern betrieblich veranlasste. Wir investieren in unterschiedliche Coaches und Berater, insbesondere im Bereich der Steuern und des Marketings. Es kann auch mal ein Photoshopkurs sein oder alles, was sich betrieblich veranlasst begründen lässt und das Business in irgendeiner Weise voranbringt.

Wer jetzt mitgerechnet hat, merkt, dass die 100 Prozent bereits voll sind, allerdings noch die Konten Spende und Spaß fehlen. Ja, das stimmt. Etwa 1 Prozent spenden wir trotzdem. Allerdings nicht als regelmäßige Spende, sondern immer projektbezogen. Mal, indem wir Fußballtrikots für den Sportverein sponsern, mal in Form von Naturalien, indem wir Kinderkrankenhäusern und Hospizen Bettwäsche kostenlos zur Verfügung stellen. Oder mit einer Aktion für das Pflanzen neuer Bäume. Hier mag 1 Prozent knausrig wirken, bei siebenstelligen Jahresumsätzen kommt jedoch einiges zusammen.

Wie eingangs erwähnt, ist unser betriebliches Konten-Modell nur auf fünf Konten aufgebaut. Das Spaßkonto fehlt, was eigentlich schade ist, aber dennoch erklärbar: Alle Ausgaben müssen betrieblich veranlasst sein, was die des Spaßkontos meist nicht sind. Insofern verzichten wir in der betrieblichen Sphäre auf ein Spaßkonto, was natürlich nicht heißt, dass der Spaß auf der Strecke bleibt. Bewirtungskosten, Hotelkosten oder andere spaßige Ausgaben werden über 75 Prozent des Hauptkontos gedeckelt, sofern betrieblich veranlasst.

Umsetzung in der Praxis

Abschließend bleibt nun noch die Frage zu klären, wie du dir so ein 5- beziehungsweise 6-Konten-Modell in der Praxis vorstellen kannst. Die Frage nach der physischen Trennung kommt häufig auf.

Dazu gibt es nicht die eine richtige Antwort. Ich empfehle in meinem Coaching tatsächlich die Einführung mehrerer physischer Konten, gern auch bei unterschiedlichen Banken. Selbstverständlich ist das auch eine Kostenfrage. Auf dem Eingangskonto kann beispielsweise der Prozentanteil der Fixkosten verbleiben. In meinem Beispiel sind dazu noch weitere vier Konten notwendig. Für die Rücklagen und das Weiterbildungskonto kann es gerade anfangs durchaus sehr sinnvoll sein, zum Hauptkonto zwei Unterkonten zu eröffnen, um darin das Geld in diese beiden Töpfe zu verteilen.

Für die Spenden muss kein eigenes Konto eröffnet werden. Sie könnten als Dauerauftrag direkt vom Eingangskonto an die jeweilige Organisation oder das jeweilige Projekt abgehen. Lediglich für die Goldene Gans empfehle ich dringend ein separates Konto bei einem anderen Kreditinstitut. Warum? Im Falle einer Investition in Aktien ist es ohnehin notwendig, ein Konto bei dem Broker deiner Wahl zu eröffnen. Solltest du dich entscheiden, das Geld einfach liegen zu lassen, empfehle ich ein Konto bei einer anderen Bank als der, wo dein Hauptkonto liegt. Warum? Weil im unwahrscheinlichen Falle einer finanziellen Schieflage bei deiner Hausbank und einer möglichen Sperrung deines Kontos hast du so immer noch eine Zugriffsmöglichkeit auf liquide Mittel. Das ist keinesfalls Zweck und Absicht der Goldenen Gans. Doch leider kannst du gerade am Anfang deiner Firmengründung oder in den ersten Geschäftsjahren nicht sicher sein, dass deinem Business nichts passieren wird. Du kennst diese Situation als unternehmerisches Risiko, was jeder Selbstständige oder Unternehmer trägt – im Austausch gegen die unheimlich vielen Vorteile, die das Unternehmertum mit sich bringt.

Abschließend zu diesem Kapitel und als weitergehende Inspiration möchte ich dir hier meine drei Erfolgsfaktoren für erfolgreiches Unternehmertum an die Hand geben:

Faktor 1 ist die kontinuierliche Auseinandersetzung mit dem Thema Finanzen und Steuern. Diesen habe ich in diesem Kapitel ausführlich erläutert.

Faktor 2 ist ein starkes Warum, der eigene Antrieb oder Purpose: In meiner Arbeit mit Selbstständigen und Unternehmerinnen fällt mir immer wieder das Fehlen eines klaren Zieles auf. Dieses Ziel war ganz am Anfang und in der Gründungsphase ganz sicher vorhanden, sonst hätten die Gründerinnen das Projekt nie gestartet. Leider ist es oft so, dass dieses starke Warum vom Anfang schnell im Unternehmensalltag untergeht und Ziele und Träume von Selbstzweifeln und schlechten Erfahrungen ausgebremst werden.

Ohne ein klares Ziel arbeitest du auf nichts hin. Mein Tipp daher an alle Gründerinnen: Macht euch euer Warum klar und bewahrt es in euch. Stellt euch ein starkes Zielbild an den Anfang und rechnet dann zurück, welche Etappen erfolgreich gemeistert werden müssen. Schon Konfuzius sagte: »Auch der weiteste Weg beginnt mit dem ersten Schritt.« Macht euch klar, was dieses Warum, der eigene Purpose, für die eigenen Verhaltensweisen, für die eigenen Denk- und auch Arbeitsweisen bedeutet.

Faktor 3 ist ein unerschütterliches Unternehmer-Mindset. Siehe hierzu auch das Kapitel **M wie Mindset**. Trotz des eigenen Kapitels möchte ich die Einstellung im Kopf an dieser Stelle noch einmal nennen oder sie mit einem Buddha-Zitat zusammenfassen: »Der Geist ist alles!«

In diesem Zusammenhang ist ein starkes Durchhaltevermögen besonders wichtig. Mit dem eigenen Unternehmen ist es wie mit allem im Leben: Es macht leider nicht alles

Spaß. Auch wenn ich dazu neige, nur Dinge zu tun, die mir Spaß bereiten, kommt es immer wieder zu Situationen oder auch den berühmten schlechten Zeiten, wie sie viele gerade jetzt während der Pandemie durchleben. Wer es gerade jetzt und in stürmischen Zeiten schafft durchzuhalten, dem steht die Welt auch offen, wenn wieder alles geschmeidig läuft.

Monika Keuchel
#Finanzhackerin

G wie Gefährten und Gefährtinnen:

Die richtigen Teammitglieder

Wenn dein Business wächst, wird irgendwann die Zeit kommen, in der du dein Team erweitern musst. Aber auch am Anfang deiner unternehmerischen Laufbahn wirst du bereits gewisse Aufgaben outsourcen müssen, vielleicht in Form einer virtuellen Assistenz, eines Grafikdesigners, eines Steuerberaters oder auch in Form eines Mentors.

All diese Menschen sind nun direkt oder indirekt Teil deines Teams. Und auf dein Team musst du dich verlassen können. Sie arbeiten dir zu, unterstützen dich und sollen dir Aufgaben abnehmen. Kurzum: Dein Team soll dir das Leben erleichtern und nicht zusätzliche Probleme verursachen. Das mag logisch klingen, ist aber in der Umsetzung manchmal gar nicht so einfach. Vielleicht hast du auch schon mal in einem Team gearbeitet, das nicht miteinander harmoniert hat. Dann wirst du selbst erlebt haben, wie schwierig sich die Arbeit dann gestalten kann. Es liegt also an dir, als Chefin oder Chef Menschen zu finden, die gut miteinander harmonieren, die sich ergänzen und im besten Fall zu echten Mitspielern für dich und dein Business werden.

Verena Kiy hat dich bereits im Kapitel **A wie Anfang** dabei unterstützt, einen passenden Mentor oder Coach zu finden. Simon Karl hingegen erzählt dir nun im weiteren Verlauf dieses Kapitels auf anschauliche Weise, wie du die passenden Mitarbeiter findest.

Carina Frei

#Push up your Business

Vom Mitarbeiter zur Weggefährtin

Als ich mit der Selbstständigkeit anfing und auf einmal Mitarbeiterinnen in meine betrieblichen Abläufe integrieren musste, war das eine große Herausforderung für mich. Denn ich hatte das nicht gelernt und war bis dato auch eher Macher als Führungskraft gewesen. Ich ging davon aus, dass meine Mitarbeiter es mir gleichtun.

Ich erwartete:
- gleiche Abläufe
- gleichen Anspruch
- gleiches Zeitfenster

Dass alle dieselben Voraussetzungen mitbringen, schien mir anfangs selbstverständlich zu sein. Ehrlich gesagt, ich habe ein paar Jahre und zahlreiche Seminare gebraucht, um zu begreifen, dass die Welt anders funktioniert. Diese Erfahrungen möchte ich euch weitergeben, damit ihr nicht die gleichen Fehler macht wie ich.

Leadership bedeutet, mit der inneren Haltung zu führen. Was, wenn deine Mitarbeiter nicht einfach nur mitarbeiten, sondern du ihnen als Menschen begegnest, mit denen du tiefer verbunden bist. Sie sind schließlich deine Wegbegleiterinnen. Sie leben – zumindest, was die Arbeit anbetrifft – in ähnlichen Lebensumständen. Sie begleiten einen Teil deines Lebens. Tag für Tag.

- Was wäre, wenn deine Mitarbeiter zu echten Gefährten werden?
- Was bräuchte es dafür?
- Mehr besseres Miteinander am Arbeitsplatz? Mehr Begegnung?

- Gibt es Tipps und Tricks, die das Zusammensein nachhaltig verbessern?

Vielleicht hilft es schon, emotional den Dampf aus manchen Dingen herauszunehmen. Was, wenn statt des Gegenübers auf einmal Golden Retriever, Faultiere und Möwen, vielleicht sogar noch Löwen, Orang-Utans und Nilpferde über den Gang laufen, springen und dort abhängen ... Vor einigen Jahren wurde ich selbst vom Macher zum Unternehmer, der auf einmal Menschen durch die Arbeit und auf der Arbeitsstelle führen durfte. Ein plötzlicher Umstieg, auf den ich so nicht vorbereitet war. Da ich irgendwann an mir selbst zu zweifeln begann, kam ich in den Austausch mit einigen anderen Menschen wie Mitarbeitern, Angestellten und Führungskräften.

Jeder hatte seinen eigenen Blick auf das Miteinander. Bei Unternehmerinnen war es so, dass einige den Betrieb grundlegend umorganisierten, also Mitarbeiter an die frische Luft setzten, um wieder als Solopreneure zu arbeiten. Andere gingen zurück ins sichere Angestelltenverhältnis, um der Führungsaufgabe zu entkommen. Ich ließ es mir nicht nehmen, mit diesen Menschen in den Dialog zu treten, um sie zu verstehen, um den Umgang mit anderen zu begreifen. Ganz egal, auf welcher Seite des Schreibtisches diese sitzen oder stehen. So ergaben sich über die letzten Jahre 220 Gespräche mit 42 Personen über 33 Monate hinweg.

Priorität hatten erst einmal die Mitarbeiter, auf die ich mich fokussieren musste. Das heißt für mich: Erkennen, wer vor mir steht und mich auf die Person entsprechend einstellen, um zu wissen, wie ich mit ihm oder ihr umgehe. Neben der Vorstellung dieser exklusiven Auswahl an Fachkräften, die zum Nachdenken anregen darf, gebe ich im Anschluss noch drei Tipps für ein besseres Miteinander. Die sind jetzt nicht wirklich neu, aber die Idee mit der jeweils verknüpften Denkweise dahinter wird mit Sicherheit den einen und anderen Aha-Effekt mit sich bringen. Wie können Mitarbeiter zielführend analysiert werden? Wie kann ich diese befragen? Wie gehe ich die Sache an?

Mal ganz ehrlich: Es gibt nichts Neues! Es gibt grundlegende Strukturen und Verhaltensmuster, die es zu erkennen gilt. Der Mensch ist ein Mensch und das Gehirn funktioniert bei fast allen ähnlich. Wenn man weiß, wie Menschen ticken, kann man sich auf sie einstellen und um nichts anderes geht es hier.

Dazu gibt es bereits seit einigen Jahren sehr verlässliche Studien. Eine davon, die für mich in diesem Zusammenhang sehr interessant war, ist die Gallup-Studie. Diese gibt Aufschluss über die emotionale Bindung der Mitarbeiter an das Unternehmen.

Mitarbeiterzufriedenheit und emotionale Bindung

Es wurden Studien zur Mitarbeiterzufriedenheit erhoben[9] – sprich die emotionale Bindung dieser an Unternehmen. Was genau hat man da gemacht?

Die Gallups haben

- fast zwei Millionen (!) Menschen befragt
- in 230 Firmen aus
  - 49 Branchen in
  - 73 Ländern und machen das fast jedes Jahr

Der Wahnsinn an dieser Studie ist zum einen, dass weltweit bisher in der Tat zwei Millionen Menschen befragt wurden. Zum anderen, dass es diese Studie schon seit Anfang des Jahrtausends gibt und sich dennoch seither nichts am Ablauf geändert hat. Wenn man doch weiß, woran es liegt, könnte man es von meinem Verständnis her doch ändern. Am besten fängt jeder bei sich selbst an. Lediglich

- 14,3 Prozent der Mitarbeiter haben eine HOHE emotionale Bindung an ihr Unternehmen!
- 70,5 Prozent haben eine GERINGE emotionale Bindung an ihr Unternehmen!
- 15,2 Prozent haben KEINE emotionale Bindung an ihr Unternehmen!

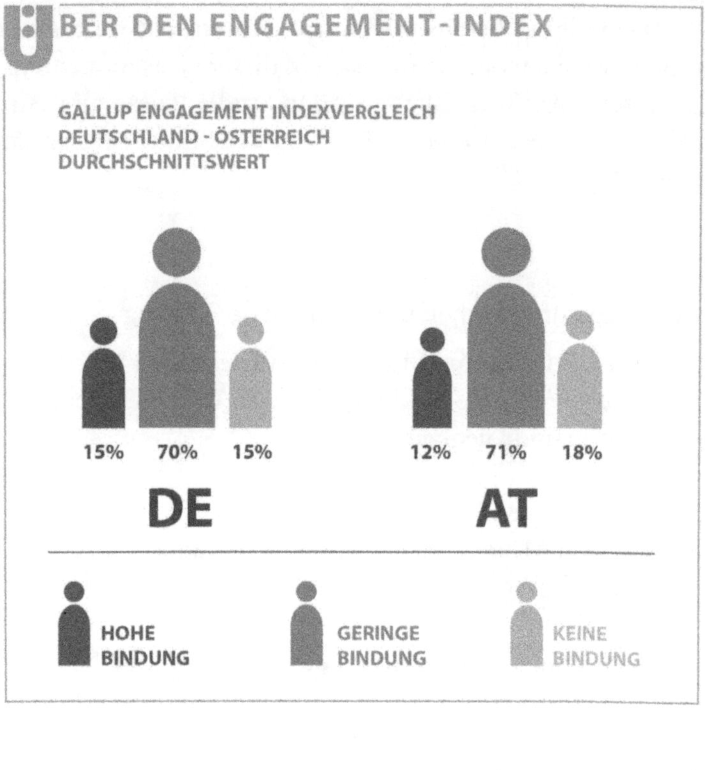

Seit 2001 haben sich diese Werte kaum verändert. Was können wir als Arbeitgeber nun tun, um die emotionale Bindung zum Unternehmen zu erhöhen und dadurch sämtliche Prozesse zu optimieren?

Das ABC-Mitarbeiter-Prinzip nach Steve Jobs

Steve Jobs hat diese Auswertung übernommen und daraus seine Mitarbeiter und Mitarbeiterinnen in die Kategorien A, B und C eingeteilt. Seiner Überzeugung nach kann eine Firma nur so gut sein wie das schwächste Glied in der Kette. Von den C-Mitarbeitern sollte man sich umgehend trennen, so seine Empfehlung.

Die Mitarbeiter in die Kategorien A, B und C einzuteilen, ist mir ehrlich gesagt zu flach und viel zu leidenschaftslos. Schließlich haben wir es hier mit Menschen zu tun. Gleichzeitig kategorisieren wir Typen, packen sie emotional in Kisten und weg sind sie. Ich habe mich immer gefragt, was ich anders machen könnte, denn manchmal braucht es auch Typen der Kategorie C oder es steht kein anderer zur Verfügung. Was dann? Jammern über Fachkräftemangel oder eine Lösung finden?

Meine sieht so aus: Ich versuche, über die Emotionen **Spaß** und **Freude** das Beste aus der Sache herauszuholen. Deshalb habe ich einfach jeder Kategorie ein Tier zugeordnet. Diese drei Typen stelle ich an dieser Stelle vor. Ab sofort laufen, kriechen und fliegen nur noch tierisch coole Typen durch dein Unternehmen.

Drei tierische Mitarbeitertypen

1. Mitarbeiter: Der Golden Retriever

Der Golden Retriever ist der Typ Hund, der seinem Herrchen oder Frauchen stets gefallen möchte. Er setzt sich vor dich, fragt dich, was zu tun ist, klärt das Warum und macht es eigenständig auf seine Weise und nach Rücksprache mit dir. Denn der Hund als Partner des Menschen hat in den letzten 15.000 Jahren gelernt, mit uns zu kooperieren. Und das geht sogar so weit, dass er lieber mit uns als mit Artgenossen zusammenarbeitet. In Menschensprache übersetzt, sieht das ungefähr so aus:

Wenn du ihn fragst: »Wollen wir morgen früh um sieben Uhr zehn Kilometer laufen?« Dann fragt der dich: »Warum nicht um sechs Uhr? Dann haben wir mehr vom Tag, und warum nicht gleich 20 Kilometer, schließlich stehen wir ja früher auf und werden dadurch fitter?«

- Er sieht die Arbeit von selbst.
- Er erledigt Dinge gleich.
- Er ist immer auf der Suche nach neuen Aufgaben.

Der Mitarbeiter-Typ »Golden Retriever« ist motiviert, aktiv und kann andere mit seiner Art begeistern. Er sucht sich seine Arbeit, kann in den verschiedenen Abteilungen flexibel eingesetzt werden, weil er lernbereit und wissbegierig ist. Er arbeitet selbstständig, zeigt eine hohe Kooperationsbereitschaft und Loyalität und kann seine Kollegen positiv beeinflussen.

2. Mitarbeiter: Das Faultier

Dann gibt es den Typ Faultier, der meist weit hinter seinen Möglichkeiten bleibt. Er verharrt lieber in der Komfortzone und muss deshalb dort herausgeholt werden.

Faultiere

- laufen mit, wenn andere loslaufen
- zeigen eher selten bis nie Eigeninitiative
- sind gleichzeitig sehr herzlich und freundlich
- und du als Chef bist froh, dass sie dabei sind

Das Faultier wird oftmals unterschätzt. Von außen betrachtet meint man, es würde nur abhängen, hätte nichts zu tun und könnte nichts. Dem ist aber nicht so!

Faultiere sind anpassungsfähig. Anders als die meisten Tiere, die den Scheitel des Fells auf dem Rücken haben, hat das Faultier diesen auf dem Bauch. Eine geniale Entwicklung über Generationen, die das Regenwasser in der hängenden Position besser ablaufen lässt. Das Faultier als Mitarbeiter-Typ kann durch seine Anpassungsfähigkeit vom Golden Retriever positiv beeinflusst werden. Ein weiterer Pluspunkt: Faultiere sind sehr gute Schwimmer! Sie können sich im Wasser besser fortbewegen als an Land laufen.

Gefährtentipp: Wir müssen das Faultier an die Hand nehmen. Es braucht vom Goldie Unterstützung. Und da es an Land so schlecht läuft, finde für das Faultier die passende Umgebung, dann kommt es schneller voran! Übersetzt heißt das: Dieser Mitarbeiter-Typ ist bereichsbegabt. In seinem Fachgebiet zeigt er, was er kann. Aber du kannst ihn nicht so flexibel einsetzen wie den Golden Retriever.

3. Mitarbeiter: Die Möwe

Warst du schon mal an der Ostsee? Hier tummeln sich Möwen in Scharen und schnattern, was das Zeug hält. Möwen klauen dir dein Fischbrötchen direkt aus der Hand, oder sie fliegen dem Kutter hinterher, wo sie sich nicht selbst mit dem Fischfang abmühen müssen, sondern ihr Futter auf dem Silbertablett direkt aus dem Netz präsentiert bekommen. Genau so ist auch dieser Typ von Mitarbeiter: Bloß keinen Finger zu viel rühren.

Da hat sich die Möwe gerade noch den letzten Kaffee aus der Maschine genommen. Doch weil sie sich nicht für die Kaffeemaschine verantwortlich fühlt, verschwindet sie in die Pause ... Wenn du sie darauf ansprichst, entgegnet sie: »Ich hab jetzt Pause!« und fliegt von dannen. Ich habe das selbst schon erlebt. Ich weiß, wovon ich rede. Das ist der Typ, der dir die komplette Energie des Tages rauben kann.

Die Möwe kommt ins Büro geflattert, schnattert nur aufgeregt rum, macht in jede Ecke und flattert wieder raus. Die Möwe macht Dienst nach Vorschrift – mehr aber auch nicht. Sie hat die niedrigste emotionale Bindung ans Unternehmen, ist nicht loyal, zeigt keine Eigeninitiative und kann das Faultier negativ beeinflussen.

ÜBER TIERISCHE MITARBEITERTYPEN

+ POSITIV
– NEGATIV
O NEUTRAL

FACHKOMPETENZ	O	+	–
MOTIVATION	+	O	–
FLEXIBILITÄT	+	–	+
EIGENINITIATIVE	+	–	–
SOZIALKOMPETENZ	+	+	–
LOYALITÄT	+	O	–
SPECIAL	BEEINFLUSST ANDERE POSITIV	BEREICHSBEGABT RUHEPOL	MACHT DIENST NACH VORSCHRIFT

Wie gehe ich mit diesen 3 Typen um?

Am liebsten arbeite ich mit dem **Golden Retriever** zusammen. Dem gebe ich Aufgaben und Verantwortung, da weiß ich, das läuft.

Das **Faultier** braucht ein bisschen Unterstützung im Tun und muss gleichzeitig auch immer wieder mal gefordert und gefördert werden. Klare Ansagen und entsprechendes Feedback helfen, um die gestellten Aufgaben beim nächsten Mal zu optimieren.

Und die **Möwe**? Die setze ich bedingt bis gar nicht ein, wenn ich sie im Vorstellungsgespräch nicht schon eliminiere. Ansonsten kann sie irgendwann davonflattern. Hast du niemand anderen zur Verfügung, dann gib ihr Aufgaben, bei denen der einfache Dienst nach Vorschrift reicht.

Warum es gut ist, die Typen zu kennen

Grundlegend hat es mir schon oft weitergeholfen, dass ich diese unterschiedlichen Typen auf Anhieb erkennen kann. Dafür braucht es jede Menge Erfahrung, doch die bekommt man mit der Zeit.

Sind mir charakterliche Grundzüge meines Gegenübers bekannt, kann ich den Menschen leichter einstufen und mit seinen Handlungen und Reaktionen besser umgehen. **Aber Achtung:** Wir packen Menschen gern in Schubladen. Das ist einfach so, weil unser Gehirn mit dieser Effizienz leichter umgehen kann. Sonst müssten wir jeden Morgen neue Kategorien entwickeln und die Menschen immer wieder neu einsortieren.

Gib also jedem Mitarbeiter jeden Tag die Chance, persönlich zu wachsen, das gilt auch für die Möwe. Sei dankbar für die Menschen um dich herum und betrachte sie auch als Mentoren, an denen du wachsen und von denen du lernen kannst. Jeder Mensch hat Potenzial. Nimm es als gegeben hin, dass das Leben aus Phasen besteht und der oder die eine oder andere irgendwann – egal was du tust – auch wieder dein Unternehmen als Mitarbeiterinnen und Angestellte verlassen wird. Nicht jeder Tag ist ein Blockbuster. Das Leben hat seine Höhen und Tiefen.

Warum Weiterentwicklung wichtig ist

In meinem anfänglichen Chefleben war der Umgang mit den Menschen nicht immer einfach. Ich kannte die drei Mitarbeitertypen noch nicht und habe viele Situationen zu persönlich genommen. Doch ich habe auch gemerkt, wenn ich mich weiterentwickle, kann ich mein Umfeld mitnehmen und andere Menschen begeistern und besser verstehen.

Doch um dich zu entwickeln, brauchst du drei ganz wichtige Faktoren in deinem Leben:

- Du brauchst ein WARUM.
- Du brauchst verlässliche Partner.
- Du musst Gas geben und direkt loslegen.

Nach diesem kurzen Ausflug in die tierische Welt der Mitarbeiter kommen wir wieder zurück zu den Zahlen, Daten und Fakten der Gallup-Studie. Wir widmen uns den möglichen gesundheitlichen Folgen, wenn das Arbeitsleben nicht so optimal verläuft und ohne Spaß alles behördenmäßig nach Vorschrift abgearbeitet wird. Überlege für dich, ob du dich beim Arbeitgeber wohl fühlst. Und wenn wir dein Körper Signale sendet, dass sich etwas nicht stimmig anfühlt, dann suche für dich die bessere Alternative, denn wir haben nur das eine Leben.

Spaß an der Arbeit? – Ja, bitte!

Von den 14,3 Prozent der Mitarbeiter, die laut Gallup-Studie eine hohe emotionale Bindung an ihr Unternehmen haben, hatten, fragt man sie nach der letzten Woche, nur zwölf wirklich Spaß an ihrem Job. Von den 70,5 Prozent der Mitarbeiter, die eine geringe Bindung an ihr Unternehmen haben, hatten gerade einmal 25 Freude an ihrer Tätigkeit – schon recht dürftig, oder?

Von den 15,2 Prozent, die keine emotionale Bindung ans Unternehmen haben, hatte immerhin noch eine Person Spaß bei der Arbeit. Statistisch betrachtet sogar 1,5 Menschen. Das heißt, unabhängig von Typ und Bindung ans Unternehmen, haben 38 von 100 Mitarbeitern im Durchschnitt Spaß an ihrem Job. Aus der Lernbiologie weißt du womöglich, dass nachhaltiges Lernen nur mit Spaß und Freude möglich ist. Wie kann sich also etwas ändern, wenn Menschen mit schlechter Laune zur Arbeit gehen oder diese dort bekommen? Betrachten wir die Zahlen erneut:

Insgesamt haben **weniger als die Hälfte der Mitarbeiter Spaß** an ihrer Tätigkeit. Frag doch mal die anderen 62, warum sie morgens überhaupt aufstehen und zur Arbeit kommen. Für dein Unternehmen bedeutet das nur, dass deine Leute ihre Arbeit nicht wirklich gut oder gar nicht machen. Darunter leidet auch die Qualität deiner Produkte und/oder Dienstleistungen.

Auswirkungen auf den Krankenstand

Die psychischen Erkrankungen haben laut einer Studie der DAK gerade unter Führungskräften zugenommen[10]. Psychische Erkrankungen stehen mit einem Anteil von 16,7 Prozent auf Platz 2. Sie werden nur von Muskel-Skelett-Erkrankungen getoppt, die leider auch nicht weniger werden. Danach kommen Erkrankungen der Atemwege und Verletzungen.

Gerade Menschen mit chronischen Rückenbeschwerden äußern eine erhöhte Unzufriedenheit bezüglich der Balance von Arbeit und Privatleben. Das fehlende Gleichgewicht hat sich als signifikanter Einflussfaktor auf diese chronischen Rückenschmerzen im Modell bewiesen.

Sport erweist sich hingegen als hilfreiches Mittel, hier gegenzusteuern und Abhilfe zu schaffen. Aber wer rafft sich nach einem anstrengenden Tag und psychischer Belastung noch einmal auf, um abends Rad zu fahren oder die Laufschuhe artgerecht auszuführen? Außerdem stellt sich mir die Frage, inwieweit diese Muskel-Skelett-Erkrankungen auf eine psychosomatische Ursache zurückzuführen sind und somit auch in die Kategorie der psychischen Erkrankungen gehören, die damit auf Platz 1 wandert.

In Summe bedeutet das: Wo wir uns früher eher körperlich kaputtgearbeitet haben, schaffen wir dies heute mit unserer Psyche. Vielleicht zeigt sich das gerade auch in der Gesellschaft – nur eine Vermutung …

Auswirkungen in Zahlen auf das Gesamtsystem

Nach dem DAK-Krankenkassenreport heißt das: insgesamt 80 bis 100 Millionen € Kosten für Unternehmen, die durch **die innere Kündigung** der Mitarbeiter verursacht werden. Und warum wird innerlich gekündigt? Weil Mitarbeiterinnen zum Beispiel den Missständen in Unternehmen zusehen und darüber schweigen. Passiert das auch in deinem Unternehmen?

Mitarbeiterzufriedenheit und Mitarbeiterbindung sind für die Leistungsbereitschaft der Menschen in **deinem** Betrieb und für die Wettbewerbsfähigkeit für deinen Markt der entscheidende Hebel. Ich finde das Ergebnis erschreckend. Ich bin kein ZDF-Mensch! Kennst du ZDF-Menschen? **ZDF**-Menschen – Zahlen, Daten, Fakten. Man sieht die Zahlen, erkennt den Zusammenhang, weiß auch, dass man etwas tun muss und ruht sich dann aber lieber auf den Zahlen aus.

Ein Report der AOK-Gesundheitskasse zu Fehlzeiten[11,12] bringt es auf den Punkt: 93 Prozent der Befragten geben an, ihnen sei es wichtig, etwas Sinnvolles zu tun. 90,5 Prozent der Befragten wünschen sich eine bessere Vereinbarkeit von Familie und Beruf. Nur 61 Prozent erklärten, dass ihnen ein gutes Gehalt wichtig sei.

FAZIT:

Je höher die Sinnhaftigkeit, desto weniger Fehlzeiten. Unter den Befragten, die einen Sinn in ihrer Arbeit sehen, gab es im Schnitt 9,6 Fehltage in 2018. Hingegen gab es 19,4 Fehltage bei den Befragten, die keinen Sinn in ihrer Arbeit sehen. Das ist mehr als doppelt so viel.

Drei Tipps, um aus dem Hamsterrad auszubrechen

Wenn ich wissen will, wie es meinen Mitarbeitern geht, frage ich sie. Wir haben solche Studien, und trotzdem ändert sich nichts. Der dadurch entstehende Schaden ist schließlich immens – für die Mitarbeiter selbst und für das Unternehmen. Es muss also etwas getan werden. Im Folgenden einige Tipps.

Tipp 1: Angebote zur Weiterentwicklung für alle!

Mache für die persönliche Weiterentwicklung von Mitarbeitern deines Unternehmens mehr Angebote zur Fortbildung und Weiterentwicklung. Das gilt für die Mitarbeiter, die Fach- und Führungskräfte und sogar für Chefs und Unternehmer: kurzum für alle!

Wie werden Führungskräfte auf ihren Job vorbereitet? Richtig: zu wenig oder gar nicht. Menschen werden oft zur Führungskraft ernannt. Deswegen sollten sie sich persönlich weiterentwickeln, um ihrer neuen Rolle gerecht zu werden. Ich kann mich mit dieser Entwicklung gut identifizieren, weil es mir nicht anders ging.

Sich persönlich weiterentwickeln

Die Persönlichkeit zu entwickeln, sowohl von Mitarbeiterinnen als auch von Führungskräften, ist ein stetiger Prozess, der mehr und mehr auf die Fahnen der Unternehmen geschrieben werden muss. Führungskraft wird man nicht von heute auf morgen – höchstens auf dem Papier. Ein Studium etwa bringt fachliche Kompetenz, doch was ist mit der persönlichen Kompetenz? Die muss durch eigenes Erleben trainiert und immer wieder angepasst werden. Den Fehlzeitenreport kann ich nur bestätigen: Beschäftigte, die ihre Arbeit als sinnstiftend empfinden, melden sich weniger krank (Differenz: 20 Prozent).

Eine Milchmädchenrechnung zum Gegenchecken

Wer glaubt, die Weiterentwicklung der Mitarbeiter koste zu viel Geld, ist von mir herzlich eingeladen, nur mal kurz zu überschlagen, was es wohl kostet, wenn sich die Mitarbeiterinnen **nicht** weiterentwickeln. Wenn ein Ausfalltag wegen Krankheit dein Unternehmen durchschnittlich 600 € kostet, dann kann ich auch Mitarbeiter an einem Stressbewältigungsseminar teilnehmen lassen, das 1.500 bis 2.000 € kostet. Wenn die Mitarbeiterin dafür drei bis fünf Tage weniger krank ist und vom Seminar profitiert hat, hast du für dein Unternehmen Geld verdient.

Achtung: Die aufgeführte Milchmädchenrechnung dient lediglich der Veranschaulichung von Kostenverhältnissen, um gerade für ZDF-Menschen das Bild von Werten klarer zu malen. Denkt bitte daran, dass bei Seminaren immer das Motto gilt: »Nicht alles, was ich messen kann, zählt. Nicht alles, was zählt, kann ich wirklich messen.«

Aus meiner Erfahrung gesprochen

Manchmal kommen Firmen zu mir, wollen einen Tag Teamtraining machen und glauben, dass sich danach die Welt – am besten komplett – positiv verändert. Nein. Bullshit. Persönlichkeitsentwicklung ist ein lebenslanger Prozess.

Du kannst das mit einem Fitnessprogramm vergleichen. Du wirst nicht in den Tagen von Weihnachten bis Silvester dick, sondern in der Zeit von Silvester bis Weihnachten. Die vier bis sechs Wochen, in denen die meisten von uns zu Beginn des Jahres mal wieder unregelmäßig ins Fitnessstudio rennen, gleichen nicht aus, was den Rest des Jahres versäumt wird. Mitarbeiterentwicklung ist wie Fitness. Das ist eine Lebenseinstellung und ein Prozess, der Regelmäßigkeit braucht. Teams zu entwickeln, ist eine tägliche Aufgabe. Das ist keine Eintagesveranstaltung.

Mein Vater hat mir in jungen Jahren den Tipp gegeben: **»Das Leben ist ein lebenslanges Lernen.«** Ich habe ihn für diesen Spruch gehasst, weil er so oft kam, und weil ich als Jugendlicher so etwas gar nicht hören wollte. Heute weiß ich: Er hatte recht! **Doch für diese Weisheit brauchte ich 20 Jahre.**

Tipp 2: Vertrauen als Basis für gute Zusammenarbeit

Schenke Vertrauen, indem du Verantwortung abgibst. Schaffe mehr Eigeninitiative, indem du als Führungskraft Verantwortung auch von deinen Mitarbeitern einforderst. Sie werden es dir danken und erfahren zugleich mehr Sinnhaftigkeit in ihrer Arbeit.

Vielleicht lässt sich dieser Punkt ganz gut mit den drei Affen vergleichen. Diese stammen aus einem japanischen Sprichwort und stehen für den Umgang mit dem Schlechten. Gemeint sind die drei Affen,

- die nichts sehen,
- nichts hören,
- nichts sagen.

In Japan heißt das: **mizaru, kikazaru, iwazaru.**

Ursprünglich waren es sogar vier Affen. Der vierte hält sich den Bauch und steht dafür, etwas nicht zu tun. Daher steht aus meiner Sicht die Metapher dafür, dass der Mitarbeiter oder die Mitarbeiterin einen Job abgeben will.

Leider haben es Affen nicht gelernt, mit dem Menschen zu kooperieren, und auch manche Affenart kommuniziert nicht unter sich. Der Hund – obwohl er genetisch weiter von uns entfernt ist – hat es besser verstanden, mit uns zu kommunizieren und zu kooperieren. Allerdings hat diese Domestikation auch eine 15.000 Jahre alte Geschichte.

Wenn eine Mitarbeiterin »den Affen macht«, also sich um einen bestimmten Job nicht kümmern möchte, achte darauf, dass der »Affe« nicht bei dir hängen bleibt. Sucht ggf. gemeinsam eine Lösung, **aber suche niemals eine Lösung für den Job deiner Mitarbeiter.** Nur so entsteht auf Dauer Eigeninitiative.

Und wie sensibilisierst du die Mitarbeiterin, mehr Sinnhaftigkeit zu sehen?

Oftmals sieht der Mitarbeiter oder die Mitarbeiterin nur den eigenen Bereich, nicht den der ganzen Abteilung – der klassische Fall, bei dem jeder für sich arbeitet und die Zusammenhänge nicht erkannt werden. Vielleicht ist dieses Phänomen auch mit dem »Ingroup-Outgroup«-Prinzip (Eigengruppe-Fremdgruppe) aus der Psychologie vergleichbar. Wir bevorzugen die Eigengruppe (zu der wir gehören) gegenüber einer Fremdgruppe (zu der wir nicht gehören). Das klingt dann wie bei verfeindeten Fußballmannschaften. Kooperation sieht anders aus. Um das große Ganze zu sehen, hilft vielleicht folgende Metapher:

> Drei Steinhauer bearbeiten einen Stein.
> Der eine sagt, ich bearbeite einen Stein.
> Der zweite sagt, ich baue ein Rundbogenfenster.
> Der dritte sagt, ich baue eine Kathedrale.

Da der dritte Steinhauer schon die komplette Kathedrale vor Augen sieht und das große Ganze erkennen kann, hat er definitiv mehr Motivation und Freude an der Arbeit. Wenn er auf einem Stein herumklopft, sieht er die Kathedrale vor sich. Die Folge ist mehr Begeisterung für das Tun. Gleichzeitig muss auch die Wertschätzung und Anerkennung für das eigene Tun von oben kommen. Lob und Anerkennung für die geleistete Arbeit bildet einen wichtigen Grundpfeiler für Motivation.

Tipp 3: In Dialog treten

Miteinander reden. Dieser Tipp ist vielleicht nicht neu, hilft aber ungemein. Genauso wie auch Zuhören, eine der meist unterschätzten Fähigkeiten.

Kennst du den Piña-Colada-Song von Rupert Holmes? Eigentlich heißt dieser Song »Escape«, weil es darum geht, aus dem herkömmlichen Leben zu flüchten. Worum geht es dabei? Ich schildere das mal in einer Art Simultanübersetzung: Ein Pärchen liegt abends im Bett. Der Mann hat keine Lust mehr auf seine Partnerin. Sie schläft schon und er liest die Anzeigen in der Zeitung. Da steht dieser Text in einer Annonce:

Wenn du auf Piña Colada stehst
Und es magst, vom Regen überrascht zu werden
Wenn du nichts von Yoga hältst
Wenn du nur ein wenig intelligent bist
Wenn du gerne Liebe machst in den Dünen am Kap
Dann bin ich die Frau, nach der du gesucht hast
Schreibe mir und lass uns flüchten

So der Text dieser Stellenanzeige für konventionelle Partnersuche vor der Jahrtausendwende. Er antwortet direkt auf die Anzeige und beide treffen sich dann in der Bar O'Malleys. Als sie die Bar betritt, müssen beide lachen, denn es ist die Frau, mit der er schon so lange zusammen ist und die gestern im Bett noch neben ihm lag.

Er begrüßt sie mit den Worten, dass er gar nicht wusste, dass sie Piña Colada und Champagner mag und Sex am Strand … Und trotzdem sagt er zu ihr, sei sie die Liebe, mit der er flüchten möchte. Jetzt soll dieses Lied nicht dafür stehen, mit den Mitarbeitern Sex am Beach zu haben. Vielmehr ist es als Anstoß gemeint, nach Feierabend mal gemeinsam einen Sex on the Beach trinken zu gehen und über die Dinge zu reden, für die bei der Arbeit weniger Zeit bleibt.

Vielleicht lernst du dein Gegenüber neu kennen und schätzen. Und durch mehr Bewusstsein für dein Gegenüber gewinnst du mehr Verständnis für das tägliche Miteinander. Merke dir: Gemeinsames Erleben verbindet.

Die Schlussfolgerung

Eines wurde mir schnell klar, nachdem ich Führungskraft war: Den Laden kann ich nicht allein betreiben. Ich bin auf Mitarbeiterinnen angewiesen. Ich muss in der Lage sein und lernen, mich auf die unterschiedlichen Menschentypen einzustellen und einzulassen. Dann kann ich Aufgaben und somit Verantwortung abgeben und mich als Unternehmer neuen Aufgaben stellen.

Machst du das in deinem Unternehmen nicht, kommst du schnell bei den Auswirkungen der Gallup-Studie und den Auszügen der Krankenkassenreports an. Es läuft nicht wirklich rund. Mitarbeiter werden unzufrieden, machen ihren Job nur mittelmäßig und sind irgendwann dauerhaft krank. Und nicht nur das. Du ja auch! Also muss es Mittel und Wege geben, da herauszukommen.

Mir hat es sehr geholfen, erst einmal auf die anderen einzugehen, neben der Rolle des Teammitglieds auch die des Menschen zu erkennen. Dabei ist das Zuhören eine der meist unterschätzten Fähigkeiten, wenn es um das Thema Führung geht. Daneben musste ich lernen, dass jeder mit anderen Voraussetzungen ins Unternehmen kommt und auch unterschiedliche Kompetenzen mitbringt. Jeder Typ möchte anders angesprochen werden. Das heißt für mich, dass die Führungskraft im Umgang mit den Menschen ein feines und gutes Fingerspitzengefühl braucht.

Auf die Menschen eingehen, zuhören und Verantwortung abgeben, um Motivation zu erhalten und Vertrauen für gute Beziehungen aufzubauen, das ist von allergrößter

Bedeutung. Halte dir stets vor Augen, dass dies ein stetiger Prozess ist und der Aufbau von Beziehungen sowie die Entwicklung von Persönlichkeiten nichts ist, was an einem Tag passiert.

Viel größer gedacht stellt sich die Frage »Wo kommen wir nur hin, wenn alle immer denken: Wo kommen wir denn da hin?«

Wir müssen im Mikrokosmos des Unternehmens alle zusammenhalten, dann kommen wir zusammen voran.

Zum einen, um das Unternehmen nach vorn zu bringen, zum anderen, um diesen Planeten nachhaltig zu erhalten, für alle, die nach uns kommen. Es ist Zeit für Veränderung!

Manch einer rennt durchs Leben, als hätte er oder sie noch ein zweites Leben im Gepäck. Doch wir sollten uns alle bewusst machen: Nach jedem Spiel – egal ob König oder Bauer – landet jeder in der gleichen Kiste. Warum also die Zeit, die wir gemeinsam verbringen, nicht mit mehr

> Spaß und Freude im Tun,
> Rücksicht auf andere und
> Respekt und Dankbarkeit denen gegenüber, mit denen wir alle vereint sind, verbringen!

Simon Karl
#TEAM.Entwickler4.0

H wie Homepage:

Dein virtuelles Schaufenster

Ist es in der heutigen Zeit möglich, unternehmerisch tätig zu sein, ohne eine eigene Homepage zu haben? Ja, ist es. Und an dieser Stelle könnte dieses Kapitel sofort beendet werden. Denn durch Onlineplattformen wie LinkedIn und Xing, Facebook, Instagram & Co. ist es nicht unbedingt notwendig, eine eigene Website zu betreiben. Je nach Zielgruppe kannst du dir die passende Plattform aussuchen und entsprechenden Content kreieren. Hast du Produkte, die du vertreibst, kannst du direkt zu deinen Angeboten auf digistore24, Coachy, Amazon, Spreadshirt usw. weiterleiten.

Wozu also noch eine eigene Homepage erstellen, deren Aufbau zeitintensiv und die Betreuung möglicherweise kostspielig ist, wenn du dafür einen Profi beauftragst?

Window-Shopping

Bummelst du gern manchmal durch die Stadt und schaust dir die Geschäftsauslagen an? Window-Shopping nennt sich das. Wir schlendern durch die Straßen, lassen uns von den Auslagen inspirieren, finden einen Laden und sein Angebot interessant, gehen hinein, um uns die Produkte näher anzusehen. Treffen wir dann noch auf eine zuvorkommende, freundliche und kompetente Beratung, steht unserer Kaufentscheidung nichts mehr im Weg. Richtig oder richtig?

Erst durch das Schaufenster werden wir auf das Geschäft und sein Angebot aufmerksam. Unser Gehirn entscheidet innerhalb von Sekunden, ob uns der Stil des Schaufensters anspricht und wir mehr sehen wollen oder eben nicht. Das ist ähnlich wie beim Dating. Du gehst in eine Bar voller Singles und dein Gehirn entscheidet innerhalb von wenigen Augenblicken, wen du attraktiv findest. Diese Person willst du dann näher kennenlernen. Eine Homepage ist wie das Schaufenster deines eigenen Ladens!

Deine Internetpräsenz spielt für den Vertrauensaufbau zu deinen Kundinnen eine wichtige Rolle. Eine gute Website überzeugt durch Übersichtlichkeit, leichte Handhabung und Inhalte, die emotional und qualitativ ansprechen.

Deine Homepage ist dein digitales Schaufenster, wo du dich und dein Produkt oder deine Dienstleistung bestmöglich präsentierst.

Das heißt nicht, dass dadurch deine Profile auf Instagram & Co. verzichtbar sind. Im Gegensatz zur Homepage wirst du auf deinen Social-Media-Kanälen zusätzlich erlebbar, zeigst dich eine Spur persönlicher, vielleicht auch privater und hast die Möglichkeit, andere Zielgruppen anzusprechen. Wichtig ist hierbei, Content zu liefern, der die jeweilige Zielgruppe anspricht, aber parallel dazu deine persönliche Marke, deinen Stil und den Look beizubehalten. Dein Branding sollte auf allen von dir genutzten Plattformen einheitlich wirken, das haben wir ja bereits im Kapitel **E wie Expertenstatus** besprochen. Die geteilten Inhalte können der jeweiligen Plattform angepasst und auf die User zugeschnitten werden.

Mit dem richtigen Opener zu mehr Aufmerksamkeit

Kommen wir zu deiner Homepage zurück. Auf vielen Unternehmensseiten findest du Slogans wie »Qualität seit vielen Jahren!«, »Wir bieten super Service«, »Herzlich willkommen in der Praxis XY«.

Warum sind solche Aufmacher auf der Startseite kein wirklicher Reißer? Nun, weil Qualität und guter Service eine Selbstverständlichkeit sein sollten, ebenso, dass der Kunde stets herzlich willkommen ist, ob beim ersten oder zehnten Besuch spielt keine Rolle. Diese Standardfloskeln sagen nichts über dich und dein Produkt aus. Sie nehmen Platz weg und sind absolut überflüssig. Wenn du die Aufmerksamkeit deiner Besucherinnen fesseln möchtest, müssen sie auf den ersten Blick erkennen, welchen Nutzen du, deine Dienstleistung oder dein Produkt bieten. Kunden kaufen nicht das beste Produkt oder die langjährige Qualität, sie kaufen ein Produkt, das ihnen sofort einleuchtet. Du brauchst also auf deiner Startseite oder deiner Landingpage eine klare, prägnante und spannende beziehungsweise emotionale Botschaft.

Wenn du damit im Kopf deiner Kundinnen ein Gefühl von »Das brauche ich unbedingt!« auslöst, hast du schon gewonnen. Verdichte also auf der Landingpage die Kommunikation über dein Angebot zu einer Hauptbotschaft, die deinen Besuchern den Nutzen sofort aufzeigt. Sie erkennen dadurch schnell und klar, welches Ergebnis sie bei dir erhalten und kaufen folglich aus purem Eigennutz. Als anschauliches Beispiel habe ich die Headlines von zwei Hautarztpraxen miteinander verglichen:

Hautarzt A: »Wir bieten hochwertige Behandlungen!«

Hautärztin B: »Mit 50 eine Haut wie mit 25!«

Erkennst du den feinen Unterschied? Hautarzt A hat sich für den klassischen, langweiligen Opener entschieden, so wie Tausende andere Praxen ebenfalls. Damit setzt er sich in keiner Weise von der Konkurrenz ab. Er wird dem Window-Shopper nicht im Gedächtnis bleiben und keinen emotionalen Anreiz schaffen. Als Kundin setzt man hochwertige Behandlungen voraus, das ist etwas, was generell erwartet wird und nicht eigens erwähnt werden müsste.

Hautärztin B erzeugt mit ihrem Slogan sofort Bilder im Kopf. Als Leserin werde ich automatisch daran erinnert, wie rein und faltenfrei meine Haut mit 25 war. Ich denke an Jugend und Agilität. In mir wird der Wunsch nach jugendlichem, frischen Aussehen geweckt. Geht es dir auch so? Ich denke, Kundinnen werden sich bevorzugt für Hautärztin B entscheiden. Warum funktioniert der Slogan von Hautärztin B besser?

- Weil er eine Story erzählt!
- Weil Kunden sofort den persönlichen Nutzen erkennen.
- Weil dieser Slogan im Kopf bleibt.
- Weil im Kopf der Kundschaft Bilder entstehen.

Wenn du es schaffst, deine thematischen und fachlichen Inhalte in eine prägnante und kurze Story als Headline zu verpacken, wird dein potenzieller Kunde eher bei dir kaufen als bei deiner Konkurrenz!

Das Prinzip des Storytellings kannst du sowohl für deine Homepage als auch für Flyer oder Social-Media-Content nutzen. Wie du eine Story richtig aufbaust, erfährst du im Kapitel **S wie Storytelling.**

Nun weißt du, wie du es schaffst, deine Besucherinnen auf deiner Homepage zu halten, sie neugierig zu machen.

Tipps für die Praxis

Um die Attraktivität deiner Homepage und das Kundenerlebnis darüber hinaus zu erhöhen, gilt es, einige Rahmenbedingungen, den Aufbau und den Look betreffend, zu beachten. Die wichtigsten Punkte habe ich hier für dich zusammengefasst.

Fasse dich kurz: Für den guten ersten Eindruck gibt es keine zweite Chance. Überzeugende Websites erfüllen innerhalb weniger Augenblicke folgende drei Kriterien: Attraktivität, Klarheit und Emotionen. Übersichtlich und einfach zu bedienen soll sie sein – das wünscht sich jeder. Genauso, dass ein emotionaler Funke zündet: Die Nutzerin soll sich wohl und gut aufgehoben fühlen – die individuellen Erwartungen sollen erfüllt werden.

Einfache Navigation: Besucherinnen sollten innerhalb weniger Sekunden wissen, worum es bei dir oder deinem Business geht. Es sollte im besten Fall auf den ersten Blick erkennbar sein, wofür du stehst oder was du anbietest. Zu viele Menüpunkte oder Texte mit langen Schachtelsätzen überfordern die Leser. Hier lieber klar und übersichtlich kommunizieren, kurze Sätze und verständliche Formulierungen wählen und mehr auf Fotos und Videos setzen.

Aktualität: Vom Design über Funktionen bis zu Fotos, Videos und Texten sollte deine Website modernen Anforderungen genügen. Eine integrierte Chatfunktion, aktuelle Blogartikel, der Jahreszeit angepasste Fotos – es gibt viele Möglichkeiten, um zu signalisieren, dass du modern und auf dem neuesten Stand bist.

Referenzen & Testimonials: Mit wem oder für wen hast du schon gearbeitet? Zeig deine Referenzen. Das schafft Vertrauen und hebt dich von deiner Konkurrenz ab. Referenzen und Testimonials, also Kundenstimmen, sind ein wichtiges Tool für den Vertrauensaufbau. Ein schriftliches Statement oder ein kurzes Video deiner zufriedenen Kundinnen unterstreicht nochmals die Wertigkeit deiner Arbeit oder deines Produktes.

Gütesiegel, Zertifikate & Auszeichnungen: Eine sehr gute Möglichkeit, um Vertrauen in dich und deine Marke aufzubauen, sind Gütesiegel. Auch Zertifikate zu deiner Ausbildung, erlernte Techniken oder Weiterbildungen zeigen Besuchern: Hier habe ich es mit einem Profi zu tun. Gütesiegel gibt es für die verschiedenen Branchen zur Genüge: Ein Siegel von TÜV, Trusted Shops, Demeter, Fairtrade, Quality Austria & Co. lässt deine potenziellen Kundinnen sofort erkennen, dass es sich hier um ein Qualitätsangebot handelt. Und es ist nachgewiesen, dass Kunden durch diesen externen Beweis für Qualität und Standard in ihrer Kaufentscheidung positiv beeinflusst werden. Mehr dazu erfährst du im Kapitel **R wie Reputation.**

SEO: Unter SEO (englisch: **Search Engine Optimization**) verstehen wir Suchmaschinenoptimierung. Damit werden Maßnahmen bezeichnet, die die Sichtbarkeit deiner Website und ihrer Inhalte für Benutzerinnen einer Suchmaschine erhöhen. Die Optimierung bezieht sich rein auf die Verbesserung der **unbezahlten** Ergebnisse im organischen Suchmaschinenranking, nicht auf direkten Traffic oder Traffic durch bezahlte Werbung. Die Optimierung kann auf verschiedene Arten der Suche abzielen, einschließlich Bildersuche, Videosuche oder Nachrichtensuche.

Die Suchmaschinenoptimierung ist ein Teilgebiet des Suchmaschinenmarketings. Da SEO ein schnelllebiges und äußerst komplexes Feld ist, werden wir hier nicht weiter darauf eingehen. Spezialistinnen auf diesem Gebiet, die jederzeit up to date sind, findest du in unserem PUSH-UP-your-Business-Expertenpool!

Die eigene Homepage ist ein wichtiges Tool zur Kundengewinnung. Sie ist deine digitale, individuelle Visitenkarte und gleichzeitig das Schaufenster für deine Arbeit. Ob du einen Profi für den Aufbau engagierst oder deine Ideen mit Anbieterplattformen wie Wordpress, Wix, Jimdo usw. selbst umsetzt – das Ergebnis sollte ein professioneller Gesamteindruck sein, um den Besucherinnen ein bestmögliches Erlebnis zu bieten, damit sie schlussendlich deine treuen Kunden werden.

Apropos »individuell«: Deine Individualität spielt in allen Bereichen deines Unternehmens eine wichtige Rolle. Deshalb haben wir beschlossen, ihr ein eigenes Kapitel zu widmen.

Wie dir Individualität beim Aufbau deiner Marke hilft, deine Positionierung schärft und dein Business wieder ein Stück nach vorne pusht, erfährst du im folgenden Kapitel von Isolde-Maria Lippert.

Carina Frei

#Push up your Business

wie Individualität:

Du bist die Marke!

Einzigartigkeit, Besonderheit, Persönlichkeit, Originalität – all das sind Synonyme für Individualität. Jeder Mensch wird als Original geboren und in der Kindheit so lange in unterschiedliche Richtungen erzogen, bis er sich dem Umfeld anpasst. Dabei geht die Individualität verloren, und wir erliegen der Illusion, dass wir so, wie wir sind, nicht richtig sind. Folglich braucht es Mut, damit wir uns trauen, wieder echt und einzigartig zu werden.

Richtig erfolgreich sind wir, wenn wir uns in unserer Einzigartigkeit zeigen. Wer einzigartig ist, sticht aus der Masse heraus – und das ist gut so!

Individualität hat zwei Versionen.

Es gibt die **egozentrierte Individualität.** Diese stellt sich in den Mittelpunkt des Universums, strebt danach, andere für ihre Belange einzuspannen. Sie hat vorwiegend den eigenen Vorteil im Sinn. Der egozentrierte Mensch versucht, den fehlenden Selbstwert durch Vergleichen und Besser-sein-Wollen zu kompensieren. Diese Art von Individualität wird in diesem Kapitel nicht behandelt.

Es gibt eine **authentische Individualität.** In der zeigt sich der Mensch als derjenige, der er ist. Er erkennt seine eigene Einzigartigkeit an und ist bestrebt, sich mehr und mehr zu entwickeln. Auf gesunde Art stellt er sich selbst in den Mittelpunkt seines eigenen Lebens, erkennt die Einzigartigkeit eines jeden anderen Menschen als gleichwertig an und wertschätzt diese. Diese Art der Individualität ist Inhalt dieses Kapitels.

Individualität als Positionierung

Speziell in der Businesswelt wird die Individualität für die eigene Positionierung genutzt. Die Digitalisierung führte dazu, dass Kundinnen global einkaufen und insgesamt eine größere Auswahl an allem zur Verfügung haben. Sie kaufen nicht mehr vor Ort, was es dort gibt, sondern suchen das Besondere. **Besonders** ist selten das Produkt an sich, vielmehr die Persönlichkeit hinter diesem Produkt. Kunden von heute identifizieren sich mit der Markenbotschaft beziehungsweise den Werten des Unternehmens.

Es geht nicht mehr darum, das Produkt (zum Beispiel ein Handy) zu besitzen. Eher macht der Name des Produktes die Besonderheit aus – und den Preis. Ein iPhone ist auch **nur** ein Handy und dennoch gibt es eine eingeschworene Apple-Community, die freudvoll und voller Begeisterung viel höhere Beträge bezahlt, um mobil in Kontakt mit der Welt zu sein. Dieses Apple-Beispiel lässt sich im Grunde genommen auf alle Markenprodukte übertragen.

Wer in der heutigen Zeit etwas Besonderes in die Welt bringen und nachhaltigen Erfolg generieren möchte, braucht mehr als nur eine gute Erfindung oder eine bekannte Therapieform respektive Technik. Für wahrhaften, tiefgreifenden, erfüllenden Erfolg wird eine individuelle Positionierung des Menschen benötigt. Es braucht Einzigartigkeit – deine Einzigartigkeit. Und Individualität benötigt Mut!

Die Erziehung führt leider bei fast allen Menschen dazu, dass ihnen ihre Individualität aberzogen wurde. Im Erwachsenenalter wird diese oftmals dem Wunsch nach Zugehörigkeit geopfert. Das Wort **Alleinstellungsmerkmal** bringt diesen Schmerz auf den Punkt. Die Gefahr, allein dazustehen, wenn wir uns individuell und einzigartig zeigen, macht viele Menschen unsicher, denn die wenigsten wollen allein dastehen. Der Mensch relativiert seine Besonderheiten (»Das kann doch jeder«), gleicht sie an sein Umfeld an (aus Bunt wird Einheitsgrau) und wundert sich anschließend, nicht gesehen zu werden.

Jeder ist von der Einzigartigkeit eines Babys fasziniert. Diese kleinen Menschen sind wundervolle Lehrer für Individualität. Sie lieben und genießen es, die volle Aufmerksamkeit ihres Gegenübers für sich zu gewinnen. An ihnen können wir auch erkennen, dass die Gefahr, allein dazustehen, nur fiktiv ist. Denn jeder Mensch hat Freude daran, sich an der Einzigartigkeit dieser kleinen Wesen zu erfreuen.

Eine wirklich erfolgreiche Welt haben
wir dann, wenn JEDER seine Einzigartigkeit lebt!

Ich bin der Überzeugung, dass wir genau deshalb hier auf der Erde sind. Individualität bedeutet ganz einfach ICH-SEIN.

Egal, ob im privaten oder im unternehmerischen Kontext, völlig gleich, wo Menschen dich treffen oder kennenlernen: Sobald du deine Individualität authentisch auslebst, finden sie immer die gleiche Person vor – dich! – als individuelle Persönlichkeit. Einzigartigkeit erscheint schwierig, doch in Wahrheit gestaltet sie das Leben einfach. Sie ist ein Weg der Selbstverwirklichung auf allen Ebenen zugleich.

Authentizität, die in allen Lebensbereichen gelebt wird, kann dein Gegenüber spüren. Menschen nehmen nonverbal wahr, wenn der Gesprächspartner in eine Rolle schlüpft. Sie nehmen auch wahr, wenn jemand echt ist. Diese Echtheit zieht Aufmerksamkeit an, sie wirkt faszinierend und fördert eine kraftvolle, natürliche Sichtbarkeit.

Individualität wirkt ins Innere und ins Äußere

Persönliche Einzigartigkeitsfaktoren stärken unternehmerische Positionierungsfaktoren. Wiedererkennung stärkt die Positionierung.

Ein Produkt, das wie alle anderen ist, geht in der Masse unter und wird eher zufällig erworben, anstatt durch eine bewusst getroffene Wahl. Wer mutig seine Individualität sichtbar macht und sich zeigt, kann leichter empfohlen werden.

Drei einfache Beispiele machen dies deutlich:

- Ein Apple-Käufer hat kein Handy, er hat ein iPhone – und spricht über dieses iPhone.
- Ein Harley-Käufer hat kein Motorrad, er hat eine Harley – und spricht über diese Harley.
- Individualität stärkt die Positionierung dadurch, dass in einem alltäglichen Gespräch über ein Produkt (zum Beispiel Taschentücher) das Massenprodukt ein Taschentuch bleibt, das Marken-Individuum zum »Tempo« wird.

Dein Auftrag: Werde zur Marke!

Es braucht Mut, den Kopf aus der Masse zu heben, um sichtbar zu werden. Wer sich traut, aus der Masse gleicher Anbieter herauszustechen, hat sehr gute Chancen, von seinem Wunschkunden gefunden und gezielt weiterempfohlen zu werden. Diese Sichtbarkeit führt dazu, bessere oder sogar einzigartige Preise für dein Angebot zu generieren.

Es geht nicht darum, das Rad neu zu erfinden. Vielmehr ist es wichtig, das ureigene Besondere (am Handy/Motorrad/Taschentuch) sichtbar zu machen. Dieses Sichtbarmachen gilt natürlich nicht nur für deine Produkte, sondern auch für dich selbst, wenn du die Marke bist. Zum Beispiel als Dienstleister in jedwedem Bereich.

- Woran wirst du aktuell erkannt?
- Welcher Wiedererkennungsfaktor kann künftig deine Einzigartigkeit zeigen?
- Authentizität stärkt Sichtbarkeit.

Der große Vorteil der Individualität ist, authentisch bleiben zu können. Wer sich nicht in den Einheitsbrei der Masse einfügt, braucht seine eigene Persönlichkeit nicht ins private Leben zu verbannen. Er kann diese auch im geschäftlichen Kontext leben.

Es entspannt ungemein, wenn jegliche Masken wegfallen und die eigene Persönlichkeit authentisch gelebt wird. Die Erfahrung offenbart, dass der Mut, sich authentisch zu zeigen, sogar mit einem besonders hohen Umsatz und fabelhaftem Preis deines Angebotes belohnt wird. Authentisches Unternehmertum ist der beste Schutz vor Burn-out, denn Authentizität lässt das Feuer der Begeisterung brennen. Wir leuchten, ohne auszubrennen.

- Wie wärst (bist) du, wenn du authentisch bist?
- Welche Eigenschaft würdest du als Erstes zeigen, wenn du den Mut dazu hättest?
- Wann wirst du damit beginnen?

Vorbild stärkt Identifizierung

Wer seine eigene Individualität offenbart, erzeugt ein authentisches Bild von sich und seinem Produkt. Im Laufe der Zeit entwickelt sich daraus oft eine Vorbildfunktion für andere. Menschen fühlen sich vom Wert hinter dem einzigartigen Produkt inspiriert und wollen mehr davon. Gemäß dem Spruch »Zeige mir, mit wem du dich umgibst und ich zeige dir, wer du bist!«, identifizieren sich Menschen gern mit einem Produkt, das mit bestimmten Werten aufgeladen ist oder einer bestimmten Wesensart von Menschen, um sich über den Kauf des Produktes oder der Dienstleistung selbst mit den Werten aufgeladen zu fühlen.

Oft kann über eine authentisch gelebte Botschaft eine ganze Bewusstseinsbewegung in Gang gesetzt werden. So begann nämlich auch die Biowelle vor ein paar Jahrzehnten. In Folge derer kam der Wert einer gesunden, giftfreien Ernährung immer mehr ins Bewusstsein. Viele Menschen fühlen sich inzwischen stark mit der Bio-Community verbunden und zahlen gern auch mehr für ihr Essen.

Welche Eigenschaft schätzen Menschen an dir ganz besonders? In welchem Bereich bist du bereits für andere ein Vorbild? Und vielleicht willst du sogar eine großartige Welle in Bewegung bringen – welche?

Selbstwert stärkt Produktwert

No-Name-Menschen und -Produkte verkaufen sich ausschließlich über den Preis, statt über ihren Wert.

Wer nicht an sich selbst glaubt, orientiert sich am untersten Marktwert. Der- oder diejenige gibt auf alles Rabatte, um Käuferinnen zu finden. Wenn die jeweiligen Konsumenten anschließend über ihren Kauf reden, sprechen sie davon, wie **billig** sie das Produkt erworben haben – oftmals, ohne sich an den Namen des Produktes oder Anbieters überhaupt zu erinnern.

Es erfordert Arbeit an sich selbst, zu erkennen und anzuerkennen, welcher Wert durch die eigene Individualität in das Leben anderer gelangt. Sobald der Selbstwert tief im eigenen Herzen angekommen ist, fällt es leicht, diesen Wert auch im Außen zu kommunizieren. Die oder der Käufer erkennt dann verbal und nonverbal, wofür das Unternehmen steht und wofür es tut, was es tut. Der Selbstwert wird gelebt und wird dadurch als natürlicher Wert von der Kundschaft wahrgenommen.

Der (künftige) Käufer fühlt sich durch den Kauf des Produktes selbst aufgewertet, weil sie oder er in sich das Gefühl trägt, durch das Produkt auch Teil dieses Wertes zu sein. Aus Kundinnen wird eine begeisterte Fan-Community.

Welches Gefühl von Defizit minimiert deinen Preis? Welchen Mehrwert hat dein Kunde durch einen Kauf bei oder die Zusammenarbeit mit dir?

Individualität als Erfolgsfaktor

Authentische Menschen sind Originale – sie leben, wer und was sie sind. Jeder kennt solche Originale, in deren Umfeld oder mit deren Produkten sich Menschen wohlfühlen.

Originale kennen ihre Fähigkeiten, Kernkompetenzen, Potenziale und Talente. Sie kennen auch die weniger entwickelten Anlagen – herkömmlich Schwächen genannt. Da sie sich jedoch viel mehr an ihren Stärken ausrichten und diese in allen Lebensbereichen sichtbar nutzen, fallen die scheinbaren Schwächen weniger ins Gewicht.

Zum Beispiel trägt ein Mensch mit wenig Kraft einfach mehrmals kleinere Mengen. Er erreicht das gleiche Ziel wie ein starker Mensch mit zwei Gängen zusätzlich. Jeder Mensch kann seine eigenen Schwachpunkte hervorragend ausgleichen, wenn er seine Stärken konzentriert und konsequent in allen Lebenslagen nutzt.

Alles in allem ist Individualität ein echter Erfolgs- und Zufriedenheitsfaktor, der sich oft in folgenden fünf Eigenschaften zeigt:

- **Persönliche Entwicklung:** Originale gehen ihre persönlichen Entwicklungsschritte sofort, wenn diese anstehen. Sie wissen: Nur durch eigenes Hineinwachsen in die wahre Größe werden ihre einzigartigen Besonderheiten mehr und mehr sichtbar.
- **Kommunikation:** Originale kommunizieren als Persönlichkeit und nicht als austauschbares Produkt. Ihre Kommunikation ist – auch bei Herausforderungen – freundlich und offen. Sie finden im Gespräch und an jedem Menschen (auch) etwas Gutes und sie sprechen lieber mit Menschen, anstatt über sie.
- **Entscheidungen:** Originale treffen Entscheidungen schnell und in Verbindung von Herz und Kopf, sobald die Entscheidung relevant ist. Gemäß dem Erfolgsrezept »Erfolgreiche Menschen entscheiden sofort«, wählen sie und stehen anschließend zu ihrer Wahl.
- **Fehler:** Originale können eigene Fehler sofort akzeptieren und lernen unmittelbar aus ihnen. Fehlern anderer stehen sie verständnisvoll und unterstützend gegenüber.
- **Flexibilität:** Originale sind flexibel und können auf Veränderungen blitzschnell reagieren, ohne sich selbst dabei zu verlieren.
- **Ausdauer und Disziplin:** Originale bleiben dran, sobald sie sich für etwas entschieden haben. Sie bekennen sich zu ihrer Entscheidung – sich selbst und anderen gegenüber. Ihre Taten spiegeln ihre getroffene Selbstverpflichtung wider und auf sie ist Verlass.
- **Erfolg:** Originale haben aufgehört, sich mit anderen zu vergleichen. Das Thema Konkurrenz triggert sie nicht mehr, weil sie wissen, dass ihr Kunde genau sie braucht. Dies erspart ihnen viel Energieverlust und schenkt ihnen Sicherheit. Da sie ihre Energie gern in Wachstum und Entwicklung investieren, sind sie ausgesprochen erfolgreich in dem, was sie tun.

FAZIT: INDIVIDUALITÄT LOHNT SICH!

Wenn du nun denkst: »So einfach kann es ja nicht sein?!?« Antworte ich: »Doch, ist es!« Dennoch wird nicht jeder die Einzigartigkeit anstreben, denn das ist viel Arbeit – vor allem Arbeit an sich selbst. Die meisten Menschen möchten lieber andere ändern, anstatt sich selbst.
Ob du die Marke in deinem Business wirst, entscheidest einzig und allein du.

»Das Durchschnittliche gibt der Welt ihren Bestand, das Außergewöhnliche ihren Wert.«
Oscar Wilde

Isolde Maria Lippert
#Expertin für Bewusstes SEIN

J wie Jungunternehmer und -unternehmerin:

Dem Ruf folgen

Was haben ein Unternehmertum und eine gute Geschichte gemeinsam? Beide haben einen Anfang, einen roten Faden, Höhen und Tiefen, und wenn es richtig läuft, auch ein Happy End.

Zuerst ist da der Ruf, den der Unternehmer oder die Unternehmerin hört. Das bedeutet, es gab einen auslösenden Moment für ihn oder sie, ein Problem, das gelöst werden wollte. Weißt du, dass jedes Problem ein noch nicht gegründetes Unternehmen ist? Weil es niemanden gibt, der die Lösung für dich parat hat. Deshalb sind die Probleme dieser Welt in Wirklichkeit deine Chancen. Du musst sie nur hören, sehen und ergreifen. Das heißt, du folgst dem Ruf der Jungunternehmer mit deiner sogenannten Chancencleverness.

Im Folgenden erkläre ich dir, warum ein lösungsorientiertes Fundament für Jungunternehmer wichtig ist, wofür die Zusammenarbeit mit anderen gut ist und weshalb du etwas über Marktanalyse und Marketingstrategie lernen solltest. Ich stelle dir das Businessmodell Canvas vor und zeige dir, wie du es zielführend einsetzen und damit die wichtigsten Punkte deines Businessplans erarbeiten kannst.

Du erfährst mehr über Chancencleverness, die nichts anderes ist als dein Blick und dein Gespür für Situationen, in denen du den Mut aufbringst, vielleicht Dinge anders zu machen als andere. Es geht darum, auch unbedeutende oder ausweglose Situationen zu ergreifen und sie für dich ins Positive zu Wandeln. Was hat Jungunternehmertum mit Chancencleverness zu tun?

Unternehmerbeispiele für Chancencleverness

Jeff Bezos (Gründer und CEO von Amazon): Er sah und ergriff bei seiner Unternehmensgründung die Chance, dass die Menschen einen einfacheren und digitalen Zugang zu den Produkten (zuerst nur Bücher) erhalten sollen und das für weniger Geld. Das hatte damals mit der Umsatzsteuer in den USA zu tun.

Richard Branson (Gründer von The Virgin Group): Er ging das Problem des idealisierten Selbst an. Also die bestimmte Vorstellung, die man von sich selbst hat und andere von einem erwarten, diese Einschränkungen zu verändern. Um sich dies selbst zu beweisen, überwand er unglaubliche Herausforderungen in seinem Leben.

Elon Musk (Gründer von PayPal, SolarCity, Tesla Motors und SpaceX): Er steht für Lösungsorientierung hinsichtlich beider oben genannter Aspekte, zum einen bezogen auf die menschliche **Begrenzung** und zum anderen auf die der Problemlösung durch Produkte und Dienstleistungen. Seine Worte dazu sind: »Überlegen Sie ständig, wie Sie die Dinge besser machen könnten und hinterfragen Sie sich fortwährend.«

Diese Beispiele zeigen uns, wie Chancencleverness funktioniert und umgesetzt werden kann.

An erfolgreichen Unternehmen können wir erkennen, dass es nicht nur um die Sache, das Problem, das Lösungsprodukt oder die Idee dahinter geht, sondern vor allem um den Menschen. Als Unternehmerin sollte man nicht nur wissen, wo man hinwill, sondern es auch fühlen und diesem Ruf intuitiv und mit all seinen Konsequenzen folgen. So wie zum Beispiel im Märchen der Prinz und die Prinzessin einander suchen beziehungsweise der Held, wenn er gegen den Drachen kämpft, um sein Ziel zu erreichen. Genau das macht die **Unternehmerauthentizität** aus und stellt den Sog, die

Anziehungskraft im Außen her. Das bedeutet, dass unsere Kunden auch immer den Menschen, also den Unternehmer hinter dem eigenen Produkt oder der Dienstleistung **kaufen.** Es werden Ideologie, Werte, Umsetzungskraft und Vision von uns gekauft, also das gesamte Paket. Das heißt, wenn du nicht an dich, dein Produkt oder deine Dienstleistung glaubst, weshalb sollte das dann jemand anderes tun?

Über diese Fragen solltest du nachdenken:

- **Warum möchtest du selbstständig arbeiten?** Vielleicht ist dir deine Unabhängigkeit sehr wichtig, oder du hast vor, aus der Arbeitslosigkeit heraus zu gründen. Vielleicht begeistert dich vor allem der Inhalt deiner Arbeit so sehr, dass du damit Geld verdienen möchtest. Es kann auch sein, dass sich deine familiäre Situation damit besser für dich vereinbaren lässt als in einer festen Anstellung. Oder ganz einfach: Dir ist ein gutes Einkommen wichtig und du hast große Ziele.
- **Wie weißt du als Unternehmerin, ob du auf dem richtigen Weg bist?** Kennst du deine Motivation, die dich jeden Morgen antreibt und aufstehen lässt? Und damit ist nicht die **erlernte**, von außen mitgegebene, sondern die angeborene, intrinsische Motivation gemeint. Hast du schon einmal 30 deiner Stärken aufgeschrieben und diese dann anschließend für dich priorisiert? (Hier ist der Stärkenfinder von Gallup sehr zu empfehlen).
- **Wie sieht es mit deinen Werten aus?** Wie viele Werte hast du und welche sind dir besonders wichtig? Überprüfe auch, inwiefern zwischen all diesen Werten Missverhältnisse und Blockaden bestehen, dich also noch nicht unterstützend voranbringen, weil sie noch nicht im Fluss sind. Diese müssen dann zuerst anders oder umgeordnet werden, damit du dich voll entfalten kannst, um die Energie für deine täglichen Powerbatterien zu erhalten.

ÜBER DEINE MOTIVATION - CHECKLISTE:

ANGEBOREN	ANERZOGEN	BEIDES
MACHT	NEUGIER	BEZIEHUNGEN
EHRE	SPAẞ	FREUDE
FAMILIE	FREIHEIT	HARMONIE
ERFOLG	EROS	
LEBENSKRAFT	GENUSS	
REICHTUM	SCHÖNHEIT	
HERAUSFORDERUNG	RUHE	
SICHERHEIT	ABENTEUER	
UNABHÄNGIGKEIT	AKTIVITÄT	
ANERKENNUNG		
GERECHTIGKEIT		
STATUS		
RUHM		
IDEALISMUS		

In meiner Beratung arbeite ich als Erstes am Fundament des Unternehmers, damit dieser ein tieferes Verständnis von seiner eigenen Person mit all ihren Facetten, Bedürfnissen, Zielen und Entwicklungsthemen bekommt. Denn hieraus können die persönlichen Fähigkeiten und individuellen Stärken evaluiert werden. Das **Selbst-Verständnis** wird ins Bewusstsein geholt, und die Person erhält eine Landkarte ihrer Persönlichkeit und somit ihres Unternehmertums. Diese grundlegende Arbeit ist für dich absolut ausschlaggebend, um einen Überblick und Sicherheit zu erhalten. Deshalb beginne immer mit deiner Person, denn sie bildet das Fundament für Klarheit und Orientierung aus dir heraus. Dann wird das Fundament verlässlich, stabil und stark.

Auf diesem Fundament aufbauend, kann nun die Mission und Vision für dich sichtbar werden, welche dann ins Unternehmen einfließt und implementiert wird. Wenn du den obigen Prozess erarbeitet und durchlebt hast, dann weißt du um deine Realitätengestaltung und dem damit verbundenen einzigartigen Wachstum. Dies verleiht dir emotionale Klarheit (EmoKlar®) für und in deinem Tun, Entscheiden und Umsetzen.

So geht es mit deinem Unternehmen weiter

Beginne damit, dir deiner erarbeiteten Stärken bewusst zu sein und dir bei Schwächen entsprechende Hilfe zu holen. Wenn du beispielsweise Probleme bei der Steuererklärung hast, suche dir einen Steuerberater und beauftrage ihn oder eine andere Person mit deiner Buchhaltung. Ist für dich der Vertrieb ein notwendiges Übel, dann lass ihn Menschen für dich übernehmen, die das gern machen. Für Wissenslücken gibt es verschiedene Beraterinnen und Coaches, die dir weiterhelfen. Das soll heißen, jeder kann Unternehmer werden, wenn er oder sie nur das Fundament für sich geklärt hat.

Neben dem Fundament ist selbstverständlich deine Geschäftsidee wichtig. Du kannst eine aus deiner Sicht großartige Idee haben und dafür brennen, aber du musst auch wissen, ob es dafür einen Käufermarkt gibt. Dabei ist nicht ausschlaggebend, ob du sehr viele Mitbewerber oder vielleicht keinen einzigen hast. Denn diese kaufen letztendlich nicht dein Angebot.

Wer kann besser wissen, ob du gefragt bist oder nicht? Deine Kundinnen!

Deshalb geht es nun an die Marktanalyse. Aus ihr ergibt sich deine Vorausschau fürs Unternehmen, mit der du dann in die Marketingstrategie starten kannst. Du bestimmst deine Zielgruppe, die genaue Positionierung und deinen USP (Unique Selling Proposition – das Alleinstellungsmerkmal). Wenn du alle bisherigen angesprochenen Bausteine nun durch deinen geistigen Trichter filterst, lässt sich deine unverkennbare **Brand** (die Marke) entwickeln.

Bleibe bei allem immer nah am Markt. Mithilfe des Rapid Prototyping (schneller Prototyp) probierst du neue Dinge und schaust, wie dein Kundensegment darauf reagiert beziehungsweise ob deine Ideen funktionieren. Befrage dafür bestehende Kundinnen und die, die es werden, direkt aus deiner Zielgruppe.

Das Wichtigste dabei ist: Denke, fühle und handle immer aus der Sicht der Kunden! Wie heißt es so schön: »Schließlich muss der Wurm dem Fisch schmecken, nicht dem Angler.« Also bitte Finger weg von den **eigenen Interessen** und hin zur Kundenlösung.

Das Businessmodell Canvas

Für deine Erarbeitung eignet sich das Tool Businessmodell Canvas besonders gut. Es fasst die wichtigsten Faktoren über Kundennutzen, Schlüsselressourcen, Kosten, Einnahmequellen, Kundenbeziehung bis hin zu deiner Unternehmeridentität übersichtlich zusammen und enthält zudem Potenzial für neue Ideen und Lösungen. Es ist die wichtige Vorarbeit für die Erstellung deines Businessplans. Das Businessmodell Canvas (kurz: BMC) ist das Mittel der Wahl, um das Geschäftsmodell und eine Start-up-Idee zu visualisieren und zu testen, ob diese auch unternehmerisch sinnvoll ist.

Erfinder des Businessmodell Canvas ist der Schweizer Managementtheoretiker Alexander Osterwalder.

So eine Grafik, wie das hier abgebildete Beispiel, ist in mehrere Felder eingeteilt. Diese beinhalten die einzelnen Faktoren für die Entwicklung des Geschäftsmodells und sind in diesem Beispiel noch um die Unternehmeridentität erweitert, da diese aus meiner Sicht überall einfließt und wie gesagt das Fundament bildet, ohne das nichts gelingen wird.

Mit der Erstellung des Businessplans im Anschluss wird die Unternehmensidee konkretisiert. Die bringt dir wieder Klarheit und Orientierung und dient auch zur Vorlage bei Banken, Investoren und Entscheiderinnen über Fördermittel. Zusammenfassend erwähne ich hier die wichtigsten Komponenten des klassischen Businessplans:

- Geschäftsidee
- Marktanalyse
- Umsatzprognose
- Risikofaktoren
- SWOT-Analyse (Strenghts, Weaknesses, Opportunities and Threats – Stärken, Schwächen, Chancen und Risiken)
- Finanzen (Achtung! Fördermittel der KFW in Betracht ziehen und die der Förderbanken, auch Crowdfunding ist eine Möglichkeit – also die Schwarmfinanzierung einzelner Projekte)
- Break-Even-Planung
- Liquiditätsreserve

Als Jungunternehmerin stehst du für Innovation, Wachstum und Arbeitsplätze. Ich wünsche dir eine Welt im Wandel, um dein unternehmerisches Potenzial auch morgen entfalten und wirtschaftlichen Erfolg garantieren zu können.

Michaela Forthuber
#Entscheidungsarchitektin

K wie Kommunikation:

Das Zünglein an der Waage

Du hast gerade dein erstes Business gegründet oder befindest dich noch in der Vorbereitungsphase. Genau wie viele andere junge Unternehmerinnen weißt du, dass du für diesen Schritt dein Grundlagenwissen in bestimmten Bereichen wie den Finanzen oder der Buchhaltung auffrischen könntest. Zudem müssen ein wirklich cooler Name und ein fesches Logo her. Die Website sollte schnell erstellt werden und so wenig wie möglich kosten. Und wenn die Basics stehen, wäre es schon toll, auf allen gängigen Social-Media-Kanälen präsent und allzeit aktiv zu sein. So erreichst du die Menschen da draußen und kannst sie von deinen Ideen überzeugen.

Bevor du dich hochmotiviert an die Umsetzung machst, erlaube mir, dich noch einmal kurz in die Planungsphase zurückzuholen. Ich empfehle dir, dich vor dem Start intensiv mit der Kommunikationsstrategie deines Business zu beschäftigen.

Warum solltest du diesen Mehraufwand gerade in dieser stressigen Anfangszeit auf dich nehmen? Während du dich mit der Gründung deines Unternehmens und seiner Inhalte beschäftigst, entwickelst du unzählige Ideen. Du gehst offen durch die Welt und lässt dich von tausend Dingen inspirieren, gehst neuen Impulsen nach und lässt manche wieder fallen. Das ist ganz normal und sogar gut, denn so schaust du, wie du dich im Rahmen deiner Interessen und Möglichkeiten optimal auf dem Markt positionierst.

Nun hast du bereits ein großes Repertoire an Mikrowissen rund um dein Business. Damit unterliegst du der Gefahr, all dein Wissen und Können, das du mit Leidenschaft verfolgst, in die Welt zu kommunizieren. Dabei kann dir bei der Kommunikation deines Angebotes die Begeisterung im Weg stehen: Du bist in deinen Botschaften nicht klar genug und triffst nicht auf deine gewünschte Zielgruppe. Bittet dich in dieser Situation ein Journalist um ein Interview, löst diese Anfrage eher Panik in dir aus: Was von alledem sollst du erzählen?

Dein Business wird erfolgreich sein, wenn die Balance zwischen Identität und Handeln stimmig ist und du es schaffst, diese beiden Faktoren kontinuierlich aufrechtzuerhalten. Wenn du klar formulieren kannst, was dein Unternehmen ausmacht, weshalb genau dein Angebot für diese Zielgruppe relevant ist, vermittelst du den Menschen ein eindeutiges Bild. Eine Kommunikationsstrategie hilft dir dabei, einzelne Ideen so zu planen und umzusetzen, dass sie immer auf dein Unternehmensziel einzahlen. Du kannst somit den Ideenstrang im Unternehmensalltag leicht mitdenken, aufrechterhalten, prüfen und auf bestehende Inhalte und neue Ziele abstimmen; das ist für den durchschlagenden und andauernden Erfolg das Zünglein an der Waage. Und sollte es mit einem Kommunikationsansatz einmal nicht funktionieren, dann ist er vielleicht keiner, der dein Business voranbringt und nur unnötig deine Ressourcen frisst.

Die strategische Unternehmenskommunikation legt den Grundstein für den wirtschaftlichen Erfolg deines Business. Denn je präziser dein Verständnis rund um dein Business herum entwickelt ist, desto niedriger sind dein Vermarktungsaufwand, dein Kommunikationsbedarf und deine Marketingkosten in den nächsten Monaten und Jahren.

Kommunikationsstrategie von Anfang an

Stehst du ganz am Anfang und dein Business ist noch überschaubar, solltest du trotzdem den Aufwand der Unternehmenskommunikation nicht unterschätzen. Ich zeige dir, warum das wichtig ist und wie du die Kommunikationsstrategie für eine überzeugende Zielgruppenansprache und begeisterte Partnerschaften entwickelst, um mit Mehrwert erfolgreich Geld zu verdienen.

Das Setting vieler Gründungen von Einzelunternehmen

Nehmen wir mal an, du hast dein Business bereits gegründet:

- Die Website steht.
- Eine Facebook-Fanpage ist vorhanden und eine Facebook-Gruppe zu deinem Angebotsthema hast du gleich mitgegründet.
- Instagram nutzt du schon privat, da kannst du einige Kontakte auf dein Businessprofil direkt umziehen.
- Wenn du schon ein LinkedIn-Profil hast, schadet eines auf Xing auch nicht.
- Clubhouse ist der neue Geheimtipp, TikTok bleibt der letzte Schrei – da mischst du mit.
- Dein eigener Blog auf der Website rund um dein Herzensthema ist schon in Planung.

Für dich gilt: Mehr Plattformen bedeuten automatisch mehr Reichweite, und die kann nie schaden. Sobald dir ein cooles Thema einfällt, veröffentlichst du es überall, denn jeder Mensch, der deinem Profil auf einer der Plattformen folgt, soll davon erfahren.

Na, erkennst du dich wieder? Insgesamt stecken Jungunternehmer in dieser Phase viel Engagement in die Kommunikationstools der digitalen Welt, und es gibt auch viele wirklich tolle Ideen, die von ihnen umgesetzt werden.

Nach ein paar Wochen stellen manche Businessgründerinnen fest, dass sie

- sich den ganzen Tag thematisch mit sich selbst beschäftigen,
- Aussagen auf Facebook oder LinkedIn nicht mit denen auf ihrer Website übereinstimmen,
- Versprechungen oder Ankündigungen zu neuen Produkten, Features oder Blogbeiträgen nicht einhalten,

- sich durch Kritik auf Social-Media-Kanälen persönlich angegriffen fühlen und zu Hauruckantworten neigen,
- anfängliche Layouts nach ein paar Wochen optisch ändern und damit kein einheitliches Unternehmensbild erzielen,
- sich daran stören, wie ihre Followerzahlen nur ganz langsam steigen und sich die Namen der Fangemeinde auf allen Plattformen wiederholen.

Meine zwei Fragen sind: Gibt es ein großes Ziel, auf das alle einzelnen Aktivitäten einzahlen? Wie wird der Erfolg all dieser Aktivitäten gemessen und bewertet?

Deine Rettung in der Not: die Kommunikationsstrategie

Am Anfang investierst du in die Entwicklung deiner Kommunikationsstrategie Zeit, die du lieber in andere Dinge stecken möchtest. Doch auf lange Sicht gewinnst du für deinen Arbeitsalltag sehr viel Zeit.

Eine Kommunikationsstrategie

- lässt dich deine Unternehmensziele klar definieren,
- weist dir den Weg, den dein Business zukunftsweisend einschlagen wird,
- hilft dir herauszufinden, welche Kommunikationskanäle und -maßnahmen für dein Business sinnvoll sind,
- zeigt dir, wie viel Zeit und Budget du für die Umsetzung deiner Kommunikationsmaßnahmen benötigst,
- lässt dich genau deine Wunschzielgruppe erreichen,
- hilft dir, deinen Erfolg zu messen.

Mit einer zielführenden Kommunikation sorgst du für Verständnis, Glaubwürdigkeit und Konsistenz bei deiner Zielgruppe.

Wie sieht eine Kommunikationsstrategie aus?

Die Kommunikationsstrategie ist der konkrete Plan deiner Kommunikationsentscheidungen. Sie beeinflusst im Idealfall alle Kommunikationsmaßnahmen deines Unternehmens. Neben den digitalen Kanälen sind das auch trockenere Bereiche wie AGB, Datenschutz, Regularien oder die Kommunikation mit Dienstleisterinnen. Sie berücksichtigt dein **Corporate Design**, deine **Corporate Language** und zahlt auf deine **Corporate Identity** nachhaltig ein.

Damit deine Kommunikation nach innen und außen ein einheitliches Bild vermittelt, schreibst du sie in deinem Kommunikationskonzept nieder. Das ist der rote Faden deiner Kommunikationsaktivitäten, es schenkt dir Orientierung. Es gibt dir Halt, wenn du einmal strauchelst und weist dir den richtigen Weg. Du behältst stets den Überblick über zeitliche, menschliche und finanzielle Ressourcen. Deine Kommunikationsmaßnahmen kannst du ganz leicht evaluieren und nach Bedarf optimieren. Dank der Ausrichtung, Zielsetzung und Erfolgsmessung überprüfst du die Wirkung neuer Ideen und kannst eine fundierte Entscheidung zur Weiterführung oder zum Beenden dieser Ideen treffen.

Unternehmensstrategie

↓

Kommunikationsmanagement

↓

Kommunikationskonzept

↓

Kommunikationsstrategie

↓

Kommunikationsmaßnahmen

↓

Kommunikationskontrolle

↻

Kommunikationserfolg

Die strategische Unternehmenskommunikation legt den Grundstein für den wirtschaftlichen Erfolg deines Business.

Und ganz wichtig: Du erreichst Ziele! Nur auf dem Weg »Zu-etwas-hin-Sein« ist auf lange Sicht ermüdend. Feiere Etappenziele und würdige deine Meilensteine, dann bleibst du länger motiviert und kannst Durststrecken besser aushalten.

Der Kommunikationsfahrplan für dein Business

Nachfolgend gebe ich dir acht Stationen an die Hand, die dich zur Kommunikationsstrategie deines Business führen. Mein Tipp: Halte alle schriftlich fest. Vielleicht gewinnst du in ein oder zwei Jahren Partnerschaften oder Teammitglieder. Um sich schnell in dein Unternehmen einzuarbeiten, überreichst du ihnen einen übersichtlichen Leitfaden und sie können sofort ins Alltagsgeschäft einsteigen.

Station 1: Ausgangssituation

Da du dich am Anfang deiner Gründung befindest, musst du dich nicht mit der Analyse bestehender Kommunikationsmaßnahmen in deinem Unternehmen beschäftigen. Du konzentrierst dich auf die Bestandsaufnahme menschlicher und zeitlicher Ressourcen, die du für dein Business einplanst – ein Blick auf die gesamte Unternehmensstrategie in deinem

Businessplan kann helfen. Je ehrlicher du an dieser Stelle zu dir selbst bist, desto ertragreicher wird deine Unternehmenskommunikation für dich laufen.

Wenn du für den zeitlichen Aufwand gar kein Gefühl hast, tracke ab jetzt alle Aktivitäten, die du für dein Business erledigst. So bekommst du eine bessere Vorstellung davon, welche Aufgaben tatsächlich wie lange dauern. Hier mal schnell das Durchlesen, dort fix das Formular ausgefüllt und schon sind zwei bis drei Stunden um. Mit dem Tracking deines Zeitbedarfs lernst du gleichzeitig, effizienter zu arbeiten, solltest du mit der Auswertung nicht zufrieden sein.

Station 2: Unternehmenspositionierung
Nun geht es um all die Ziele und Vorstellungen, die dein Business ausmachen sollen. Da wir hier nicht bei »Wünsch dir was« sind, sondern bei strategischer Unternehmenskommunikation, formuliere keine utopischen Wünsche oder abstrakten Vorstellungen. Deine schriftlich festgehaltenen Ziele müssen **smarte** Ziele sein: **spezifisch, messbar, attraktiv, realistisch, terminiert** und **erfolgseinzahlend**. Formuliere nicht mehr als drei Ziele. Je mehr es werden, desto schwieriger fällt es dir, sie richtig und vollständig weiterzugeben. Du kannst für jedes Hauptziel mehrere Teilziele festlegen. Sie fördern deine Motivation.

Beispiel: Ein Wunsch wäre es, das beste Coachingbusiness für Frauen zu werden. Als smartes Ziel formuliert, soll für deine Sichtbarkeit deine Website innerhalb der ersten zehn Monate auf deutschsprachigen Suchmaschinen mit dem Keyword **Business Coaching für Frauen** durch professionelle SEO-Maßnahmen mindestens auf den ersten zehn Plätzen rangieren.

Meistens werden die Ziele als **smart** bezeichnet. Das e für **erfolgseinzahlend** habe ich am Ende hinzugefügt. Denn nur, weil Ziele messbar sind, zahlen sie nicht automatisch auf den Erfolg ein. Wenn du nicht regelmäßig eine Erfolgskontrolle durchführst, hilft dir die beste Zielsetzung nicht weiter. Mit der Vorstellung zu deinem Business meine ich, dass du neben der Angebotserstellung eine klare Idee entwickelst, wofür dein Unternehmen steht. Was sollen deine Kundinnen, dein Netzwerk, deine Konkurrenz über dich und dein Business denken? Wie sollen sie deine Inhalte an Dritte in Worte fassen, und was würden Interne über die Unternehmenskultur berichten?

Immer häufiger fallen Begriffe wie Unternehmenswerte oder **Haltung.** Um heutzutage am Markt erfolgreich zu sein, müssen Unternehmen ihre Einstellung zu verschiedenen Themen kommunizieren: Gender, Umwelt, politische Positionierungen usw. Wer versucht, sein Business in neutraler Stellung durch die Gesellschaft durchzumogeln, bleibt wegen mangelnder Profilierung auf der sozialen Interaktionsstrecke liegen.

Station 3: Zielgruppen

Zielgruppen sind nicht nur Kundinnen. Auch dein Netzwerk und Partnerunternehmen sowie Medienvertreter stehen mit dir in Interaktion. Toll wäre, wenn du mit all den Menschen dieser Erde in Kontakt treten könntest, realistischer ist es, relevante Gruppen und Personen einzugrenzen. Neben deinen Wunschkunden solltest du dir gut überlegen, welche Partnerschaften wirklich hilfreich wären und auf deinen Businesserfolg einzahlen.

Verheddere dich nicht in regionalen Handwerkertreffen, wenn du ein nationales Onlinebusiness für Frauen aufbaust und setze Prioritäten.

Mit deiner Businesskommunikation trittst du nicht nur mit Kundinnen in Interaktion.

Definiere die Ziele deiner Ansprache je Zielgruppe. Dafür kannst du die großen Zielgruppen auch in kleinere unterteilen. So erreichst du unterschiedliche Menschen auf unterschiedlichen Kanälen mit unterschiedlich ausgearbeiteten Botschaften.

Station 4: Kernbotschaften

Deine verschiedenen Zielgruppen sollten immer ganz bestimmte Botschaften wahrnehmen, wenn sie mit deinem Business in Berührung kommen. Nur so verbinden sie spezifische Aussagen oder Haltungen mit dir und deinem Unternehmen. Damit deine Kernbotschaft identitätsstiftend wirkt, formuliere sie knackig, leicht verständlich und passend zu deinem Unternehmensbild.

Auch sollte sie eine gewisse **Relevanz** haben. Die erzeugst du am besten, indem du die Botschaft persönlich, emotional und nutzenorientiert formulierst. Trenne die Kernbotschaft von dir und was du machst, verbinde sie mit deiner Kundschaft und dem Ergebnis deines Angebotes, was deine Kundinnen zufrieden und glücklich macht.

Aus der Kernbotschaft kannst du Teilbotschaften für die verschiedenen Zielgruppen (Kundschaft, Netzwerkpartnerschaften oder Dienstleistende) ableiten. Wenn du einmal im Flow bist, ist es ein guter Zeitpunkt, um auch die Unternehmenswerte und den Hauptstrang deiner Unternehmensstory zu entwickeln.

Station 5: Strategieformulierung

In der Kürze liegt die Würze, wusste schon Hamlet. Die Formulierung einer Strategie ist große Kunst. Sie verdichtet und kürzt die Inhalte auf das Wesentliche deines langfristigen Handlungsplans und berücksichtigt auch kurz- und mittelfristige Vorgehensweisen, die auf das Langzeitziel einzahlen. Erwarte nicht, dass du sie in fünf Minuten fertiggestellt hast.

Wie soll deine Unternehmenssprache zukünftig wirken? Bist du unterhaltsam, strahlst du Sicherheit aus oder wirkst du identitätsstiftend? Sind dir deine Kunden nah oder hältst du sie auf Distanz? Gibst du Persönliches preis oder erzählst du ausschließlich aus der Unternehmensperspektive? Neben der Hauptstory kann es weiterführende Storystränge wie die Personalstory, Partnerstory, Influencerstory und später die Mitarbeiterstory geben. Wie wirkt deine Unternehmenskommunikation authentisch, weil sie vom Storytelling auch in die Umsetzung, das sogenannte **Storydoing**, kommt?

Innerhalb deiner Branche gibt es sicher bestimmte Begriffe, die eine hohe Relevanz haben. Lege dir jeweils einheitliche Formulierungen fest, sodass du immer gleiche Inhalte und damit Klarheit kommunizierst. Nutze für alle Kommunikationsmaßnahmen ein einheitliches Design, damit du auch optisch einen Wiedererkennungswert erzielst.

Baue dein Corporate Design in deine Kommunikationsstrategie ein und entwickle von Anfang an eine Corporate Language.

Um die richtigen Kommunikationsmaßnahmen zu bestimmen, fehlt dir nur noch die Priorisierung der entwickelten Punkte:

- Priorisiere deine Zielgruppen. Je nach Unternehmensziel kann in verschiedenen Phasen dein Kommunikationsfokus auf Netzwerkaufbau oder Kundenakquise fallen.
- Wann wird was kommuniziert? Definiere die Häufigkeit und den zeitlichen Verlauf deiner Kommunikationsaktivitäten.
- Welche Kommunikationsmaßnahmen sind die wichtigsten und erhalten von dir die größte Aufmerksamkeit?
- Wenn du einen Businessplan erstellt hast, kennst du dein Budget für Kommunikationsmaßnahmen. Teile es anteilig jeder einzelnen Maßnahme zu.

Station 6: Kommunikationsmaßnahmen

Hast du bis hierhin deine Kommunikationsstrategie sorgfältig erarbeitet, erledigt sich die Bestimmung deiner Kommunikationsmaßnahmen fast von allein: Womit bringst du welche Botschaft am effizientesten an welche deiner Zielgruppen? Bestimmt hast du schon vor diesem Buch Ideen gehabt, wie du auf welcher Plattform auftreten möchtest und bist privat oder beruflich auf mehreren Portalen unterwegs. Das Schöne an deinem Konzept ist, du kannst nun jede dieser potenziellen Maßnahmen anhand dessen prüfen und strukturiert entscheiden, ob sie

- überhaupt zu deinem Businessziel passt,
- jetzt zu deinem Businessziel passt,
- zu einem späteren Zeitpunkt zu einem möglichen Zwischenziel passt.

Kommunikationskanäle

DIE KLASSIKER	ONLINEKANÄLE	OFFLINEKANÄLE
Website	Google-MyBusiness-Account	Kundentermine
Social-Media-Kanäle	branchenrelevante Portale und Foren	Magazine und Zeitschriften
TV, Radio und Printmedien	Influencer/Blogs	Visitenkarten
Flyer	Mitarbeiterreputationen	
Pinterest	Newsletter und Funnelsysteme	Flugblätter
Anzeigen (Google- und Facebook-Ads/ Bannerwerbung/ Zeitungsanzeige)	Pressekontakte/ -mitteilungen	Anrufe
	Themengruppen via Instant Messenger	Messen
	Themengruppen in Social Media	Postwurfsendung

	Videochats und Webinare	Netzwerkveranstaltungen
	E-Books und Freebies	

Weniger ist manchmal mehr. Entscheide dich bewusst für die Kommunikationskanäle, mit denen du deine Zielgruppe am besten erreichst.

Was du auf keinen Fall tun solltest, ist dein Konzept an ein Kommunikationstool anpassen, weil du dieses unbedingt nutzen möchtest. Dann ist die ganze bisherige Arbeit hinfällig. Wenn du eBay-Kleinanzeigenfan und Businesscoach bist, jedoch Businesscoaches auf eBay nicht gesucht werden, dann nutze die Plattform privat und streiche sie aus deinem Businesskontext.

Alle deine ausgewählten Maßnahmen sollten gemeinsamen Grundsätzen folgen:

- Kontinuität und Konsistenz in der Veröffentlichung deiner Botschaften
- Authentische Darstellung
- Neuigkeits- oder Mehrwert enthalten
- Proaktive Schreibweise mit Handlungsaufforderung
- Transparente Vorstellung von Prozessen, Fakten, Personen
- Messbare Vorbereitung der Kommunikationsergebnisse

Station 7: Ressourcen

Als Jungunternehmerin wirst du kaum eine Social-Media-Abteilung finanzieren können. In der Realität ist es so, dass alle Kommunikationsideen und -umsetzungen von genau einer Person durchgeführt werden: und die bist DU. Deine Ausgangsfrage ist also nicht »Wie viele Mitarbeiter benötige ich für die Umsetzung aller zielführenden Kommunikationsmaßnahmen?«, sondern die Frage lautet: »Wie viele Kommunikationskanäle kann ich zeitgleich betreuen, ohne meine

Unternehmensziele aus den Augen zu verlieren?« Plane in die Antwort der letzten Frage deinen aktuellen Wissensstand zu den gewählten Kanälen ein.

Kennst du dich mit Webseitenaufbau und der Pflege von Content-Management-Systemen aus? Bist du eine Spitzenkraft in Sachen Social-Media-Kanäle? Alternativ kannst du dir mit etwas Budget im Hintergrund die berechtigte Frage stellen, ob du einige der Teilbereiche outsourcen möchtest, um mehr Zeit für andere Aufgabenfelder freizuschaufeln. Schau dir dein Budget an und halte deine Herangehensweise an dieser Stelle schriftlich fest. Auch hier gilt, dass du unterschiedliche Phasen und Priorisierungen bestimmen kannst.

Station 8: Erfolgskontrolle

Was nützen dir all diese Maßnahmen, wenn du letztlich nicht weißt, welche auf dein Unternehmensziel einzahlt und in welcher Höhe? Ohne die kontinuierliche Prüfung erhältst du keine Antworten. Doch was kannst du kontrollieren, wenn du vorher keine Werte festgelegt hast? Sind 100 Facebook-Likes pro Monat super? Sind drei neue Fans deiner Unternehmensseite auf LinkedIn ein Erfolg? Das findest du nur heraus, wenn du vorab deine KPI (**Key-Performance-Indicator**) definierst.

KPIs sind Kennzahlen, die dir nach einer geplanten Maßnahme im Unternehmen aufzeigen, ob sie tatsächlich erfolgreich war. Für die Unternehmenskommunikation im Rahmen deiner Gründung könnten beispielsweise Kennzahlen zu deiner Website relevant sein. Mit einem Analyse-Tool wie Google Analytics überwachst du die Anzahl der Besucher und ihre Verweildauer auf deiner Website. Mit SEO-Tools (Suchmaschinenoptimierung) wie Ubersuggest vergleichst du die Relevanz deiner Webinhalte zu einem bestimmten Thema mit den Onlineauftritten konkurrierender Unternehmen.

Hast du schon ein Social-Media-Profil, könnte die Beobachtung von sogenannten Social Shares – wie oft werden deine Beiträge von Followern geteilt – spannend sein. Nach ein paar Wochen oder Monaten gewinnst du aus diesen Zahlen hilfreiche Informationen zu deiner sozialen Followerschaft: Welche Inhalte motivieren zum Teilen mit dem eigenen Netzwerk? Welche Darstellung lädt zum Kommentieren und Teilen ein? Welche Postings bringen Follower zum Angebot auf deiner Website? Wenn du dir vorab Ziele definierst, prüfst du mit den von dir gewählten KPIs deinen tatsächlichen Erfolg. Bleibt dieser aus, siehst du, an welcher Stelle du optimieren solltest.

Welche KPIs betrachtet werden sollten, um Erfolg oder Misserfolg zu messen, hängt vom Unternehmen, der jeweiligen Maßnahme und deren Zielen ab. Diese Leistungskennzahlen zeigen dir für definierte Ziele deine Erfolge. Schaue dir deine gewählten Kommunikationsmaßnahmen an und untersuche sie daraufhin, welche messbaren Werte sie dir überhaupt liefern können, um davon die KPI abzuleiten. Nützen dir qualitative oder quantitative Auswertungen mehr, und welcher Kommunikationsmaßnahme gibst du die größte Relevanz?

Auch bei der Evaluation ist eine gesunde Einstellung zum Budget-Zeit-Erfolg-Verhältnis gefragt, wenn du kleine Erfolge zwischendurch feiern möchtest. Insgesamt kannst du mit ihr zielführende Rückschlüsse auf Verbesserungsmöglichkeiten gewinnen. Vielleicht probierst du nach ein paar Monaten einen neuen Kanal aus deiner Liste aus und schaust, wie dieser im Vergleich zum bestehenden performt. Mithilfe deiner Kommunikationsstrategie kannst du nun recht schnell neue sinnvolle Kanäle bestimmen, testen und kombinieren oder wieder weglegen.

Du hast dein Kommunikationsziel erreicht

Wenn du an allen acht Stationen deiner Kommunikationsstrategie einen Halt eingelegt hast, bist du nun am strategischen Ziel zur ganzheitlichen Unternehmenskommunikation angekommen.

Sei an allen Haltepunkten offen und willens, dein gesamtes Businesskonstrukt zu hinterfragen. Traue dich, dir selbst kritische Antworten zu geben und male deine Ideen nicht in Rosarot. Wenn du dir von Anfang an eine fundierte Herangehensweise überlegst, kannst du auf neue Ideen, kreativen Input und unangenehme Reaktionen besonnen reagieren. Natürlich kann hier und da mancher Inhalt auch einmal vom vorgegebenen Rahmen abweichen und es ergeben sich kurzfristige Chancen. Ob du dir über diese Abweichung im Klaren bist oder diese einfach so passieren, bereitet im gesamtunternehmerischen Kontext den großen Unterschied und du kannst auf die Reaktionen der Öffentlichkeit professionell reagieren.

Tipp: Allein im stillen Kämmerlein alle Maßnahmen und Optionen zu entwickeln, ist eine einsame Herausforderung. Hole dir in dieser Phase, neben möglicher professioneller Beratung, Hilfe aus deinem Umfeld und Netzwerk. Tausche dich mit unterschiedlichen Personen zu sinnvollen und erfolgversprechenden Optionen aus. So erhältst du neue Impulse und Denkweisen, die für die Entwicklung deiner eigenen Kommunikationsstrategie nützlich sein können. Unterschätze nie den Erfahrungswert anderer Menschen.

FAZIT: STARTE DEIN BUSINESS MIT EXPERTISE UND ZIEL.

Die Kommunikationsstrategie ist dein verbindliches Orientierungsinstrument, das die soziale Haltung, die Unternehmenswerte, -ziele, -positionierung, den Umgang mit deiner Zielgruppe und möglichen Partnerschaften und Mitarbeitern deines Unternehmens sprachlich präsentiert. Was im ersten Moment ein wenig kompliziert klingt, ist die professionelle Antwort auf eine zielgerichtete Unternehmenskommunikation an all deine relevanten Zielgruppen.

Mit einer Kommunikationsstrategie sorgst du für einen erfolgreichen und glaubwürdigen Gesamtauftritt.

Je besser Botschaften, Kommunikationsinstrumente und -wege aufeinander abgestimmt sind, desto positiver wirkt sich deine Unternehmenskommunikation auf die Wahrnehmung in der Öffentlichkeit aus.

Alle Beteiligten kommunizieren Informationen und deren jeweilige Wertigkeit in deinem Business-Universum inhaltlich **richtig.**

Externe Zuarbeitende und Partnerunternehmen können sich zeitsparend in deine Unternehmenspolitik einarbeiten.

Wenn Jungunternehmer ein eindeutiges Selbstverständnis von ihrer unternehmerischen Tätigkeit haben, können sie ihr Image, ihre Marke und ihr Angebot mit eindeutigen Botschaften an ihre Zielgruppe kommunizieren. Sollte dich nun in den ersten Wochen deines jungen Business eine Journalistin um ein Interview bitten, löst diese Frage keine Panikattacke in dir aus. Nur, wenn dieses Interview auf dein Unternehmensziel einzahlt, fragst du, wann es zeitlich gut passt.

Jana Berthold

#Kommunikationsstrategin

L wie Leadership:

Eine der schönsten Aufgaben überhaupt

Wenn du gerade gegründet hast, wirst du wahrscheinlich noch nicht darüber nachdenken, ob du über kurz oder lang Mitarbeiter einstellen wirst. Vielleicht aber gründest du ein Unternehmen und hast schon gleich ein Team mit an Bord. Ich unterstelle einfach mal, dass du dir im ersten Schritt keine großen Gedanken gemacht hast, ob du Führungskraft sein möchtest, geschweige denn, welche Fähigkeiten und Expertise diese Person haben musst. Selbst wenn du keine Mitarbeiter hast, das Thema Selbstführung steht sehr präsent im Raum, genauso wie die Führung von beispielsweise Freelancern. Viel zu oft erlebe ich, dass Gründer glauben, das mit dem Führen sei kein Problem. Frei nach dem Motto: Ich mach das schon irgendwie, und wenn ich mit meinen Mitarbeitern respektvoll umgehe und auf Augenhöhe agiere, wird das schon werden. So bleibt der Wunsch häufig die Mutter des Gedankens, er spiegelt nur nicht die Realität wider.

Führung passiert bei den meisten Menschen aus dem Bauch heraus, und dabei spielt es keine Rolle, ob sie gerade in ihrer ersten Führungsposition sind oder schon zu den erfahrenen Führungskräften gehören. Führung wird schlicht und ergreifend oft unterschätzt. Es gehört einiges dazu, übernimmst du Verantwortung für Mitarbeiterinnen. Dabei sind soziale Kompetenzen, Empathie und ein echtes Interesse an Menschen viel entscheidender als fachliches Know-how.

Methoden zum Thema Führung kannst du im Internet und in Fachbüchern nachlesen. Sie helfen dir allerdings wenig, wenn du nicht weißt, wie du sie einsetzen sollst. Für dich ist es viel wichtiger zu wissen, welche Soft Skills dazugehören. Welche kommunikativen Fähigkeiten du brauchst, wie du Vorbild sein kannst, was deine Rolle und Haltung mit Führung zu tun haben und warum es unerlässlich ist, dass du dich regelmäßig selbst reflektierst.

Eine Frage darfst du dir jetzt schon stellen: Liebe ich Menschen?

Bezogen auf eine Führungsaufgabe heißt dies nichts anderes, als dass es dir unendliche Freude bereitet, jeden Tag mit Menschen zu arbeiten, Verantwortung für diese zu übernehmen und die Bereitschaft, dich auf die verschiedenen Charaktere jeden Tag wieder aufs Neue einzustellen. Wenn du diese Frage mit ja beantworten kannst, dann lies gern weiter:

Herzlich willkommen zu einer der schönsten Aufgaben der Welt – Leadership!

Managerin oder Leader – ein kleiner, großer Unterschied!

In dem letzten Satz meiner Einleitung habe ich dich herzlich willkommen geheißen. Herzlich willkommen bei der schönsten Aufgabe der Welt – dem Leadership! Fangen wir doch genau hier an.

Durch die Unternehmerwelt geistern immer wieder zwei markante Begriffe: Manager und Leader. Wo ist der Unterschied? Gibt es überhaupt einen, und wenn ja, wie sieht der aus? Wenn du in der englisch-deutschen Übersetzung bei www.dict.cc schaust, findest du folgende Übersetzungen:

to manage = verwalten, steuern, administrieren, bewirtschaften
to lead = führen, leiten, anführen, vorangehen, lenken, vorausgehen

Wenn du allein diese Übersetzungen siehst, wird dir der entscheidende Unterschied zwischen Manager und Leader ins Gesicht springen. Manager haben grundlegend andere Fähigkeiten in sich vereint als Leader. Würden wir Führungskräfte heute dazu befragen, ob es zwischen beiden Begriffen einen Unterschied gibt, antworteten die meisten mit einem klaren Nein. Einige fügen eventuell hinzu, dass sie beide Rollen miteinander vereinen.

Als Expertin für Holistic Leadership ist das der Moment, in dem es für mich unangenehm wird. Denn der Unterschied zwischen Manager und Leader ist groß, und jede der beiden Rollen bedient eigene Schwerpunkte in Verhalten und Arbeit. Für dich ist es wichtig zu erkennen, wo du dich bevorzugt wiederfindest. Für deine Orientierung hilft dir die folgende Gegenüberstellung:

MANAGER/MANAGERIN	LEADER/LEADERIN
• Reduziert Komplexität • Plant, budgetiert, organisiert • Stark im Tagesgeschäft eingebunden • Problemlösungsorientiert • Sichert die Qualität von Abläufen und Prozessen • Personalmanagement • Effizienzsteigerung der Organisation/des Unternehmens	• Hohe strategische Denkweise • Hat und verfolgt eine Vision • Inspiriert seine Mitarbeiter • Fordert und fördert Eigenverantwortung und Selbstorganisation • Fördert Transparenz und Netzwerken • Gibt Vertrauen an seine Mitarbeiter • Bindet Mitarbeiter aktiv in Entscheidungen mit ein • Schafft Raum für Innovation und entwickelt das Unternehmen weiter

Wenn du dir diese Gegenüberstellung anschaust, wirst du zu Recht sagen, dass du gerade in den ersten Jahren deiner Gründung wahrscheinlich beide Rollen übernimmst. Denn völlig egal, ob du Mitarbeiter hast oder nicht, in dem Augenblick, in dem du gründest, bis du für deine Unternehmung ganz klar in beiden Rollen verhaftet. Du bist für dein Unternehmen Manager und Leader zugleich. Doch wie verändern sich die Rollen, wenn du Mitarbeiter zu führen hast? Was braucht es dann mehr, was weniger?

Gerade in Start-ups erleben wir häufig das klassische Leadership-Verhalten. Der Leader ist seinem Unternehmen oft drei Schritte voraus, spinnt eine Innovation und eine kreative Idee nach der anderen. Visionäre Ideen werden freigesetzt, was eine schnelle Entwicklung nach sich zieht. Doch häufig folgt das böse Erwachen, weil das zielführende Management fehlt. Die Kehrseite der Medaille, die sich um Prozesse, Planung, Budget, Marketing, Vertrieb etc. kümmert. Wichtig für dich ist, dich mit dir und deinen Präferenzen auseinanderzusetzen. Wo liegen deine Stärken und Fähigkeiten? Welche solltest du weiter ausbauen?

90 Prozent der Gründerinnen müssen in den ersten Jahren beide Rollen ausfüllen können, ohne eine von beiden zu vernachlässigen. Wenn du gleich zu Beginn Mitarbeiter eingestellt hast, ist deine erste Amtshandlung, diesen Menschen verständlich zu machen, was deine Vision ist, für was du angetreten bist. Es ist auch wichtig, ihnen deine Erwartungen an sie zu kommunizieren und aufzuzeigen, was sie von dir erwarten können.

Du wirst parallel dazu die Rolle des Managers oder der Managerin ausfüllen. Entscheidend ist, dir bewusst zu machen, wann du in welcher Rolle agierst. Das solltest du für deine Mitarbeiter transparent gestalten. Idealerweise gibt es in einem Unternehmen beides: Manager und Leader. Das lässt sich in der Regel erst ab einer gewissen Unternehmensgröße realisieren. Dir kann es im ersten Schritt helfen, wenn du dir in deinem Tagesablauf ganz klar Zeiten setzt, in denen du die Managerbrille aufsetzt. Plane ebenso Zeit ein, in der du aus der Leaderbrille heraus denkst und handelst.

Um deine Mitarbeiter in die größtmögliche Identifikation mit deinem Unternehmen zu bringen, ist es unerlässlich, sie mit der Begeisterungsfähigkeit eines Leaders abzuholen. Sie zu inspirieren und eine vertrauensvolle Zusammenarbeit aufzubauen, in der sie Raum finden, eigenverantwortlich zu handeln und zu entscheiden, Innovation und Kreativität zu leben. Ist das geschafft, brauchen deine Mitarbeiter eine Struktur, einen Rahmen, in dem sie sich bewegen können. Sie müssen die Abläufe und Prozesse kennen, um effektiv und effizient arbeiten zu können. Wenn du es schaffst, sie in die Gestaltung von Prozessen, Abläufen etc. einzubinden, dann bist du definitiv ein Leader.

So weit, so gut. Aber wie sieht Führung nun aus? Und gibt es Menschen, denen Führung bereits in die Wiege gelegt wurde?

Die geborene Führungskraft

Eine der größten Mythen ist wohl, dass Menschen als Führungskraft geboren werden oder eben nicht. Dieses Märchen hält sich hartnäckig in unserer Gesellschaft, und nichts setzt angehende und auch erfahrene Führungskräfte mehr unter Druck als dieser Irrglaube.

Wenn wir davon sprechen, dass einigen Menschen Führungsqualität in die Wiege gelegt wurde, dann heißt das »nur«, dass es auch Menschen gibt, die von vornherein über ein Mehr an Empathie und/oder kommunikativen Eigenschaften verfügen. Manchen fällt es leichter, sich in andere Menschen hineinzuversetzen als anderen. Manche sind entscheidungsfreudiger als andere. Wiederum gibt es Persönlichkeiten, die es lieben, sich jeden Tag aufs Neue auf Charaktere einzustellen, während andere es vorziehen, sich auf Prozesse oder spezifische Themen zu fokussieren. Das alles hat allerdings wenig damit zu tun, dass uns Führungsfähigkeit in die Wiege gelegt wurde. Es liegt eher daran, wie wir sozialisiert wurden, welche Erfahrungen wir gemacht haben – beruflich wie privat. Unser soziales Umfeld prägt unser Verhalten und unsere Entscheidungen für oder gegen eine Position maßgeblich mit.

> Ich sage dir heute: Niemand kommt als Führungskraft auf die Welt.

Damit möchte ich dir gleichzeitig den Druck nehmen, du könntest Führung nicht lernen. Du kannst, wenn du willst.

Der Unterschied zwischen dir als Gründerin und einem Mitarbeiter ist der, dass du es dir häufig nicht aussuchen kannst, ob du Führungskraft sein möchtest oder nicht. Im Angestelltenverhältnis kannst du dich idealerweise für oder gegen eine Karriere als Führungskraft entscheiden. Gründest du dein eigenes Unternehmen und brauchst früher oder später ein Team, um zu wachsen, bleibt dir keine Wahl: Du musst in die Führungsrolle reinwachsen. Die Alternative wäre die Einstellung einer Führungsperson für dein Team. Allerdings bleibt das gerade am Anfang stets eine Frage des Budgets.

Schlussendlich hast du aus meiner Sicht zwei Möglichkeiten. Du stellst dir früher oder später ein Team zusammen, oder du entscheidest dich, Einzelkämpferin zu bleiben und bildest ein Mehr an Geschäft mit Kooperationspartnern. Entscheidest du dich für ein eigenes Team, sollte dir klar sein, wie du es führen möchtest.

Was ist dir wichtig, wie gibst du Informationen weiter, welche Aufgaben gibst du in die Verantwortung deiner Mitarbeiter? Welche Vision lebt dein Unternehmen? Welche Mitarbeiter benötigst du an welcher Stelle? Wie und wohin soll sich dein Unternehmen entwickeln?

Das sind nur einige von vielen Fragestellungen, die du für dich beantworten musst. Im nächsten Schritt geht es darum, deine Führungskompetenzen auf- und auszubauen. Schritt für Schritt mit der Bereitschaft, fortwährend zu lernen und an deinen Herausforderungen stetig zu wachsen.

Wichtig sind vor allem folgende Dinge:

- Mach dir bewusst, dass andere Menschen nicht wie du sind. Ihnen sind nicht immer die gleichen Werte, Aufgaben und Themen wichtig.
- Begegne jedem und jeder deiner Mitarbeiterinnen aufgeschlossen und vertrauensvoll.
- Stelle deine Kommunikation entsprechend auf dein Gegenüber ein. Setze nicht voraus, dass dein Gegenüber immer sofort versteht, was du von ihm möchtest.
- Mach dir klar, jeder Mensch hat ein anderes Bedürfnis und handelt nach anderen Motiven.
- Mach dich schrittweise mit klassischen Führungsmethoden vertraut.
- Triff notwendige Entscheidungen, revidiere diese und gestehe dir und deinen Mitarbeitenden ein, wenn du eine Fehlentscheidung getroffen hast.
- Sei nahbar, zeige dich als Mensch und bleib dabei du selbst.
- Mach Fehler und gestehe das Gleiche auch deinen Mitarbeitern zu.
- Gehe regelmäßig in die Selbstreflexion und überprüfe dein Tun und Handeln.
- Mach dir bewusst, wenn deine Mitarbeiter nicht so »funktionieren«, wie du sie dir wünschst, hat das in der Regel immer mit deinem Verhalten zu tun.
- Investiere in gute und nachhaltige Weiterbildungen für dich.
- Wichtiger als fachliche Kompetenz sind Mut, Herz, Empathie und Begeisterungsfähigkeit.
- Echtes Interesse an Menschen und ein hohes Maß an Flexibilität sind für einen Leader unerlässlich.
- Nimm Feedback an und sieh es als Chance für dich, daraus zu lernen.
- Vernetze dich mit Gleichgesinnten, tausche dich aus und lerne von ihnen.

- Arbeite mit Coaches, die auf die Entwicklung von Führungskräften spezialisiert sind und mit denen du wachsen kannst.
- Sei dir deiner Rollen und deiner Haltung bewusst.

Doch am wichtigsten ist: Sei geduldig. Führungskraft wird niemand von heute auf morgen. Ehrlich gesagt, wirst du nie fertig –, egal wie lange du schon in einer Führungsposition bist. Führung bedeutet lebenslanges Lernen. Mitarbeiter verändern sich, kommen und gehen. Die Anforderungen an dein Unternehmen wandeln sich, und auch du befindest dich auf deiner ganz persönlichen Entwicklungsreise.

Weißt du, Unternehmer und/oder Führungskraft zu sein, ist ein bisschen so wie eine Bergwanderung. Wenn du am Fuße eines Berges losgehst, siehst du nicht den ganzen Weg, nur die Spitze, das Ziel, das du erreichen möchtest. Du läufst los. Mal ist der Weg breit und eben und du kommst gut voran. Mal wird er steiler und steiniger. Vielleicht ziehen Wolken oder ein Unwetter auf. Je nachdem, wo du auf dem Weg den Berg hinaufgehst, ändert sich die Perspektive, deine Sicht auf die Dinge. Manchmal machst du große Schritte, an anderen Stellen nur kleine. Vielleicht fällst du hin oder stolperst, vielleicht musst du ein Stück des Weges zurückgehen.

Doch bist du oben angekommen, kannst du mit Stolz auf deinen Weg zurückblicken und die Aussicht in ganzer Pracht genießen. Steigst du anschließend ab, warten sicherlich schon die nächsten Herausforderungen auf dich. So ist es am Berg und auch in deinem Business, wenn du dich in das große Abenteuer Leadership stürzt.

Führungsstile und was es damit auf sich hat

Zugegeben, du kannst sagen, Führungsstile seien etwas altbacken. Und du darfst dir die Frage stellen, ob du sie überhaupt in deinem Business brauchst. Reicht es nicht, einfach aus dem Bauch heraus zu führen? Dazu gibt von mir ein ganz klares Nein.

Führungsstile haben ihre Berechtigung. Und zwar alle. Es ist wichtig zu verstehen, welchen du wann in der jeweiligen Situation anwendest. Denn es gibt in der Führung kein Entweder-oder, sondern immer ein Sowohl-als-auch. Mit welchem Führungsstil du deine Mitarbeiterinnen führst, trägt maßgeblich zu deren Motivation und dem Erfolg deines Unternehmens bei. Ich gebe dir eine kurze Übersicht zu Führungsstilen, was sie beinhalten und wie moderne Führung aussieht.

Im Folgenden eine Übersicht über die Führungsstile nach Kurt Tsadek Lewin, einem deutschen Sozialpsychologen (1890–1947):

- **Autoritärer oder hierarchischer Führungsstil:** Die Führungskraft gibt Anordnungen, die umgesetzt werden. Auf jede Frage oder für jedes Problem weiß die Führungskraft eine Antwort. Kritik oder Ideen aus den Reihen der Mitarbeiter sind nicht erwünscht. Menschenorientierung hat in diesem Führungsstil keinen Platz. Einzig der Erfolg einer Unternehmung oder eines Projektes zählt.
  - *Vorteile:* Entscheidungen werden schnell getroffen, da sie von der Führungskraft allein getroffen werden. Prozesse und Strukturen bleiben unter Kontrolle und werden nicht hinterfragt. Kompetenzen sind klar definiert und geregelt.

- *Nachteile:* Die gesamte Verantwortung liegt bei einer Person. Ist diese Person überfordert, kann es zu schwerwiegenden Fehlentscheidungen kommen. Fällt diese Person aus, entwickeln sich mitunter chaotische Zustände innerhalb des Teams/des Unternehmens. Mitarbeiter werden demotiviert; es herrscht Dienst nach Vorschrift. Innovationen haben es schwer.

- **Demokratischer oder kooperativer Führungsstil:** Führungskraft und Mitarbeiter arbeiten wertschätzend zusammen. Die Eigen- und Selbstverantwortung der Mitarbeiterinnen wird durch das Delegieren von Aufgaben seitens der Führungskraft gestärkt. Mitarbeitermotivation ist eine der wichtigsten Aufgaben der Führungsperson. Kritik und das Einbringen neuer Ideen und Innovationen sind unbedingt erwünscht.
  - *Vorteile:* Der offene Austausch zwischen Führungskraft und Mitarbeitern fördert sowohl Eigeninitiative als auch Kreativität. Mitarbeiterinnen arbeiten selbstständiger, treffen eigenverantwortlich Entscheidungen und identifizieren sich so besser mit ihren Aufgaben und dem Unternehmen. Durch die Transparenz und dadurch, dass die Verantwortung auf mehrere Mitarbeiter verteilt ist, können personelle Ausfälle besser gesteuert werden.
  - *Nachteile:* Durch das Einbinden mehrerer Personen oder des ganzen Teams können Entscheidungswege zu lange dauern. Es kann zu einer größeren Konkurrenz zwischen den Mitarbeitern kommen.

- **Laissez-faire-Führungsstil:** Dieser bedeutet in seiner Übersetzung »einfach machen lassen«. Mitarbeiterinnen genießen völlige Handlungsfreiheit. Sie gestalten ihre Aufgaben und ihr Arbeitsumfeld selbstständig. Die

Führungskraft greift kaum oder gar nicht aktiv ins Unternehmensgeschehen ein.

- *Vorteile:* Mitarbeiter können sich komplett entfalten. Kreativität, Innovation und Selbstverwirklichung werden gefördert.
- *Nachteile:* Planlosigkeit und mangelnde Kontrolle, Gruppendynamiken entstehen, werden nicht eingefangen und es kann zu einer Ungleichbehandlung der Mitarbeiter kommen. Die Führungskraft verliert den Überblick. Entscheidungen werden nicht immer im Sinne des Unternehmens getroffen.

Für dich ist wichtig zu wissen, dass jeder Führungsstil in einer bestimmten Situation seine Berechtigung hat. Aus dieser Annahme heraus hat sich in Kombination der **situative Führungsstil** entwickelt. Der situative Führungsstil bildet die Grundlage für eine moderne, menschenorientierte Führung.

Er trägt den verschiedenen Stärken und Fähigkeiten der Mitarbeiter Rechnung und passt sich darüber hinaus den Anforderungen an das Unternehmen und den Markt an. Du darfst dir als Unternehmerin zu jedem Zeitpunkt klarmachen, welche Art der Führung in welcher Situation notwendig ist. In Krisenzeiten kann es zum Beispiel von Vorteil sein, die Karte mit dem autoritären Führungsstil zu ziehen, um schnell klare Entscheidungen zu treffen.

Ich vergleiche das gern mit einem Einsatz der Berufsfeuerwehr. Wenn bei einem Großbrand erst einmal alle Einsatzkräfte darüber diskutieren, wie jetzt am besten der Schlauch ausgerollt werden soll und alle demokratisch darüber abstimmen, ist mit großer Wahrscheinlichkeit das Haus abgebrannt, bevor auch nur ein Wassertropfen die Flammen berührt hat. Hingegen sind Kreativität und Innovationsfähigkeit eines Teams von unschlagbarem Vorteil, geht es um die Implementierung eines neuen Produktes.

Du darfst deine Mitarbeiterinnen und dein Unternehmen gleichermaßen gut im Blick haben, um entscheiden zu können, wann du wie führst. Dabei schlüpfst du als Führungskraft, als Leader in unterschiedliche Rollen.

Schau dir an, was es zu tun gibt und welche Art deiner Unterstützung als Leader erforderlich ist.

Rollen und Haltung

Konfuzius (551–479 v. Chr.) soll einem seiner Schüler auf die Frage, was sittliches Verhalten sei, geantwortet haben:

»Begegne den Menschen mit der gleichen Höflichkeit, mit der du einen teuren Gast empfängst. Behandle sie mit der gleichen Achtung, mit der das große Opfer dargebracht wird. Was du selbst nicht wünschst, das tue auch anderen nicht an. Dann wird es keinen Zorn gegen dich geben – weder im Staat noch in deiner Familie.«

»Was du nicht willst, das man dir tu, das füg auch keinem anderen zu«, ist das, was uns heute in Erinnerung geblieben ist. Diesen Spruch hast du vermutlich schon genauso oft wie ich gehört. So trivial er auch ist, so gut bringt er das Thema Vorbildfunktion gegenüber deinen Mitarbeitern auf den Punkt.

Es fängt immer alles mit dir an. Wenn du das Gefühl hast, deine Mitarbeiterinnen laufen nicht »rund«, darfst du dich immer zuerst fragen, was das mit dir und deiner Führungsfähigkeit zu tun hat. In den meisten Fällen wirst du bei dir fündig.

Für dich ist wichtig zu verstehen, dass du als Leader immer wieder verschiedene Rollen einnimmst; je nach Situation, Mitarbeiter und Anforderung. Du solltest dir bewusst sein, aus welcher Rolle heraus du reagierst oder agierst. Dies ist einer der Schlüssel für deine Führungskompetenz.

Die wichtigsten Rollen als Führungskraft habe ich im Folgenden zusammengefasst.

- **Unternehmer/Unternehmerin:** Als Unternehmer hast du ganz klar die unternehmerische Brille auf. Dazu gehören strategisches Denken, die Kennzahlen im Blick zu behalten, deine Kundenstruktur, dein Wachstumskurs. Auch das Hinterfragen, ob du mit deiner Ausrichtung auf dem richtigen Weg bist. Als Unternehmerin triffst du zum einen Entscheidungen und zum anderen Entscheidungen anders. Wenn du in der Rolle des Unternehmers oder der Unternehmerin bist, wirst du anders als in der Rolle eines Trainers oder einer Moderatorin kommunizieren. Und du wirst auch in entscheidenden Momenten härter durchgreifen müssen.
- **Moderator/Moderatorin:** Als Moderator bist du genau das für dein Team. Egal ob in Daily Meetings, Projektbesprechungen, der Findung neuer Ideen oder bei kleineren Konflikten innerhalb des Teams – du moderierst die Gesprächsrunden, hast die Struktur beziehungsweise die Agenda im Blick, behältst eine neutrale Sichtweise und greifst minimal steuernd ein.
- **Experte/Expertin:** Als Expertin gibst du all dein (Fach-)Wissen in dein Team, an deine Mitarbeiter, deine Kooperationspartnerinnen und Kunden weiter.
- **Berater/Beraterin:** Als Berater in deinem eigenen Unternehmen erfüllst du diese Rolle im eigentlichen Sinne – und zwar für deine Mitarbeiter. Du stehst als Sparringspartner zur Verfügung, gibst Ideen und Richtungen vor, wenn Projekte oder Aufgaben ins Stocken geraten. Darüber hinaus denkst du strategisch und ziehst auch die nächsten Schritte immer in Betracht. Unter-

stützt wirst du in dieser Rolle durch deine Erfahrung und Expertise.

- **Trainer/Trainerin:** In der Rolle als Trainerin entwickelst du deine Mitarbeiter nach ihren Stärken und Fähigkeiten weiter, befähigst sie genau da noch stärker zu werden, wo sie es bereits sind. Du setzt dir dein Team entsprechend des vorhandenen Know-hows zusammen und steuerst dort nach, wo es notwendig ist. Die Rolle als Trainer kannst du dir wie die Rolle eines Fußballtrainers vorstellen. Dieser platziert seine Spieler nach ihren Stärken, trainiert immer wieder unterschiedliche Strategien, damit sie auf ihrer Position stark und erfolgreich sind. Er oder sie würde wahrscheinlich niemals auf die Idee kommen, aus einem herausragenden Torwart einen oder eine erfolgreichen Stürmer zu machen. Bei allem, was ein Trainer macht, berücksichtigt er oder sie sowohl Leistungs- als auch Ruhephasen.
- **Vorbild:** Diese Rolle kommt in meinen Ausführungen zwar an letzter Stelle, steht jedoch über allem, was du als Leader tust oder eben nicht tust.

Unternehmer und Führungskräfte unterschätzen die Kraft ihrer Außenwirkung. Es ist, wie es ist: Führst du Mitarbeiter, wirst du auf Schritt und Tritt beobachtet. Somit darfst und solltest du dir zuerst bewusst machen, wie stark du als Vorbild für deine Mitarbeiter präsent bist. Bist du nicht verbindlich in deinen Aussagen, werden es deine Mitarbeiterinnen mit großer Wahrscheinlichkeit auch nicht sein. Bist du nicht pünktlich, hältst dich nicht an von dir vereinbarte Meetingstrukturen und -regeln, werden es deine Mitarbeiter sicher auch nicht tun.

Ist dein Mindset eher problembehaftet, stehst du Veränderungen skeptisch gegenüber, werden deine Mitarbeiter auch nicht die Quelle von Innovation, Kreativität und Veränderungsbereitschaft sein. Versuche, alle gleich zu behandeln, niemanden vorzuziehen, nur weil er oder sie dir sympathischer ist. Denn das passiert häufig und unbewusst. Kommuniziere klar und deutlich und setze auf eine starke innere Haltung, die dich zu einem verlässlichen Leader macht.

Was bedeutet »Innere Haltung«?

Innere Haltung ist das, was dich stark macht. Dich selbst und im Umkehrschluss auch dein Unternehmen und deine Mitarbeiter. Sie befähigt dich, stabil und gleichzeitig auch sensitiv auf dein Umfeld zu reagieren. Sie kräftigt dich selbst, fördert deine Achtsamkeit, und gleichzeitig bringt sie dich in eine Klarheit nach außen. Somit wirst du für deine Mitmenschen greifbarer und verlässlicher.

Deine innere Haltung wirkt sich maßgeblich auf dein Denken und Handeln aus und vor allem auch auf deine Mitmenschen. Gerade in dem Verhältnis Führungskraft-Mitarbeiter hat sie eine große Hebelwirkung.

Zu einer inneren Haltung gehören folgende Faktoren:

Im ersten Schritt klingt das plausibel und die im Schaubild genannten Punkte sind klar verständlich. Doch wie kannst du deine innere Haltung überprüfen? Woher weißt du, was dir schon leichtfällt und was nicht? Der wichtigste Punkt bei der inneren Haltung ist deine Selbstreflexion, die immer wiederkehrende Überprüfung deines Verhaltens, deines Denkens und Handeln. Aber auch deiner Werte und Motive. Was treibt dich an?

Damit du dich selbst überprüfen oder mit deiner Handlung beschäftigen kannst, habe ich dir acht Fragen mitgebracht, mit denen du deine Haltung überprüfen kannst.

Checkliste: Innere Haltung

1. Was heißt für mich Glaubwürdigkeit?
2. Habe ich Vorbilder? Wenn ja, welche und warum sind genau sie es?
3. Wann/in welchen Situationen, in welchem Umfeld bin ich besonders glaubwürdig/präsent?
4. Wann stehe ich in meiner eigenen Kraft? Was darf zusammenkommen, damit das so ist?
5. Was treibt mich an, was motiviert mich?
6. Wie definiere ich für mich Erfolg, Anerkennung und Wertschätzung?
7. Nach welchen Werten handle ich?
8. Wann bin ich besonders widerstandsfähig nach außen und wann nicht?

Je mehr du dir deiner inneren Haltung bewusst bist, und je klarer du das, was dir wichtig ist, nach außen trägst, desto weniger »anfällig« bist du für »Störungen« von außen; desto weniger lässt du dich von deinem Weg abbringen oder von deinen Mitmenschen beeinflussen. Deine innere Haltung ist deine Selbstführung, die dich automatisch auch zu einem guten Leader macht.

Jeder ist eine Zehn!

Diese Aussage war für mich, obwohl ich mich schon so viele Jahre mit dem Thema Leadership beschäftigte, ein echter Gamechanger. Ich kann mich noch gut an meine eigene Weiterbildung vor zwei Jahren in Hamburg erinnern. Dieser Spruch hing, von unseren Referenten unkommentiert, ganze drei Tage an der Wand des Seminarraumes. Als wir am letzten Tag die Auflösung erhielten, fiel es mir wie Schuppen von den Augen. Und es brachte mich in der Sichtweise auf meine Mitmenschen einen großen Schritt weiter – beruflich wie privat.

»Jeder ist eine Zehn!«, bedeutet erst einmal, dass jede deiner Mitarbeiterinnen die volle Punktzahl erhält, du sie mit offenem Blick und einer wertschätzenden Einstellung betrachtest. Jeder ist gut, so wie er oder sie ist. Mit all den eigenen Fähigkeiten und Schwächen. Wenn ich das in meinen Workshops und Seminaren zum Thema Holistic Leadership erzähle, ernte ich meist große Zustimmung. Die Wirklichkeit sieht allerdings in der Regel anders aus. Wie oft erlebe ich Führungskräfte, die den Kopf über Mitarbeiter schütteln oder gar das ein oder andere böse Wort über sie verlauten lassen.

- »Warum muss ich dem oder der alles dreimal sagen?«
- »Ihm oder ihr kann ich keine umfassenderen Aufgaben geben, weil er oder sie das sowieso nicht schafft.«
- »Wenn ich so arbeiten würde, gewännen wir keinen Blumentopf.«
- »Wie kann man von dem bisschen Stress überfordert sein? Ich schaffe das schließlich auch.«

Ich könnte diese Liste endlos weiterführen. Denke, es reicht, um dir einen ersten Eindruck zu vermitteln, worauf ich hinauswill. Viel zu oft schließen wir von uns auf andere. Wenn wir etwas gut können oder besonders leistungsfähig sind, gehen wir davon aus, dass unser Gegenüber doch genauso sein müsse. Wir denken, es sei ausreichend, wenn wir die Dinge einmal kommunizieren. Dass alles klar genug gesagt wurde. Dabei vergessen wir, dass jeder Mensch immer nur so viel leisten kann, wie es sein Grundgerüst vorgibt.

Ich nenne an dieser Stelle gern das Beispiel von Esel und Rennpferd. Ein Esel ist bekanntlich ein Lastentier. Klein, drahtig und widerstandsfähig. Er kann bei 40 Grad im Schatten mit Gepäck auf seinem Rücken sehr ausdauernd auf langen und steinigen Strecken laufen. Würden wir diesen Esel in eine Box auf der Rennstrecke in Gesellschaft vieler Rennpferde stellen, liefe er keinen Meter. Zu klein, zu kurzbeinig, um mit den großen Rennpferden mitzuhalten. Umgekehrt das Gleiche: Belädst du den Rücken eines Rennpferdes mit schwerer Last und scheuchst es bei starker Hitze den steinigen Feldweg entlang, würde dir dieses Pferd einen Vogel zeigen, wäre es dazu imstande.

Du siehst, worauf ich hinaus möchte. Setzt du deine Mitarbeiterinnen nicht an den richtigen Stellen ein und förderst du ihre Stärken nicht, sind letztlich beide Seiten frustriert. Zum einen du, weil du Mitarbeiter bezahlst, die ihrem Auftrag nicht zureichend nachkommen und deine Mitarbeiter, weil sie in deinen Augen nichts richtig machen können und zu wenig Erfolge erzielen. Mehr zum Thema Mitarbeiter findest du im Kapitel **G wie Gefährten und Gefährtinnen.**

So kann dein Unternehmen nicht wachsen, und im schlimmsten Fall musst du dich noch mit einer erhöhten Krankenquote oder mit Mitarbeiterfluktuation beschäftigen. Daher empfehle ich dir, deine Mitarbeiterinnen entsprechend gut auszuwählen oder, wenn du ein schon bestehendes Team übernimmst, dich eingehender mit jeder Persönlichkeit zu beschäftigen. Natürlich kostet das anfänglich Zeit. Jedoch ist diese Zeit gut investiert.

Frage Mitarbeiter im Vorstellungsgespräch ganz konkret nach ihren Fähigkeiten. Nach dem, was ihnen Spaß macht, wie sie arbeiten möchten und auch danach, was ihnen gar nicht liegt. Erarbeite gemeinsam mit ihnen, wie sie sich weiterentwickeln können und was sie dazu benötigen.

Übernimmst du ein bestehendes Team, gehe mit deinen Mitarbeitern in offene Einzelgespräche. Schaut euch gemeinsam die bisherigen Aufgaben an, mach dir darüber Gedanken, ob der Mitarbeiter oder die Mitarbeiterin an der richtigen Stelle eingesetzt ist oder ob es bessere Aufgaben für sie im Unternehmen gibt. Bleib nah an deinen Mitarbeitern dran, immer! Denn Anforderungen können sich verändern, Leistungen der Mitarbeiterinnen ebenfalls.

Voraussetzung für »Jeder ist eine Zehn!« ist vor allem Klarheit über dein Unternehmen, die Aufgaben, die bewerkstelligt werden sollen und wohin die Reise deines Unternehmens gehen soll.

Kommunikation ist alles

Ja, Kommunikation ist alles. So einfach und dann doch wieder so schwer. Du kommunizierst den ganzen Tag. Du kennst vielleicht die berühmte Aussage von Schulz von Thun: »Man kann nicht nicht kommunizieren.«

Alles, was du in den anderen Kapiteln dieses Ratgebers gelesen hast, steht und fällt mit deiner Kommunikation. Dabei ist es nicht nur das, was du sagst, sondern auch, wie du es sagst. 93 Prozent deiner Kommunikation entfällt auf die nonverbale und paraverbale Kommunikation. Dass diese beiden einen so hohen Anteil an der gesamten Kommunikation haben, liegt in unserer Evolution begründet und ist noch immer tief in unserer DNA verankert. Früher, zur Zeit der Höhlenmenschen, gab es noch keine Sprache im eigentlichen Sinne. Die ersten Menschen haben sich ausschließlich über Mimik, Gestik und Laute verständigt.

Übertragen wir das auf heute, heißt das für dich als Leader, dass du das, was du sagst, unbedingt mit deiner Gestik, Mimik und Betonung in Einklang bringen musst. Andernfalls wirkt Kommunikation nicht in ihrer Gänze und es kommt zu Missverständnissen. Deine Wirkung als Leader entfaltest du, wenn du klar und authentisch bist. Dazu gehört eben auch eine eindeutige und authentische Kommunikation.

Kompliziert wird es nur dadurch, dass jeder Mitarbeiter eine eigene Art der Kommunikation braucht. Nicht jeder deiner Mitmenschen versteht auf gleiche Weise das, was du sagst. Daher ist es für dich als Leader unerlässlich, deine Kommunikation den jeweiligen Bedürfnissen deiner Mitarbeiterinnen anzupassen. Um herauszufinden, welche Bedürfnisse deine Mitarbeiter haben, gebe ich dir am Ende dieses Kapitels das SCARF-Modell von David Rock mit.

Darüber hinaus darfst du dir über folgende Punkte bewusst werden …

- gedacht ist noch nicht gesagt
- gesagt ist noch nicht gehört
- gehört ist noch nicht verstanden
- verstanden ist noch nicht einverstanden
- einverstanden ist noch nicht behalten
- behalten ist noch nicht angewandt
- angewandt ist noch nicht beibehalten

Werde dir darüber unbedingt klar. Und hinterfrage damit deine Kommunikation, wenn du das Gefühl hast, eines deiner Teammitglieder habe etwas nicht richtig verstanden.

Fakt ist: Nur weil du die Dinge einmal sagst, heißt das nicht automatisch, dass alle deine Worte richtig verstanden haben und wissen, was zu tun ist. Leadership heißt auch, tagtäglich mit verschiedenen Menschen immer wieder auf unterschiedlichste Art und Weise zu kommunizieren. Damit das gelingt, brauchst du Klarheit in deiner Kommunikation, gute Kenntnisse über die Bedürfnisse und Fähigkeiten deiner Mitarbeiter und eine starke innere Haltung.

Gern gebe ich dir abschließend noch einige Fragen auf den Weg, die dir helfen werden herauszufinden, was dir als Leader wichtig ist. Sie unterstützen dich bei der Erstellung eines Führungsbildes von dir und für deine Mitarbeiter.

Leitfragen zur Reflexion des eigenen Führungsverhaltens

(©Verena Kiy, Speaking & Consulting)

- Wofür bin ich angetreten?
- Was ist mein Warum, meine Vision?
- Wie möchte ich, dass die »Welt« in einem Jahr, in drei und fünf Jahren auf mein Team/mein Unternehmen blickt?
- Welche Ziele habe ich für mein Team und für mich?
- Was verbessert sich durch meine Führungsarbeit aus Sicht als Unternehmer und aus der Sicht als Führungskraft?
- Wie möchte ich als Führungskraft und/oder Unternehmerin wahrgenommen werden?
- Wie möchte ich als Führungskraft und/oder Unternehmer auf keinen Fall wahrgenommen werden?
- Welche sind meine fünf stärksten Werte, denen ich folge?
- Was erwarte ich von meinen Mitarbeitern?
- Was können meine Mitarbeiterinnen von mir erwarten?
- Welches Verhalten, welche Vorkommnisse oder Eigenschaften toleriere ich überhaupt nicht?
- Welche sind meine am stärksten ausgeprägten Kompetenzen?
- Wo/wann kommen diese Kompetenzen besonders gut zum Einsatz?
- Welche sind meine größten Entwicklungsfelder?
- Woran hindern mich diese Entwicklungsfelder?
- Wie reagiere ich in Konfliktsituationen?
- Wie gehe ich mit Konfliktsituationen um?
- Mit welchen Entscheidungen tue ich mich schwer und warum ist das so?
- Wie sehen meine ersten 30 Tage als Führungskraft aus?

Leadership ist eine anstrengende und herausfordernde Aufgabe. Allerdings, wie ich finde, auch eine der schönsten Positionen, die du innehaben kannst. Sie wird dich an deine Grenzen bringen, dich mehr als nur einmal aus deiner Komfortzone herauslocken. Dabei wirst du wachsen, und wunderbare Menschen werden dir auf deinem Weg begegnen. Es wird langjährige Begleiterinnen oder auch nur kurze Begegnungen geben. Doch jede einzelne bringt dich ein Stück weiter.

Verena Kiy
#Mindsetstrategin

M wie Mindset: = Denkweise

Der entscheidende Faktor für Erfolg

Wir wollen ein Leben nach unseren Vorstellungen führen und auf der Straße des Lebens mit Vollgas auf der Überholspur zum Erfolg rasen. Wären da nicht Hindernisse, die uns den Weg blockieren …

Was hindert dich daran, wahrhaft erfolgreich zu sein? Die Antwort ist so einfach, wie sie kompliziert ist: du selbst! Ob du dich Herausforderungen stellst, Gelegenheiten beim Schopf packst, aus unerwarteten Veränderungen oder Krisen das Beste machst – all das ist Einstellungssache. Wer einen starken Glauben an sich und seinen Erfolg hat, wird diesen schließlich erfahren. Die gute Nachricht: Deine persönliche Einstellung lässt sich beeinflussen, nicht nur von außen durch erlebte Erfolge, sondern auch von innen.

Von Glückskindern und Pechvögeln

Was unterscheidet Topunternehmen von jenen, die sich im Mittelmaß befinden? Gibt es eine Formel für Erfolg? Liegt es an der Führungsspitze, dem Team, der Innovationskraft, dem außergewöhnlichen Produkt? Oder tatsächlich daran, ob wir unter dem sprichwörtlichen »guten Stern« geboren wurden?

Es liegt an dir selbst, wie erfolgreich du bist oder noch werden wirst! Ausschlaggebend für deinen Erfolg sind unterstützende oder hinderliche Glaubenssätze – sowohl in deiner Gründungsphase als auch später als Unternehmer und Arbeitgeber und damit letztlich auch bei deinen Angestellten.

Bei Glaubenssätzen handelt es sich um Überzeugungen, mit denen du dich beeinflussen und deine innere Haltung sowie Einstellung nachhaltig verändern kannst. In diesem Buch wurde bereits sehr viel über Glaubenssätze und Mindset gesprochen, und ich kann dir an dieser Stelle versichern, dass auch in den weiteren Kapiteln immer wieder von diesen sehr wichtigen Faktoren die Rede sein wird. Wenn du die vorangegangenen Seiten aufmerksam gelesen hast, wirst du bereits erkannt haben, wieso wir alle immer und immer wieder von Mindset sprechen: Es ist ESSENZIELL!

Gern teilen wir Menschen einer bestimmten Kategorie zu. Sie werden entweder als geborene Glückskinder oder ausgemachte Pechvögel bezeichnet. Und es scheint tatsächlich so, als gäbe es Menschen, denen Glück und Erfolg einfach so zufliegen. Sie sind geborene Siegertypen, sie strotzen vor Selbstbewusstsein, ihnen gelingt einfach alles. Ihnen gegenüber steht der Pechvogel. Egal was er in seinem Leben anpackt, bei ihm geht alles schief. Beruflicher und privater Erfolg sind ihm fremd, er bleibt ein Versager, sein ganzes Leben lang.

Warum sind nun manche Menschen mit Glück und Erfolg scheinbar gesegnet, während andere ihr Dasein im Tal des Versagens fristen? Nun, ein Glückskind bekommt seinen Erfolg nicht per se in die Wiege gelegt. Dieser Typ Mensch unterscheidet sich in seinem Denken und seinem Charakter wesentlich vom Pechvogel. Ein Glückskind ist ein Gewinner, ein Macher, jemand mit einem Growth-Mindset.

Der Machertyp nimmt sein Leben selbst in die Hand. Er gibt alles. Wenn er bei einem Projekt scheitert, gibt er nicht auf, sondern versucht es noch einmal und noch ein zweites Mal und noch ein drittes Mal, bis er das Projekt schließlich mit Erfolg umsetzt. Er erfindet keine Ausreden, er sucht nach Lösungen und zwar immer solange, bis er sein Ziel erreicht hat.

Wie gesagt, dem Machertyp steht der Pechvogel gegenüber, ein ausgemachter Versager. Er ist jedoch kein Versager, weil das in seiner DNA so verankert ist. Sein Problem ist: Er macht gar nichts. Selbst wenn er sich zu einem Versuch aufrafft, tätigt er diesen so halbherzig, dass allein der Versuch bereits von vornherein zum Scheitern verurteilt ist.

Es gibt verschiedene Punkte, warum ein Pechvogel so agiert:

- Er hat Angst zu versagen.
- Er hat Angst, etwas falsch zu machen.
- Er hat Angst vor dem, was die anderen dazu sagen könnten.
- Er will nicht von anderen gesehen werden, wie er ganz am Anfang seiner Unternehmung steht.

Und die Ausrede für dieses Nichtstun beziehungsweise dessen ständige Rechtfertigung lautet: »Ich bin nun mal ein Pechvogel.«

Nun gibt es auch Menschen, die würden gern, nur wissen sie einfach nicht wie. Diese Gruppe bezeichne ich als die **Missing Links**. Sie befinden sich auf ihrem Weg genau zwischen den Glückskindern und den Pechvögeln. Wenn du auch zu dieser Gruppe gehörst, dann wird allein dein Handeln den Ausschlag geben, in welche Richtung du gehen wirst. Und wer bestimmt über deine Handlungen? Richtig: dein Mindset!

In diesem Buch wirst du alles lernen, was du brauchst, um dich selbst zu einem (beruflichen) Glückskind zu machen. Wendest du dein neues Wissen aber nicht aktiv an, wirst du ein Pechvogel werden. Du siehst, es liegt allein in deiner Hand. Damit kommen wir zurück zu deinem Mindset und den mentalen Blockaden. Unsere innere Stimme prägt unser Bewusstsein. Sie lenkt unsere Wahrnehmung und damit auch unser Handeln. Es gibt Glaubenssätze, die dich stärken und motivieren und solche, die dich davon abhalten, deine Ziele und Träume zu verwirklichen. Durch bestimmte negative Glaubenssätze entstehen Blockaden. Diese sabotieren unser Denken, Fühlen und Handeln. Mentale Blockaden erzeugen im Körper einen dauerhaften Stresszustand. Das hat zwei gravierende Auswirkungen auf unseren Körper:

1. Gehirnwellen ändern sich von gleichmäßigen Alphawellen in ungeordnete Betawellen.
2. Das Nervensystem ändert sich: weg vom parasympathischen Nervensystem (zuständig für Regeneration, Stoffwechsel, Sicherheitsgefühl etc.) hin zum sympathischen Nervensystem (zuständig für den Kampf- oder Fluchtmodus).

Wir können an dieser Stelle nun folgende Schlussfolgerung ziehen: Die Biochemie unseres Körpers, die neurologischen Netzwerke, der Hormonspiegel und dadurch sogar unsere Genexpression entsprechen immer unseren Gedanken, Handlungen und Gefühlen. (»The Formula«, 2020, Dr. Joe Dispenza)

Das Problem dabei ist, viele Menschen merken nicht, dass sie nach schädlichen Überzeugungen handeln und sabotieren so – mehr oder weniger bewusst – ihren eigenen Erfolg.

Der Fisch stinkt immer vom Kopf her

Ob eine Unternehmerin erfolgreich ist oder nicht, hängt von unterstützenden Glaubenssätzen ab.

Fakt 1: Gedanken wirken sich auf unseren Körper, unsere Empfindungen und unser Leben aus.
Fakt 2: Unsere persönliche Empfindung kreiert unsere persönliche Realität.

Gleiche Verhaltensweisen führen zu gleichen Erfahrungen, daraus entwickeln sich abgespeicherte Muster in unserem Gehirn. Diese nehmen wir als vertrautes Gefühl wahr.

Was du täglich denkst – zum Beispiel »Meine Arbeit ist nicht gut genug!« – führt das zu entsprechenden Verhaltensweisen. Diese wiederum führen zu den immer gleichen Erfahrungen. In diesem Beispiel zu der Erfahrung, deine Arbeit sei nicht gut genug. Durch die stetige Wiederholung dieses Gedankens manifestiert er sich in einer mentalen Blockade. Was du glaubst, wird nun zu deiner persönlichen Realität. Du denkst nun nicht mehr nur »Meine Arbeit ist nicht gut genug!«, du strahlst diesen Glaubenssatz nun als Emotion auch aus.

Die durch negative Glaubenssätze gebildeten Blockaden sabotieren jetzt unbewusst deine Motivation (und dadurch auch die Motivation deiner Angestellten), die Arbeitsmoral, Effizienz und in der Folge das Wachstum deines Unternehmens sowie die Steigerung der Umsätze.

Sicherlich kennst du das Sprichwort »Der Fisch stinkt immer vom Kopf her«. Das steckt hinter dieser Redewendung: Da sich im Kopf des Fisches das leicht verderbliche Hirn befindet, verdirbt der Kopf zuerst und dort entwickelt sich der unangenehme Geruch.

Unsere Handlungen werden vom Gehirn gesteuert. Dein Mindset ist ausschlaggebend für dein Tun. Hast du ein Fixed-Mindset oder wird deine Denkweise durch mentale Blockaden beherrscht, überträgt sich diese »Fäulnis« auf dein gesamtes Handeln und Wirken. Macht der Kopf, die Führung – also DU – schwerwiegende Fehler, breitet sich die Fäulnis schließlich auf den gesamten Körper aus.

Du als Führungskraft bist verantwortlich, wie dein Unternehmen läuft. Durch Fehlentscheidungen oder Missmanagement deinerseits entstehen Probleme oder Krisen. (Mehr zum Thema Krisen- und Stressbewältigung erfährst du in den Kapiteln **N wie Nein und X wie Xeromorphose**).

Der Ursprung liegt immer in deinen Gedanken.

Negative Glaubenssätze werden anfangs bei Einzelnen sichtbar, ausgehend von dir als Chef. Das heißt, deine Grundüberzeugungen strahlst du nach Außen als Stimmung aus und gibst ihnen durch deine Aussagen und Handlungen Substanz. Durch emotionale Ansteckung[13] (psychisches Phänomen, wenn Menschen Gefühle und Emotionen anderer übernehmen, das heißt, Menschen lassen sich über den Emotionsausdruck ihres Gegenübers sprichwörtlich anstecken) breitet sich die limitierende Grundstimmung aus und hat schlussendlich Auswirkungen auf das komplette Unternehmen: schlechtere Arbeitsmoral, mangelnde Loyalität, ausbleibende Motivation, fehlender Glaube an das Produkt/das Unternehmen, sinkende Effizienz – und infolge dessen negative Beeinflussung der Außenwahrnehmung, der Umsatzsteigerung und des Firmenwachstums.

Fallbeispiel A

Die Gründerinnen eines Design- und Grafikstudios wurden um die Angebotsabgabe für ein Projekt gebeten. Die kalkulierten Kosten lagen bei rund 17.000 €. Diese Summe erschien ihnen zu hoch und so veranschlagten sie nur die Hälfte mit 8.500 €. Trotz des Preisdumpings bekamen sie den Zuschlag nicht. Warum?

Ihrer inneren Überzeugung nach waren sie diesem Auftrag nicht gewachsen. Sie befanden ihre Arbeit als nicht gut genug, um die kalkulierten Kosten in voller Summe für sich zu beanspruchen. Diese Unsicherheit führte bereits während des Pitches dazu, dass sich das beauftragende Unternehmen gegen dieses Design- und Grafikstudio entschied.

Bessere Perfomance im Job

Bevor die Auswirkung von Glaubenssätzen im Unternehmen sichtbar wird, zeigt sich deren Einfluss im persönlichen Bereich. Auch hier hängt der Erfolg maßgeblich von der inneren Einstellung ab.

Fühlst du dich unsicher, wenn du mit Kolleginnen sprechen musst? Bekommst du Schweißausbrüche, wenn du an deinen nächsten Pitch denkst, an das Finanzierungsgespräch mit der Bank oder mit Investoren? All das findet seinen Ursprung in einer mentalen Blockade.

Fallbeispiel B

Monika W., Mitarbeiterin eines mittelständischen Logistikunternehmens, arbeitete seit Monaten auf eine Beförderung hin. Fachlich war sie durchaus kompetent, trotzdem erhielt die Beförderung ihr Kollege Thomas B. Warum?

Unbewusst war Frau W. der festen Überzeugung, mit der einhergehenden Verantwortung nicht klarzukommen. Diese Einstellung spiegelte sie nach außen, und deshalb erhielt sie die Beförderung nicht.

Um dein vollständiges Potenzial abrufen zu können, müssen solche Blockaden überwunden werden. Erlernte und anerzogene Glaubenssätze sowie gewohnte Verhaltensmuster blockieren nicht nur ein gesundes Wachstum, sondern sabotieren deinen ganz persönlichen Erfolg – auf beruflicher und privater Ebene.

Dein Bestreben als Unternehmerin sollte wie folgt aussehen: Alte Muster aufbrechen, Fokus neu justieren, um selbstbewusst zu agieren.

Gründen Frauen anders?

An dieser Stelle lohnt es sich, einen Blick auf das Gründungsverhalten von Mann und Frau zu werfen. Der Anteil von Frauen bei Gründungen im Allgemeinen und im Start-up-Bereich im Besonderen ist in den letzten Jahren zwar langsam und kontinuierlich gestiegen, liegt mit rund 15 Prozent im Start-up-Bereich aber immer noch auf einem sehr niedrigen Niveau. Frauen gründen nicht nur seltener, sondern auch anders.[14]

Eigentlich haben wir Frauen ja die besten Voraussetzungen: Mädchen sind laut Statistik in der Schule erfolgreicher als Jungs. Sie machen auch häufiger das Abitur. Sie schließen ihr Studium sogar oft deutlich besser ab als männliche Kollegen und dennoch versickert ihr Potenzial auf dem Weg an die Führungsspitze.

Dass der Frauenanteil bei Gründungen immer noch hinter den Männern liegt, hat mehrere Gründe. Veraltete Rollenklischees binden die Frau immer noch häufig an die Kinderbetreuung und den heimischen Herd, während der Mann als Alleinverdiener die Brötchen verdient. Und sollte eine Frau dann doch den Weg der Selbstständigkeit einschlagen, sieht sie sich mit Herausforderungen wie schlecht ausgebaute Kinderbetreuung oder patriarchalische Strukturen konfrontiert. Es ist beispielsweise eine erwiesene Tatsache, dass Frauen von Banken bei Kreditvergaben kritischer beurteilt werden als Männer.

Frauen gründen weniger und kleinere Betriebe und das meist im Nebenerwerb. Als Solo-Selbstständige arbeiten sie von zu Hause aus und sind meist in Bereichen für persönliche und soziale Dienstleistungen zu finden. Dienstleistungen – insbesondere im Gesundheitswesen, im Bildungs- und Unterhaltungssektor – sind laut einer Studie der Kreditanstalt für Wiederaufbau (KfW) für rund 43 Prozent aller Gründerinnen die bevorzugten Branchen für den Gang in die Selbstständigkeit.

Frauen bitten, Männer fordern!

Doch bei Frauen liegen noch wesentlich mehr Steine auf dem Weg in die Unternehmenswelt, und hier spielen wieder die anerzogenen Glaubenssätze und erlernten Verhaltensmuster eine wichtige Rolle. Von klein auf bringt man den Kindern (leider immer noch) die typischen Rollenklischees bei. Mädchen sind ruhig, fleißig, machen sich ihr Kleidchen nicht beim Spielen im Dreck schmutzig. Sie fallen anderen nicht ins Wort, lassen aussprechen. Sie sind angepasst und wollen nicht auffallen – schon gar nicht negativ.

Dieses Denken nehmen sie als Grundüberzeugungen mit in ihre Zukunft. Das Verhalten als erwachsene Frau ist dann geprägt durch einen devoten Kommunikationsstil, Konfliktscheue und geringere Risikobereitschaft. Meist starten Frauen in die Selbstständigkeit, weil sie einen Weg aus der Arbeitslosigkeit suchen oder der Wiedereinstieg nach der Babypause nicht umsetzbar ist. Das wiederum führt zu mangelndem Selbstvertrauen und hinderlichen Glaubenssätzen.

All das hat Auswirkungen auf unser Gründungsverhalten und unseren Platz in der Unternehmenswelt, wie wir am obigen Fallbeispiel B gesehen haben.

Ab auf die Überholspur!

Dein Ziel als Unternehmer und vor allem als Unternehmerin muss also eine tiefgreifende Veränderung deines Mindsets sein. Denn die Großdenkerinnen – diejenigen, die ihre hinderlichen Blockaden aufgelöst haben, die sich nicht mehr limitieren lassen – sind die wirklichen Gamechanger! Sie sind es, die an innovative Produkte glauben, die ihren Weg gehen und sich auf ihr Ziel fokussieren.

Denn eines muss deutlich gesagt werden: Nur wer seine mentalen Blockaden aufgelöst hat, kann nachhaltigen Erfolg erreichen!

Blockaden spielen bei allen Entwicklungsprozessen von Anfang an eine essenzielle Rolle. »Bin ich mir das wert? Bringt mir das überhaupt etwas?« Glaubenssätze entscheiden, ob du in deine Weiterbildung investierst oder nicht.

Blockaden entscheiden über deine Performance im Job und sie entscheiden, ob du motiviert in die Umsetzung gehst oder in deinem alten Hamsterrad enden wirst. Du siehst: Eine Reise beginnt nicht mit dem ersten Schritt, sondern mit dem Lösen deiner Blockaden – in ALLEN Bereichen. Um diese aufspüren und lösen zu können, gibt es kein Patentrezept. So unterschiedlich, wie Blockaden entstehen, so unterschiedlich sind auch ihre Auswirkungen. Jede Blockade ist so individuell wie der Mensch, den sie sabotiert. Das Lösen von Blockaden kann also ebenfalls nur auf einer sehr individuellen Ebene geschehen, die Techniken müssen zu dir passen.

Möchtest du mehr darüber wissen, dann empfehle ich dir unsere Seminare und Programme zu diesem Thema: www.pushup-yourbusiness.com/mindset

Carina Frei

#Push up your Business

N wie Nein:

Vergiss dich selbst nicht!

Als Unternehmer stehst du jeder Menge Herausforderungen gegenüber: Die Verantwortung für dich selbst, die Mitarbeiter und die Familie. Leistungsdruck, Versagensängste und Krisen führen bei einem erheblichen Teil früher oder später zu Stresssymptomen wie Müdigkeit, Gereiztheit, Schlafstörungen oder gar chronischen Schmerzen.

Damit du nicht gleich am Anfang deines Businessaufbaus leidest, freunde dich am besten gleich mit den vier Buchstaben **n-e-i-n** an. Warum diese Freundschaft gut für dich ist, und wie du lernst, mit diesem kleinen Wörtchen ganz schnell per du zu sein, erkläre ich dir auf den nächsten Seiten.

Erfolgskiller: Stress

Laut einer Statistik der deutschen Techniker Krankenkasse (TK) nimmt Stress gerade unter Unternehmern deutlich zu. Die ständige Erreichbarkeit, die hohen Ansprüche an die eigene Arbeit und die Überlastung durch das zu bewältigende Arbeitspensum geben rund die Hälfte der Befragten als größte Stressfaktoren an. Kommt zu diesen »Standardproblemen« noch ein zusätzlicher Faktor wie beispielsweise eine Krise hinzu, droht ernsthafte Gefahr.

Krisen können dich in deinen Grundfesten erschüttern – beruflich wie auch privat. Dabei ist die Art der Krise (wirtschaftliche Krise, private Probleme wie eine Scheidung oder eine schwere Krankheit etc.) nicht der ausschlaggebende Punkt. Das entscheidende Momentum ist die Auswirkung auf dich und deinen Organismus.

Lass uns als Anschauungsbeispiel die global größte Krise der letzten Jahre heranziehen: Covid-19. Die Coronakrise stellt seit 2020 viele Unternehmer vor große Herausforderungen. Das hat natürlich auch Auswirkungen auf den privaten Bereich und kann sich in den vorab bereits angesprochenen Stresssymptomen niederschlagen. Kurz gesagt: Unser Organismus leidet. Leidet unser Organismus, leidet auch unser Business. Du befindest dich in einer Abwärtsspirale aus Stress, die nicht selten im Burn-out endet. Und was passiert dann mit deinem Business?

Drei Tipps gegen Stress

Zuerst müssen wir klären, warum wir so gestresst und gereizt reagieren. Stress entsteht unter anderem, wenn wir nicht die Reaktion auf eine bestimmte Situation zeigen, die unser Körper gern hätte. Auf zu viel Arbeit reagieren wir zum Beispiel nicht mit einer Ruhe- und Entspannungsphase, sondern mit noch mehr Arbeit. Oder: Auf Ausnahmesituationen würden wir eigentlich instinktiv entweder mit dem Kampf- oder Fluchtmodus reagieren. Beides ging während der Coronakrise nicht, weil wir dazu gezwungen waren, auf unbestimmte Zeit abzuwarten und uns an vorgegebene Regelungen zu halten.

Die Coronapandemie wirkt sich nun in mehreren Aspekten auf uns aus. Da sind zum einen Ängste: Existenzängste, Geldsorgen, Angst um die Gesundheit und um die Familie. Ein weiterer großer Stressfaktor in dieser Krise ist, dass wir nicht wissen, was als Nächstes kommt. Wie geht es weiter? Wann haben wir die Pandemie sicher überstanden? Kommt eine weitere Mutation? Wird es wieder Grenzschließungen, Lockdowns oder ganz neue Maßnahmen geben?

Diese Unsicherheit ist ein massiver Stressfaktor. Warum? Wir sind einen strukturierten Tagesablauf gewöhnt, wir planen weit voraus – das ist gerade im geschäftlichen Kontext unerlässlich. Wer Kinder hat, fährt ein ähnlich eingespieltes Programm. Da ist der Tag durchgetaktet, und von einem Moment auf den anderen wirst du mit Lockdown und Reiseverboten aus dieser Routine herausgerissen. Routine gibt uns Sicherheit, ein Gefühl der Kontrolle. Das fehlt uns in Krisenzeiten und darauf reagieren wir gestresst. Was wir jetzt brauchen, ist ein solides und effektives Stressmanagement.

Um sich in Krisenzeiten bestmöglich zu schützen, empfehle ich Präventivarbeit. Also fang nicht erst an, wenn du schon mitten in der Krise steckst, beuge lieber vor. Die Grundlage bildet ein gefestigtes Mindset. Hast du das nicht, kann dich eine unbekannte Situation richtig durchschütteln. Je gefestigter dein Mindset, desto gelassener reagierst du auf (zukünftige) Situationen. Mehr dazu erfährst du im Kapitel **M wie Mindset.**

Sport: Um Körper und Geist zu unterstützen, die Ausschüttung von Stresshormonen herunterzufahren oder sie erst gar nicht entstehen zu lassen, gibt es verschiedene Möglichkeiten. Eine der effektivsten Methoden ist sicher Sport. Bei einer Radtour oder beim Joggen durch die Natur bekommen wir den Kopf wieder frei. Glückshormone wie Endorphine, Serotonin und Dopamin werden freigesetzt, gleichzeitig die Produktion von Stresshormonen gedrosselt.

Hier greift übrigens wieder der Kampf- oder Fluchtmodus: Wurde der Höhlenmensch von einem wilden Tier angegriffen, reagierte er entweder mit Angriff oder Weglaufen, also mit **Bewegung.** Verharren wir heute im Nichtstun, steigt der Stresspegel. Durch Sport und Bewegung geben wir dem Körper, was er instinktiv braucht.

Dabei muss es aber gar nicht unbedingt schweißtreibender Sport sein: Schwimmen im See, Trampolinhüpfen mit den Kids im Garten, Gemüsebeet umgraben – all das ist Bewegung und unterstützt unseren Körper im Kampf gegen ungesunden Stress.

Entspannung: Ebenfalls positive Auswirkungen auf unseren Organismus haben Entspannungsmethoden wie Yoga, Meditation und Progressive Muskelentspannung.

Entspannungsmethoden wirken dreifach auf unseren Organismus:

- Muskulär
  - durch das Vermindern von Spannung
  - Kognitiv (d. h. das Wahrnehmen, Denken, Erkennen betreffend)
  - durch die Erhöhung der Konzentration
- Mental (d.h. den Verstand betreffend)
  - durch Bewirken einer Haltung des »Geschehen-Lassens«

Die Auswirkungen von Meditation sind bemerkenswert:

- Das Stressniveau sinkt.
- Die Schlafqualität wird verbessert.
- (Chronische) Schmerzen nehmen ab.
- Angstzustände werden verringert.
- Die emotionale Intelligenz wird gesteigert.

Bei der Progressiven Muskelentspannung (PME) erzielen wir ebenfalls solche Resultate. Die PME ist eine sogenannte **aktive** Entspannungsmethode. Mit ihr werden Muskelgruppen in einer bestimmten Reihenfolge angespannt und wieder gelockert. Eine entspannte Muskulatur führt zu einem entspannten Geist – ähnlich also dem Effekt, den Sport auf unseren Organismus hat. Die Ausschüttung von Stresshormonen wird gedrosselt, wir bleiben ruhig und können mit der jeweiligen belastenden Situation besser umgehen. Eine gesprochene Anleitung zur PME und viele weitere Entspannungsmethoden findest du in meiner Meditationsbox: www.carinafrei.com/meditationsbox.

Struktur: Wie ich eingangs erwähnte, ist die größte Schwierigkeit während der Coronakrise der Rauswurf aus unserer täglichen Routine. Haben wir einen strukturierten Tagesablauf, gibt er uns das Gefühl von Sicherheit. Das heißt, wir müssen innerhalb der krisenhaften Situation im Rahmen unserer neuen Möglichkeiten für eine feste Routine sorgen: feste Essenszeiten, geregelte Homeoffice-Zeiten, geregelte Kinderbetreuung.

Vor allem Letztere ist ein großes Thema, das für viel Stress sorgen kann. Partnerschaftliche Fürsorge hilft, die Rollenverteilung nicht in klassische Muster verfallen zu lassen: Frauen an den Herd und Familie, Haushalt, Job unter einen Hut bringen. Also klar kommunizieren, wer wann die Kinder beaufsichtigt und wer wann Homeoffice-Zeit hat. Diese Vereinbarung muss von beiden eingehalten werden, denn erst die Struktur verleiht ihnen Sicherheit und führt zur Senkung des Stresslevels.

Durch eine geregelte Struktur – soweit das möglich ist – können wir die Work-Life-Balance aufrechterhalten.

Und ganz wichtig: Nimm dir mindestens einmal am Tag einen Moment nur für dich!

Sei es die Tasse Kaffee morgens allein auf dem Balkon, die Stunde gärtnern am Nachmittag oder abends die Meditation. Was immer dir zur Entspannung hilft.

Nein ist das neue Schwarz

Eine erfolgreiche Unternehmerin muss **nein** sagen können. Das mag manchmal unbequem sein und vielleicht auch zu Unverständnis im Team, bei Geschäftspartnern oder Zulieferfirmen führen, bleibt aber im Business unerlässlich! Nein zu sagen, ist im »normalen« Berufsalltag geradezu essenziell und in Krisenzeiten oder stressigen Zeiten ein absolutes MUSS.

Wir leben in einer auf Perfektion getrimmten Welt. Perfekter Look, durchtrainierter und makelloser Körper, Familienidylle und natürlich ein Business, das besser nicht laufen könnte. Angefeuert wird dieses Idealbild durch Social Media und Feeds randvoll mit Luxusautos, Markenklamotten, Champagnerflaschen, Jachten und perfekten Beautys. Luxus, Geld, Perfektion!

Es scheint, als wäre in dieser Welt kein Platz für Burnout, Stress und Überforderung. Doch wir alle wissen, der Schein trügt. Perfektionismus darf eine Zeitlang hinten angestellt werden. Was nützt uns die Rolex an der Hand, wenn uns der Stress den Schlaf raubt?

Das neue Zauberwort heißt NEIN:

> Du musst NICHT 24/7 erreichbar sein.
> Du musst NICHT rund um die Uhr perfekt funktionieren.
> Du musst NICHT Homeschooling, Kindererziehung, Haushalt und Business unter einen Hut bringen.

Deine Assistenz will ausgerechnet in der stressigsten Phase im Jahr Urlaub nehmen? Nein, das geht diesmal nicht. Noch ein zusätzliches Meeting am Dienstag geht schon, oder? Nein, das kann durchaus dein Businesspartner oder Teamkollege übernehmen. Antworte doch bitte noch ganz kurz übers Wochenende. Nein, es reicht, wenn du die E-Mails am Montag verschickst, denn am Sonntag steht dein Telefon auf stumm. Stelle dir dazu folgende Fragen:

> Muss das JETZT sein?
> Muss DAS jetzt sein?
> MUSS das jetzt sein?

Nimmst du dir den Druck heraus, alles perfekt hinbekommen zu müssen, hilft dir das bereits ungemein, dem Stress entgegenzuwirken.

Nein zu sagen, fällt vielen Menschen nicht leicht, da bist du sozusagen in schlechter Gesellschaft. Denn es ist **die** Eigenschaft, die erfolgreiche Unternehmer ausmacht. Schule deinen Blick dafür, wann ein Nein angebracht ist. Lass dich nicht von deinen Emotionen oder privaten Befindlichkeiten davon abhalten, (unpopuläre) Entscheidungen zu treffen. Sage nein, wenn es für deine Gesundheit und dein Business notwendig ist!

Carina Frei
#Push up your Business

O wie Onlinemarketing:

Das kleine »Einmaleins«

Laut dem Jahresreport »Digital 2021« des Social-Media-Dashboards Hootsuite waren im Januar 2021 4,6 Milliarden User im Internet unterwegs. Im Durchschnitt beträgt die tägliche Nutzungsdauer rund sieben Stunden. Ungefähr zweieinhalb Stunden davon beschäftigen wir uns mit dem Smartphone.

Seit 2020 steigerte sich die Internetnutzung noch einmal deutlich. Vor allem die sozialen Medien, wie etwa Facebook, Instagram oder Twitter erlebten einen merklichen Aufschwung: Weltweit mehr als vier Milliarden Menschen nutzen mittlerweile Social Media. (Quelle: Preisboerse.blog/März 2021).

1001 Onlinemarketing-Ideen

Onlinemarketing ist zu einer der wichtigsten und lukrativsten Quellen zur Steigerung der digitalen Sichtbarkeit, potenzieller Kunden und aktiver Verkäufe avanciert und wird in Zukunft einen noch höheren Stellenwert einnehmen. Die Möglichkeiten, das Internet für Werbezwecke zu nutzen, sind unglaublich vielseitig und werden sich rasant weiterentwickeln. Für den Überblick habe ich dir verschiedene Onlinemarketing-Ideen aufgelistet. Sie zeigen, wie vielschichtig dieses Thema ist und welch enormes Potenzial für dich darin liegt.

- Werbeposts auf Facebook und Instagram
- Werbevideos bei YouTube
- Suchmaschinenwerbung (SEA)/Keyword-Advertising
- Bannerwerbung
- Produktempfehlung (= bezahlte Werbung) deines Produktes auf Amazon

- Links zu Angeboten in deinen E-Books
- Backlinks auf deine Website in Gastbeiträgen und Blogs
- Anzeigenschaltung (zum Beispiel bei Google)
- E-Mail-Marketing
- Affiliate-Marketing (Pay-per-Click/Pay-per-Lead/Pay-per-Sale)
- (Kostenlose) Webinare

Sich als Unternehmerin nicht mit Onlinemarketing zu beschäftigen, wäre ein fataler Fehler. Das Thema ist so umfangreich, dass wir allein darüber schon mehrere Bücher schreiben könnten. Deshalb werden wir in diesem Kapitel das Hauptaugenmerk auf Social-Media-Marketing legen. Es beinhaltet meiner Meinung nach das größte Potenzial für Startups und Solopreneure zu Beginn ihrer Selbstständigkeit.

Die große Macht der sozialen Netzwerke

Wir sehen Werbung auf Facebook und Instagram, folgen gesponserten Influencer-Inhalten auf YouTube, lesen Kundenrezensionen auf Google und nehmen an Diskussionen auf Clubhouse teil. Doch wie können wir die Macht der sozialen Medien für unser Unternehmen nutzen? Wie lassen sich eigene Marketingziele über die sozialen Netzwerke erreichen?

Das Problem: Unternehmen investieren Tausende Euro in ihr Onlinemarketing. Wenn diese Investition ohne oder mit nur wenig Verständnis für Onlinemarketing in Relation zur Kaufbereitschaft der Verbraucher und der Identifikation mit einer Marke geschieht, ist diese Investition reine Geldverschwendung.

Die Beschäftigung mit Onlinemarketing kann aufgrund

der Fülle an Möglichkeiten und digitalen Plattformen schnell zur Überforderung führen.

- Auf welchen Plattformen willst du aktiv sein?
- Welche Art von Inhalten willst du teilen?
- Wie schaffst du es, deine Zielgruppe zu aktivieren?
- Ist es sinnvoll, so viele Plattformen wie möglich zu bespielen, also Content möglichst breit zu streuen?
- Wäre es effektiver, sich auf ein bis zwei Plattformen zu konzentrieren und auf diesen gezielt zu agieren?

Die Auswirkung: Ohne zu wissen, wie sich Onlinemarketing und Social Media auf das Verhalten der Verbraucher, sprich deiner Wunschkundinnen auswirken, läufst du als Unternehmer Gefahr,

- dein Marketing auf falsche Ziele auszurichten,
- die beiden Ressourcen Zeit und Geld zu verschwenden,
- nicht ausreichend effektiv zu agieren,
- dein Potenzial nicht vollständig zu nutzen.

Das kannst du tun:

- die Kernfunktionen von Onlinemarketing und Social Media verstehen (was fasziniert uns an sozialen Netzwerken?),
- deine potenziellen Kunden beobachten, folglich das Verbraucherverhalten analysieren (Stichwort: Splittests, Google-Adwords-Analyse etc.),
- darauf entsprechend reagieren und deren Bedürfnisse füttern (Strategie und Content anpassen).

Alles beginnt mit der Festlegung klarer Ziele für deinen Social-Media-Auftritt – gefolgt von der Identifizierung deiner Zielgruppe, mit der deine Marke in Kontakt treten soll. Und natürlich die Entwicklung einer Botschaft, die bei dieser Zielgruppe Anklang findet und auf die Erfüllung deiner Geschäftsziele ausgerichtet ist.

Der nächste Schritt ist die Auswahl der dazu passenden Plattform(en) und gegebenenfalls der Nutzung automatisierter Technologien (zum Beispiel automatisierte E-Mail-Marketingprogramme für deinen Newsletter) oder Human Resources in Form einer virtuellen Assistenz oder Agentur für die Umsetzung und Interaktion.

Die Effektivität deiner Social-Media-Aktivitäten zu messen und zu bewerten, ist ein wichtiger Bestandteil deines individuellen Onlinemarketings. Denn nur so kannst du erkennen, ob dein Content bei der Zielgruppe ankommt oder ob du an deiner Strategie etwas ändern musst. Dieser Prozess wird durch kontinuierliches »Social-Media-Listening« gewährleistet. Es unterstützt zudem deine strategische Entscheidungsfindung.

Social-Media-Marketing

Definieren wir erst mal, was Social-Media-Marketing (SMM) überhaupt ist und wie es zum Erreichen deiner Ziele eingesetzt werden kann. Bei SMM geht es darum, die Verbraucher in Konversation miteinander und mit der Marke zu bringen. Wenn du mit einem klaren Verständnis deiner Geschäftsziele beginnst, kannst du Social-Media-Kampagnen entwerfen, die einen Mehrwert für dein Business bieten. Manche Leute denken, dass mit Social Media nur Plattformen wie Facebook, Instagram oder Twitter gemeint sind.

Aber es geht weit über das Posten des eigenen Contents auf diversen Plattformen hinaus:

Ein Typ schickt eine Snapchat-Nachricht mit einem

Starbucks-Filter an seine Kumpels. Eine Influencerin mit mehr als 20.000 Followern postet ein #OutfitOfTheDay auf Instagram. Eine Frau postet ein Unboxing-Video ihres Lieblingsproduktes auf YouTube.

Das sind Beispiele dafür, wie deine Produkte den Weg zu potenziellen Neukunden finden, ohne deinen direkten Einfluss. Social-Media-Nutzerinnen sind Menschen auf der ganzen Welt aller Altersgruppen und Backgrounds. Die sozialen Medien sind nicht mehr nur »ein Ding« für junge Leute, die einem Trend hinterherlaufen oder ihn etablieren. Unternehmen nutzen sie, um gezielt auf ihr Produkt/ihre Dienstleistung/ihre Brand aufmerksam zu machen.

Unternehmen stecken immer mehr Geld in SMM. Doch was bedeutet es, in diese Form des Marketings zu investieren? SMM ist die Nutzung sozialer Interaktionen, um einen Mehrwert für Unternehmen und Marken zu schaffen. Es geht darum, die Interaktion zwischen Konsumenten und anderen Konsumierenden sowie zwischen diesen und Unternehmen zu verstehen; sowie den Wert, den solche Interaktionen für die Verbraucher und deine Marke schaffen können.

Interaktion ist Gold wert!

Willst du in den sozialen Medien geschäftlich erfolgreich sein, reicht es nicht aus, eine hohe Zahl an Followern zu generieren. Der entscheidende Faktor ist die sogenannte **Engagement Rate**, also die Interaktionsrate:

> Kommunizieren Follower untereinander?
> Kommunizieren Follower mit der Marke?
> Kommuniziert die Marke mit den Followern?

Der Begriff Kommunikation ist in Zusammenhang mit Social Media weit gefasst und schließt Formen des Feedbacks wie Likes, Shares und Comments ein. Das heißt, die Kommunikation muss in mehr als eine Richtung gehen als nur von dir, als Content-Creator, zum potenziellen Kunden.

Nur eine Werbung über Social-Media-Plattformen zu teilen, ist noch lange kein SMM. Die geschaltete Anzeige wird für dich erst sinnvoll, zahlt also erst auf dein Marketingziel ein, wenn sie das Publikum in ein Gespräch verwickelt und/oder zum Teilen anregt. Social-Media-Marketing ist also nicht eine bestimmte Methode oder geschieht auf einer bestimmten Plattform. SMM beinhaltet die Nutzung verschiedener Kommunikationskanäle, um Marken und Unternehmen zu helfen, ihre Kundschaft besser zu verstehen und durch beziehungsweise mit ihnen ein Bewusstsein für die Marke/das Produkt/die Dienstleistung zu schaffen.

Vom spaßigen Posting zum lukrativen Beitrag

Es ist einfach, Inhalte auf Social-Media-Plattformen zu veröffentlichen. Doch bringen deine Bemühungen dem Unternehmen tatsächlich den gewünschten Mehrwert? Die Entwicklung von Social-Media-Zielen muss mit der Definition der Unternehmensziele beginnen. Zum Beispiel könnte dein B2C-Unternehmen (Business to Customer) das Ziel haben, neue Interessenten zu gewinnen.

Die Nutzung von SMM wäre in dem Fall sinnvoll, um neue Leads zu generieren und so dein List-Building voranzutreiben. Hast du eine ordentliche (große Zahl an relevanten Adressen mit hoher Öffnungsrate) mit Liste zusammen, kannst du im nächsten Schritt eine E-Mail-Kampagne auf die Beine stellen, um zum Beispiel dein nächstes Seminar oder dein neues Produkt zu promoten.

Oder du hast die Umsatzsteigerung deines Geschäftes

zum Ziel, indem du die Ausgaben der Besucher pro Besuch erhöhst. Du könntest Social Media dazu benutzen, Kundinnen zu animieren, bei jedem Besuch einen bestimmten Zusatzkauf zu tätigen. Dein Ziel zu definieren ist wichtig, weil es einen Weg für deine Aktionen vorgibt.

Wir verwenden SMM, um Markenbewusstsein, Wissen und Einstellungen unserer Wunschkunden zu beeinflussen. Wenn Verbraucher deine Marke nicht kennen oder wenn ihre Wahrnehmungen und Bewertungen der Marke negativ sind, werden sie dein Angebot nicht in Betracht ziehen oder folglich nicht kaufen.

SMM hilft dir, genau zu diagnostizieren, ob Konsumenten ein Bewusstsein für dein Business haben, ihnen Wissen über die Marke fehlt oder sogar eine negative Wahrnehmung deiner Marke vorherrscht.

Je genauer du verstehst, wo sich deine Konsumentinnen in ihrer Entscheidungsreise befinden, desto besser kannst du diese Reise steuern und effektive, umsetzbare Ziele dafür entwickeln. Dadurch wird deine Zielgruppe zu einer Handlung motiviert. Diese könnte entweder schon direkt ein Kauf sein oder zumindest ein Schritt in Richtung Kauf: die Registrierung für ein Webinar, das Klicken auf einen Link, die Eintragung in deinen Newsletter usw.

Die Entwicklung klarer und umsetzbarer Social-Media-Marketingziele, die direkt mit deinen Geschäftszielen verknüpft sind und die wiederum mit der Entscheidungsfindung deiner Kunden verbunden sind, ist der erste Schritt zur Entwicklung deiner effektiven Social-Media-Strategie!

Natürlich ist es schön, in den sozialen Netzwerken auch mal etwas Persönlicheres zu posten. Dadurch wirst du für deine Kundinnen nahbar, und sie beginnen, sich mit dir zu identifizieren. Im besten Fall wirst du Teil ihres Alltags. Die Benefits liegen auf der Hand:

- Du kannst deine aktuellen Kunden ermutigen, ihr Lieblingsprodukt häufiger zu kaufen.
- Ihre Loyalität dir gegenüber und deinem Angebot gegenüber wächst.
- Du kannst mithilfe von Social Media schneller und persönlicher (und dadurch effizienter) auf Kundenprobleme reagieren.
- Außerdem kannst du den Input deiner Follower nutzen, um Ideen oder Anregungen in den Produktentwicklungsprozess einfließen zu lassen, indem du beispielsweise Umfragen oder Splittests erstellst.

Die drei Säulen des SMM: Paid, Owned und Earned

Wenn wir anfangen, über Social-Media-Marketing nachzudenken, ist es wichtig, zwischen Paid, Owned und Earned Media zu unterscheiden.

1. **Paid Media:** Bezahlte Medien umfassen jede Art von Medien, für die ein Unternehmen bezahlt, um seine Botschaft an Verbraucherinnen zu kommunizieren:
   - Social-Media-Anzeigen
   - Pay-per-Click- und Display-Anzeigen
   - Retargeting
   - Kooperation mit Influencern (bezahlt monetär oder Gratisprodukte)
   - Bezahlte Content-Promotion
2. **Owned Media:** Owned Media sind die Medien, die vom Unternehmen selbst kontrolliert werden. Oft ist es das Ziel, Verbraucher zu den unternehmenseigenen Medien zu leiten, wo sie direkt mit dem Unternehmen in

Kontakt treten können. Zu den primären Formen von Owned Media gehören:
- die Website des Unternehmens
- Mobile Apps
- Social-Media-Konten auf Facebook, Instagram & Co.

3. **Earned Media:** Earned Media sind die, welche wir als »Mundpropaganda« bezeichnen. Sie resultieren daraus, dass Verbraucher eine Marke in einer Nachricht teilen oder erwähnen, eine Bewertung schreiben und einen Beitrag liken oder kommentieren. Earned Media ist aus zei Gründen wichtig. Erstens ist sie nahezu kostenlos (obwohl natürlich im Vorfeld sehr wohl eine Investition benötigt wird, um Earned Media zu generieren). Zweitens sind Botschaften, die aus dem Freundes- oder Bekanntenkreis stammen, für Verbraucher von Natur aus vertrauenswürdiger und überzeugender als solche, die direkt von einer Marke stammen. Mehr dazu erfährst du im Kapitel **R wie Reputation.**

In fünf Schritten zum SMM-Plan

Im Folgenden zeige ich dir eine Vorlage für den Social-Media-Planungsprozess. Diese besteht aus fünf Schritten und bietet dir einen Leitfaden für deine eigene Umsetzung.

1. **Schritt: Ziele entwickeln:** Social-Media-Marketing beginnt mit einem konkreten Marketingziel; das haben wir ja bereits ausführlich besprochen. Diese Fragen sollen dir bei der Definition deines Zieles behilflich sein:
   - Was willst du mit den Bemühungen rund um Social Media erreichen?
   - Versuchst du die Markenbekanntheit zu erhöhen?

- Möchtest du mehr Sichtbarkeit erzielen?
- Soll die Markenwahrnehmung verändert oder verstärkt werden?
- Möchtest du Daten über deine Zielgruppe sammeln?
- Willst du den (Kunden-)Service verbessern?
- Soll die Besucheranzahl deiner Website gesteigert werden?
- Soll die Anzahl der tatsächlichen Verkäufe maximiert werden? Willst du eine neue Zielgruppe erschließen?
- Möchtest du ein neues Produkt/einen neuen Geschäftszweig etablieren?

2. **Schritt: Nutzeranalyse:** Finde heraus, in welchen Netzwerken dein Wunschkunde aktiv ist. Welche Seiten hat sie oder er abonniert, die deinem Geschäftsmodell ähneln? Auf welche Hashtags wird reagiert? Welche Sprache benutzt dein Wunschkunde? Damit meine ich nicht Deutsch, Englisch etc., sondern die **Art** der Sprache, also beispielsweise der lockere Streetstyle mit spontanem Handyvideo oder stylishe Fotos vom Profi geschossen, seriöses und minimalistisches Auftreten, eher textlastig ... Bevorzugt dein Zielpublikum einen gewissen Stil, kann es durchaus sinnvoll sein, sich diesem in gewisser Weise anzupassen (ohne dein eigenes Branding zu untergraben). Das Verständnis von Überzeugungen, Verhaltensweisen und Einstellungen deiner Wunschkundinnen ist wichtig, um effektive Inhalte entwerfen zu können und die geeigneten Netzwerke für die Verteilung deines Contents auszuwählen.
3. **Schritt: Inhalte erstellen:** Traditionelle Werbung benutzt **einseitige** Medien (Plakatwände, Fernsehen und Radio), um mit den Verbrauchern zu kommunizieren. Das heißt, die Marke liefert, die Kundinnen haben keine Möglichkeit, direktes Feedback zu geben, zu reagieren, geschweige denn zu interagieren. Die Kommunikation ist also einseitig, geht nur in eine Richtung. Im Gegen-

satz dazu geht es bei den Sozialen Medien darum, Menschen in Interaktion miteinander zu verbinden. Das kann sowohl eine Kommunikation von Verbrauchern zur Marke (nicht nur von Marke zu Verbraucher, wie bei den einseitigen Medien) als auch eine Kommunikation von Verbrauchern zu Verbrauchern sein.

Eine weitere Besonderheit bei SMM ist, dass die Marke/das Produkt/die Dienstleistung nicht unbedingt der Hauptbestandteil der Botschaft sein muss. Stattdessen kann sich der Inhalt auf Fragen oder Themen konzentrieren, die für die Verbraucher wichtig sind und die Marke nur eine subtile Rolle spielt. Beispiel Asics Spotswear: Im März 2021 brachte Asics eine neue Linie auf den Markt, die sogenannte Sunrise Red Collection. Asics Europe konzentrierte sich bei der Vermarktung auf den Aspekt, dass Sport die mentale Gesundheit fördert und kooperierte mit Influencern, die sich auf dieses Thema spezialisiert haben. Unter dem Hashtag #sunrisemind sollten die Influencer (und ihre Follower) Fotos posten, die sie beim Sport bei Sonnenaufgang zeigen. Die neue Kollektion wurde nicht in den Vordergrund gestellt, sondern der Effekt von Sport auf die mentale Gesundheit.
SMM-Inhalte sind am effektivsten, wenn sie von Verbrauchern mitgestaltet werden. Wenn Verbraucherinnen Inhalte erstellen und mitentwickeln, wie im Beispiel #sunrisemind von Asics, sind diese Werbebotschaften authentischer und ansprechender und vermitteln ein vertrautes, persönlicheres Gefühl für das Markenbewusstsein.

4. **Schritt: Eine Plattform wählen:** Denk daran, dass es bei Social Media um den Austausch und die Kommunikation zwischen Menschen geht. Daher hängt die Auswahl einer Plattform davon ab, wer kommuniziert und worüber kommuniziert wird. Facebook, Twitter oder Instagram sind übrigens **keine** Sozialen Medien, wie sie im allgemeinen Sprachgebrauch oft genannt werden. Sie sind lediglich Software-Plattformen, die Soziale Medien ermöglichen, also Medien, die zwischen Menschen geteilt werden. Die User der Plattformen sind unterschiedlich und dementsprechend verhält es sich auch mit den Themen, die kommuniziert werden. LinkedIn ist beispielsweise als ein Netzwerk zur Pflege bestehender Geschäftskontakte und zum Knüpfen von neuen geschäftlichen Verbindungen gedacht. Im Gegensatz zu Facebook oder TikTok hat sich LinkedIn auf die Themen Beruf und Karriere spezialisiert. Hier also Fotos von süßen Hundewelpen oder deinem täglichen Mittagessen zu posten, wäre unpassend. Es sei denn, du betreibst eine Welpenzucht oder schreibst Kochbücher ...

> Da du bereits in Schritt 1 und 2 deine Ziele Zielgruppe definiert hast, wird es nun ein Leichtes, die passende Plattform für dein Geschäftsmodell zu wählen.

5. **Schritt: Analyse:** Im letzten Schritt ist es nun an der Zeit, die Effektivität deines Social-Media-Marketings zu überprüfen. Doch wie definieren wir eigentlich den Erfolg einer Kampagne? Anhand von verkauften Produkten? Neuen Followern? Anhand der gesammelten Leads? Und das alles im Verhältnis zur Investition aus Geld, Zeit und Ressourcen?

Die Bewertung des **Return on Investment** (ROI) unserer Social-Media-Ausgaben beginnt damit, dass wir ein sehr klares Ziel haben, das wir erreichen wollen. Haben wir dieses in Schritt 1 definierte Ziel erreicht, müssen wir dies in Verbindung mit den dazu benötigten Mitteln setzen. War die Investition deiner Ressourcen im Vergleich zum erreichten Ergebnis unverhältnismäßig hoch, musst du deine Strategie überdenken und von vorn beginnen, bis du einen Weg gefunden hast, der zu deinem Business und deinen Möglichkeiten passt.

ÜBER DIE 5 SCHRITTE DES SMM-PLANS

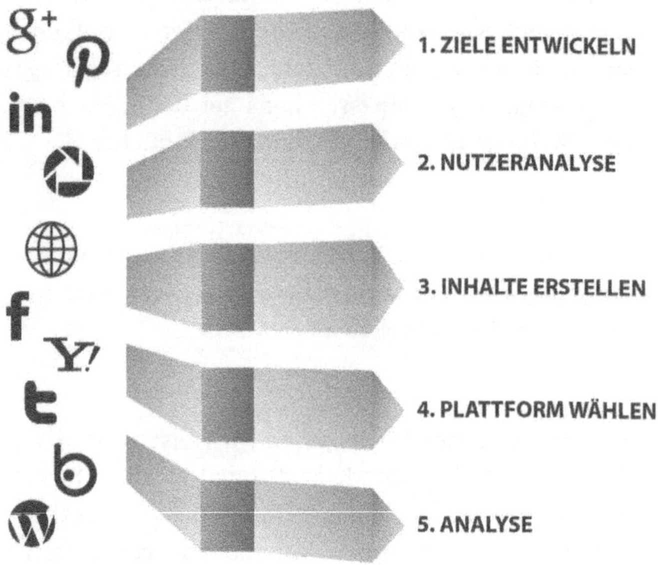

Da soziale Netzwerke dynamisch, menschlich und schnelllebig sind, musst du diesen Prozess immer wieder wiederholen, um auf die stetige Veränderung entsprechend schnell reagieren zu können. Das Verständnis von der speziellen Dynamik des jeweiligen sozialen Netzwerkes ist das Tor zur Entwicklung einer Beziehung von dir als Unternehmerin zu deinen Kundinnen.

Wir werden am ehesten beeinflusst, wenn wir das Verhalten von Menschen beobachten, die uns am meisten ähneln. Das bedeutet: Wenn du als Marke die Dynamik meines bevorzugten Netzwerkes verstehst, dann wirst du nicht nur mich besser verstehen, sondern auch in der Lage sein, mein Verhalten mit einem hohen Grad an Wahrscheinlichkeit vorherzusagen und schlussendlich meine Handlungen zu beeinflussen.

Wie ein Hellseher wirst du das Verhalten deiner Kunden vorhersehen können, wenn du das Verhalten ihrer Netzwerke beobachtest. Denn um nichts anderes geht es bei SMM: Social-Media-Inhalte werden genutzt, um das Verhalten der Konsumentinnen an einem bestimmten Berührungspunkt in der Customer Decision Journey zu deinen Gunsten zu beeinflussen!

Im Social-Media-Marketing stehen dir unzählige Möglichkeiten für diese Beeinflussung (= Content Creation) zur Verfügung:

- Fotos im Feed und in den Storys
- Beiträge in Blogs und Micro-Blogs
- Videos, einschließlich Lives
- Visuelle Inhalte wie Memes und Gifs
- Auditive Beiträge wie Podcasts

Je nach Plattform kommt eine bestimmte Art von Content zum Einsatz. Instagram ist zum Beispiel eher visuell, während Clubhouse rein auditiv ist. Facebook-Gruppen können tiefere Verbindungen zwischen den Teilnehmern erzeugen und eine Community-Struktur entwickeln.

Da sich die Plattformen ständig weiterentwickeln, musst du über die zugrunde liegenden Charakteristika sowohl der von dir zu erreichenden Zielgruppe als auch der von dir gesendeten Botschaft die geeignete Plattform und den dazu passenden Content wählen. Ein Schlüsselelement von Social-Media-Inhalten ist das Verwickeln ihres Publikums in eine Konversation. Je höher deine Conversion Rate ist, sprich je mehr Interaktion du erzielst, desto effektiver ist deine Marketingstrategie und schlussendlich dein ROI.

Warum Menschen Inhalte liken, teilen und kommentieren

Menschen teilen Inhalte, um ein bestimmtes Ziel zu erreichen.

Dazu gehören:

1. **Die Verbesserung des Selbstwertgefühls**
   Deine Strategie: Du hilfst Menschen dabei, sich selbst gut zu fühlen.
   Beispiel: Im Luxusreisesektor hat die Hotelmarke Four Seasons Wettbewerbe durchgeführt. Verbraucherinnen konnten Reisen zu exotischen Orten gewinnen, wenn sie Bilder unter der Verwendung des Hashtags #focusfschallenge posteten: Das Teilen dieser Fotos baut die Selbstidentität der User als anspruchsvolle Reisende auf.
2. **Die Identifikation mit einer Gruppe**
   Deine Strategie: Du erstellst eine Gruppe und schaffst Gemeinsamkeiten.

Beispiel: In unserer geschlossenen Facebook-Gruppe **PUSH UP your BUSINESS** bieten wir den Mitgliedern einen direkten Erfahrungsaustausch untereinander. Außerdem haben die Mitglieder mehrmals in der Woche die Möglichkeit, Werbung für ihre Angebote zu veröffentlichen oder ihre Social-Media-Accounts zu teilen. Durch die gemeinsamen Hashtags #pushupyourbusiness und #puyb ist sofort ersichtlich, wer zur Community dazugehört.

3. **Teilen für nützliche Vorteile**
   (zum Beispiel der Gewinn eines Preises)
   Deine Strategie: Du verschenkst dein Produkt/dein Coaching, bietest ein Freebie an etc.
   Beispiel: Biete deinen Followern einen Anreiz, deine Inhalte in ihrem Netzwerk zu teilen. Räume ihnen zum Beispiel einen Rabatt oder die Chance, einen Preis zu gewinnen, ein. Kooperationen mit Influencern beruhen ebenso auf diesem Prinzip. Die Influencer erhalten Produkte von Unternehmen gratis, dafür bewerben sie diese in ihren Beiträgen oder tragen sie bei Events, wenn es sich um Kleidung oder Accessoires handelt.

Du siehst, Onlinemarketing ist ein spannendes Feld, das es für dich zu entdecken und vor allem zu nutzen gilt. Ich rate dir, dich für den Anfang auf maximal drei Plattformen oder Tools zu beschränken.

Bespiele lieber gezielt und strategisch wenige Plattformen, als auf mehreren tröpfchenweise Content zu streuen, der konzeptionell nicht ordentlich durchdacht ist.

Denn Kontinuität ist hier das richtige Stichwort.

Die meisten Plattformen arbeiten mit einem Logarithmus, der erkennt, wie viel du teilst und wie hoch die Engagement-Rate deiner Follower mit deinem Profil ist. Postest du unregelmäßig, hast du nur wenige Klicks, dann sortiert dich der Logarithmus aus und wird dich im Newsfeed weniger oder sogar keiner Follower mehr anzeigen. Hast du die finanziellen Möglichkeiten, stelle dir Mitarbeiterinnen ein, die sich um dein Onlinemarketing kümmern oder lagere diese Aufgabe an eine Scoial-Media-Agentur aus.

Und was wäre das für ein Kapitel, wenn ich dich jetzt zum Abschluss nicht in unsere geschlossene Facebook-Gruppe einladen würde:

www.facebook.com/groups/pushupyourbusiness

Carina Frei

#Push up your Business

P wie Performance:

Angstfrei und selbstsicher auftreten

Für den Applaus auf der Bühne der Businesswelt ist ein Faktor, der von vielen Menschen zu stark vernachlässigt wird, von allergrößter Bedeutung: die eigene Performance – die Selbstdarstellung! Denn wie wir bei Kunden ankommen, wie wir von potenziellen Investoren oder Geschäftspartnern wahrgenommen werden, ist ein ausschlaggebender Faktor für unseren Erfolg oder Misserfolg.

Als Schauspielerin habe ich viele Jahre an meiner Wirkung gearbeitet. Die Erkenntnis, dass sich die Eigenwahrnehmung oftmals grundlegend von der Fremdwahrnehmung unterscheidet – oder wie es Paul Watzlawik mit seiner Aussage »Man kann nicht nicht kommunizieren« treffend formuliert hat –, war ein großer Schritt in meiner persönlichen Weiterentwicklung und brachte gleichzeitig einen großen beruflichen Einfluss mit sich.

Dass zwischen der eigenen Wahrnehmung und der, wie andere dich sehen, bisweilen eine enorme Diskrepanz bestehen kann, durfte ich 2004 am eigenen Leib erfahren. Ich war damals noch auf der Schauspielschule, und meine Klasse hatte eine Besprechung bezüglich unseres Auftritts bei der Kölner Theaternacht. Mein Kommilitone Tom hatte das Wort, ich hörte seinen Ausführungen aufmerksam zu. Ich weiß noch, wie interessant ich seinen Ansatz fand, als Mirka ihn unterbrach und mich von der Seite anraunzte: »Carina! Was passt dir jetzt schon wieder nicht? Du schaust die ganze Zeit so genervt und abwertend. Sag einfach, wenn dir was nicht passt!« Ich war völlig perplex, hatte ich doch, nur ruhig auf meinen Stuhl sitzend, aufmerksam zugehört. Wie konnte ich also eine derart negative Ausstrahlung vermitteln?

Das Phänomen, dem ich zum Opfer fiel, hat einen Namen: »Resting Bitch Face«. Klingt nicht sehr schmeichelhaft, oder? Wer will schon für eine »Zicke« gehalten werden? Was es damit auf sich hat und was du dagegen tun kannst, erkläre ich später. Was dir diese Anekdote aus meiner Schauspielzeit zeigen soll, ist die Botschaft: Du hast IMMER eine gewisse Ausstrahlung.

Dein Verhalten, deine Gestik, deine Mimik – sie wirken auf andere. Immer! In jeder einzelnen Sekunde.

Es ist also wichtig zu wissen, wie du auf andere wirkst beziehungsweise wie du dein Auftreten dahingehend optimieren kannst, dass du eine möglichst positive und kompetente Performance bietest. Dazu solltest du wissen, welche körperlichen und stimmlichen Signale als schwach oder stark wahrgenommen werden:

Signale der Schwäche	Signale der Stärke
Gesenkter Kopf	Kopf und Blick dem Publikum zugewandt
Hin- und Herpendeln	Sicherer Stand
Gekrümmte Haltung	Aufrechte Haltung
Am Rand stehen	Gelassene Grundhaltung
Raus aus dem Scheinwerferlicht	Suche nach dem Rampenlicht
Verstecken der Hände	Authentische Gestik
Ängstlicher Blick	Offener Blick
Arme eng am Körper	Ellbogen weg vom Körper
Leise/brüchige, piepsige, hauchende Stimme	Feste, sichere Stimme in guter Lautstärke

Gerade wenn es darum geht, vor Publikum souverän zu sprechen und überzeugend zu wirken, ist eine gute und sichere Performance wichtig. Souveränität auszustrahlen, wünschen sich viele. Doch das ist gar nicht so leicht. Wir stolpern durch unseren vorbereiteten Text für den Pitch, hängen mit den Augen am Manuskript unserer Präsentation fest und hoffen, dass wir bald die letzte Seite erreicht haben, um endlich die Bühne oder das Rednerpult verlassen zu dürfen.

Wie wichtig wäre es, in so einem Moment nicht das schüchterne Mäuschen zu sein, sondern eine Person, die das Publikum von den Stühlen reißt. Stattdessen stehst du mit schweißnassen Händen und zitternden Knien da und stellst dir die Frage: »Was zum Teufel mache ich eigentlich hier?«

Die Standardfehler

Mangelnde Souveränität resultiert aus verschiedenen Aspekten. Meistens sind es Standardfehler, die sich einschleichen. Sie zu kennen, hilft dir, an ihnen zu arbeiten.

- **Zu wenig Vorbereitung:** Vorbereitung brauchst du nicht? Schließlich kennst du dich mit dem Thema bestens aus und wirst trotz der Nervosität schon die richtigen Worte finden … Wenn du so denkst, machst du einen der schlimmsten Fehler überhaupt. Auf die Bühne zu gehen, bedeutet intensive Vorbereitung. Wenn du einen Pitch oder einen Vortrag halten darfst, solltest du viel Zeit in die Vorbereitung und Übung stecken. Vor allem, wenn du bisher nicht so viel Bühnen- und Redeerfahrung hast. Das gilt bei einer Keynote genauso wie bei einer Präsentation im Beruf. Mit einer guten Vorbereitung ist übrigens nicht nur die Rede selbst gemeint, sondern auch das Setting, die Stimme und deine Einstellung.

- **Ineffizienter Redeaufbau:** Schon mit den ersten Sätzen kannst du deine Zuhörerschaft fesseln oder zu Tode langweilen. Finde einen lockeren Anfang, der die Zuhörer emotional und inhaltlich anspricht. Es heißt nicht umsonst »Fang immer mit einem Witz an«. Es muss kein Witz sein, eine markante Aussage, das ein Bild im Kopf des Zuhörers entstehen lässt – all das kann ein guter Einstieg sein.

> Ein Beispiel: Bei meiner Keynote **ALPHAWOMEN – Was Frauen am Erfolg hindert** lautet der erste Satz: »Die Schenkel einer Frau sind das Tor zur Hölle!« Du kannst dir sicher vorstellen, dass bei diesem Satz das ganze Publikum hellwach ist und hören will, wie es weitergeht. Ein guter Anfang steigert die Aufmerksamkeit des Publikums und macht neugierig auf mehr. Auch im späteren Verlauf kommt es auf den Aufbau deiner Rede an und die richtige Textgliederung.

- **Hinderliche Ausdrucksweise:** Merke dir folgenden Satz: KENNE DEIN PUBLIKUM! Angenommen, du sollst zwei Reden halten. Eine zum 100-jährigen Jubiläum deines Fußballvereins, bei der dein Publikum hauptsächlich aus Freunden vom Fußball besteht. Die zweite Rede hältst du zum 100-jährigen Jubiläum deiner Firma. Dieses Mal setzt sich die Zuhörerschaft aus der Firmenleitung und Geschäftspartnern zusammen. Würdest du für beide Anlässe die gleiche Rede wählen? Wohl eher nicht.

Deine Rede muss an das Publikum angepasst sein. Nun ist es so, dass es heutzutage leider noch immer als Zeichen hoher Bildung verstanden wird, sich umständlich auszudrücken. Passivkonstruktionen, elendig lange Schachtelsätze und Fremdwörter verbinden sich zu einem Mischmasch, der beeindrucken soll, nur leider von niemandem verstanden wird. Um eine packende Rede vorzutragen, drück dich einfach aus oder deinem Publikum anpasst.
Genauso schlimm wie eine umständliche Ausdrucksweise sind Füllwörter. Sicher kennst du jemanden, der gern Füllwörter wie »also«, »nicht wahr«, »wie gesagt« und so weiter benutzt. Füllwörter haben in einer Rede keine Bedeutung, sie verkommen zu leerem Geplapper. Das wirkt sich auch auf die Qualität deiner Rede aus und in Folge auf das Publikum. Dein Publikum schaltet ab. Finde deshalb heraus, welche »Lieblingswörter« du verwendest und versuche sie zu meiden.

- **Falsche Atemtechnik/schlechter Stimmsitz:** Eine falsche Atemtechnik führt zu gesteigerter Nervosität, einer nicht tragfähigen Stimme, und sie beeinflusst dein gesamtes Auftreten. Ist deine Stimme nicht trainiert, führt das zu Kratzen im Hals oder zu ernsthaften Erkrankungen des Stimmapparates. Außerdem sprechen wir mit ungeübter Stimme meist zu leise oder zu laut – eher unnatürlich. Es ist schwierig, über einen langen Zeitraum mit gleichbleibender Stimmqualität zu sprechen.
- **Schlechte Körperhaltung/negative Körpersprache:** Bei einer Rede oder einem Gespräch wird sehr viel Information über den Tonfall – also die Stimme selbst, die Körperhaltung und verschiedene Gesten transportiert. Das gesprochene Wort macht nur einen kleinen Teil der Kommunikation aus. Wer in sich zusammengesunken herumsteht, keinen Blickkontakt zu anderen aufnimmt oder am Notizzettel klebt, erreicht seine Zuhörerschaft nicht.

- **Negative Einstellung:** Ob deine Performance beeindruckt, steht und fällt mit deiner inneren Einstellung. Selbst wenn du alle anderen Punkte akribisch abarbeitest, wirst du scheitern, wenn dein Mindset nicht auf Erfolg gepolt ist. Die innere Einstellung lenkt dein Denken, dein Fühlen und dein Handeln. Durch negative Glaubenssätze bilden sich mentale Blockaden, die dich unterbewusst sabotieren. Erst wenn du diese Blockaden gelöst hast und dein Mindset neu programmierst, ist nachhaltiger Erfolg möglich. Ansonsten bleibt Persönlichkeitsentwicklung auf einem Mindestmaß und kratzt lediglich an der Oberfläche. Mehr dazu erfährst du im Kapitel **M wie Mindset**.

Alle diese Punkte lassen sich erlernen oder verbessern. Sie führen schließlich zu einer überzeugenden, selbstbewussten Ausstrahlung, die dir in der Geschäftswelt das zusätzliche Quäntchen Vorteil verschafft.

Wenn wir von Ausstrahlung und Performance sprechen, müssen wir uns auch zwangsläufig mit einem leidigen Thema auseinandersetzen, das nicht nur uns Schauspielerinnen zu schaffen macht.

Angst und Lampenfieber

Beschäftigen wir uns zuerst mit der Angst. Denn bereitet uns das Präsentieren, das Sprechen vor und mit anderen ein mulmiges Gefühl, können wir noch so sehr an unserer Stimme arbeiten – wir werden nicht überzeugend agieren können. Die Angst lähmt uns geradezu.

Laut einer Umfrage von Statista 2019 sind die drei größten Ängste einer durchschnittlichen Person:

- Platz 3: Geldmangel
- Platz 2: Höhenangst
- Platz 1: Angst, öffentlich vor vielen Menschen sprechen zu müssen

Das Unwohlsein, sich vor anderen zu zeigen, ist weit verbreitet, wenn auch unterschiedlich stark ausgeprägt. Wir sind uns einig, dass die Situation, vor anderen Menschen sprechen oder referieren zu müssen, keine besonders angenehme ist. Doch müssen wir deshalb direkt mit Angst darauf reagieren? Und vor was konkret haben wir Angst?

Wir haben es mit zwei Ängsten zu tun:
- Die Angst, etwas Falsches zu sagen.
- Die Angst, sich zu blamieren.

Die Angstspirale

Die Ängste, sich zu blamieren oder etwas Falsches zu sagen, gehen Hand in Hand. Sagen wir etwas Falsches oder verhaspeln wir uns, besteht diese Möglichkeit. Durch die Angst vor einer Demütigung sind wir in unserem Denken und Handeln blockiert. Das steigert wiederum das Potenzial, sich zu verhaspeln. Ein Teufelskreis entsteht.

ÜBER DIE ANGSTSPIRALE

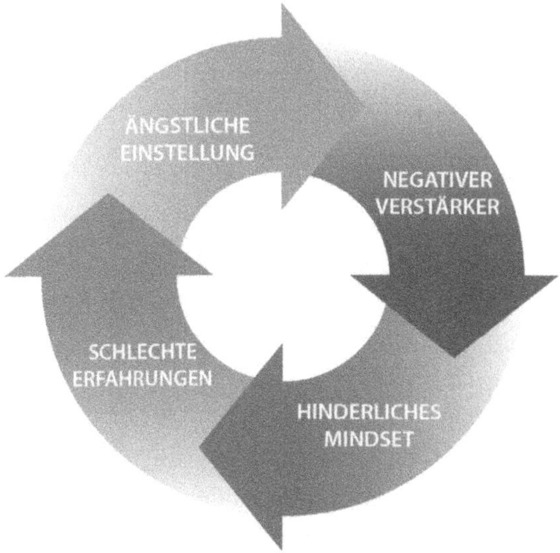

> ÄNGSTLICHE EINSTELLUNG > **PLUS NEGATIVER VERSTÄRKER** >
> **PLUS HINDERLICHES MINDSET** > ERGIBT SCHLECHTE ERFAHRUNG >
> FÜHRT ZU ÄNSTLICHER EINSTELLUNG >

Mit der Aufregung kommen uns die schlimmsten Gedanken in den Sinn: »Ich werde mich blamieren« oder »Die anderen werden mich auslachen.«

Je größer die Angst wird, desto schlimmer gestalten sich die Befürchtungen. Wenn du zusätzlich noch sehr sensibel oder eher schüchtern bist, vielleicht einen Sprachfehler hast, sind deine Ängste wahrscheinlich noch viel ausgeprägter. Diese Punkte wirken zusätzlich als **negative Verstärker** und beeinflussen die Angstspirale unweigerlich.

Nicht alle negativen Verstärker sind für sich allein genommen negativ. Es ist weder schlimm, einen Sprachfehler zu haben, noch ist es von Nachteil, schüchtern zu sein. Beide können jedoch die Angst im Zusammenhang mit einer Blockade verstärken. Wenn du eher schüchtern bist, wird es dir schwerer als manch anderem fallen, am Rednerpult zu stehen und vor Menschen zu sprechen. Dasselbe gilt für Personen, die einen Sprachfehler haben. Viele von ihnen haben Angst, ausgelacht zu werden und sind deshalb lieber still. Halten wir also fest:

Je mehr »negative« Verstärker
vorkommen, desto größer die Angst.

Wohlgemerkt: Angst, oder in abgeschwächter Form Lampenfieber, ist etwas ganz Natürliches. Jeder hat sie, und eine gewisse Grundnervosität ist bei einem Vortrag oder einer Präsentation sogar von Vorteil, denn dadurch sind wir fokussierter.

Lampenfieber ist ein natürlicher Prozess, der aus einem psychobiologischen Programm resultiert: In lebensbedrohlichen Situationen werden im Körper verstärkt Stresshormone ausgeschüttet. Stress ist eine gesunde Alarmreaktion des Körpers. Ein im Kopf fest verankerter Urinstinkt signalisiert, wenn der Körper durch innere oder äußere Faktoren bedroht wird und daher schnell reagieren muss. Binnen weniger Sekunden werden die Stresshormone Adrenalin, Insulin, Cortisol und Noradrenalin ausgeschüttet. Der Puls steigt und die Muskulatur spannt an. Die Atmung wird schneller. Unser Herz-Kreislauf-System läuft auf Hochtouren. Wir wechseln automatisch in den Kampf- oder Fluchtmodus, der ursprünglich unser Überleben sichern sollte. Auch auf der Bühne nehmen wir diese potenzielle Bedrohung wahr.

Menschen sind Rudeltiere!

Wir fühlen uns in Gemeinschaft wohler. Als wir noch Höhlenmenschen waren, Jäger und Sammler, da war es für unser Überleben entscheidend, den Schutz der Gruppe zu genießen. War man allein, war der Tod so gut wie sicher.

Die Angst, von unserem Rudel getrennt zu werden, ist tief in unserer DNS gespeichert. Das spüren wir noch heute. Stehst du auf der Bühne oder am Rednerpult, bist du von der Gemeinschaft separiert; dein natürliches Schutzgefühl entfällt. Du stehst von der Gruppe getrennt allein vor dieser. Das Rudel starrt dich an. Manch Blick suggeriert dir, dass er nur auf dein Scheitern wartet, was wiederum Unwohlsein in dir erzeugt. Dein Instinkt wechselt in den Fluchtmodus. Das heißt, dein Kopf will nur noch weg. So schnell wie möglich raus aus dieser unangenehmen Situation. Dein Körper beginnt Stresshormone auszuschütten. Und schon geht's los: Angst überkommt dich. Du wirst nervös und schüttest noch mehr Stresshormone aus. Die Teufelsspirale beginnt sich zu drehen.

Dein Ziel muss demnach sein, diese Stresshormone herunterzufahren beziehungsweise erst gar nicht entstehen zu lassen. Das ist dein erster Schritt zu einer überzeugenden Performance. Um dieses Ziel zu erreichen und die Ausschüttung von Stresshormonen zu reduzieren, stehen uns verschiedene Mittel und Techniken zur Verfügung. Klassische Methoden wie Entspannungstechniken, Meditation oder Progressive Muskelentspannung helfen, bestehenden Stress aufzulösen und uns im Vorfeld zu stärken.

Sie wirken auf dreierlei Arten auf unseren Organismus:

- **Muskulär:** durch Vermindern von Spannung
- **Kognitiv:** (das Wahrnehmen betreffend) durch Erhöhung der Konzentration
- **Mental:** (den Verstand betreffend) durch Bewirken der Haltung des Geschehen-Lassens

Wenn du die im Beitrag erwähnten Entspannungstechniken erlernen möchtest, um mit einfachen Mitteln Stress zu reduzieren und durch Prävention langfristig auch bei hohen Belastungen gesund zu bleiben, empfehle ich dir das Seminar Stressmanagement: www.pushup-yourbusiness.com/seminare.

Im Seminar zeige ich dir Soforthilfemaßnahmen und gebe dir eine 4-Schritte-Anleitung von der Stressreduktion über Prävention und Stress-Resistenz bis hin zur Resilienz an die Hand.

Stimme und Atemtechnik

Stimme und Psyche sind eng miteinander verknüpft. Sicherlich hast du das auch schon festgestellt: Du bist während eines Gesprächs aufgeregt, möchtest mit kräftiger Stimme antworten und plötzlich kommt nur ein krächzender Laut aus deinem Mund.

Auch wenn wir schlecht gelaunt sind, schlägt sich das meist auf die Stimme nieder: Sie klingt tiefer und rau. Bei Traurigkeit oder Unsicherheit zittert die Stimme. Doch was ist der Grund für die Stimmveränderung? Alle Nerven und Muskeln im Körper reagieren auf seelische Vorgänge. Freude oder Aufregung macht sich durch eine gewisse Körperspannung bemerkbar – die Stimmlage wird höher. Bei Unsicherheit geschieht genau das Gegenteil. Die gesamte Muskulatur erschlafft und mit ihr wird auch die Stimme brüchiger und kraftloser. Sind wir aufgeregt, bekommen wir zusätzlich einen trockenen Mund. Das kann durchaus zum Problem werden, wenn du anfängst, dich mehr auf deinen Mund zu konzentrieren als auf die Worte, die da herauskommen sollen.

Der feine Sekretfilm, der die Rachenschleimhaut überzieht, versiegt, wird weniger, die Schleimhaut trocknet immer mehr aus und reagiert gereizt. Dadurch können die Stimmlippen nicht mehr richtig frei schwingen und deine Stimme klingt kratzig. Um dem vorzubeugen, ist es bei Vorträgen durchaus sinnvoll, ein Glas Wasser an die Seite zu stellen.

Sich ständig zu räuspern, solltest du unbedingt vermeiden. Räuspern ist bei einer kratzigen Stimme zwar naheliegend, nur leider für das Stimmorgan sehr schlecht. Räuspern greift die Stimmlippen an. Die Folge ist ein immer stärker werdender Räusperzwang.

Atmung

Für die Stimme ist die richtige Atmung Grundlage. Damit du verstehst, wie diese funktioniert und warum sie gravierende Auswirkungen auf die Stimme hat, gibt es hier einen kleinen Crashkurs zur richtigen Sprechtechnik:

Unsere Stimme ist das Produkt des menschlichen Stimmapparates. Dieser besteht aus Lunge, Kehlkopf mit Stimmbändern, den darüberliegenden Räumen der Luftröhre, der Kehle, des Mundes und der Nase. Außerdem besteht unsere Stimme aus – für jeden Menschen unterschiedlichen, charakteristischen – Eigenschaften, die von den Hörenden erkannt und bewertet werden. Diese Bewertung erfolgt im Sinne von freundlich/unfreundlich, vertrauenserweckend/verstörend, kompetent/inkompetent, angenehm/nervig … Die Atmung ist Motor und Grundlage der Stimmproduktion. Das heißt, wir müssen uns intensiv mit der **richtigen** Atmung beschäftigen. Alles baut darauf auf, die Atmung bildet unser Fundament.

Ein Atemzug besteht aus vier Phasen:

- Einatmungsphase
- kurze Pause
- Ausatmungsphase
- längere Pause
- und wieder von vorn …

Die Ausatmungsphase ist gegenüber der Einatmungsphase verlängert. Das ist notwendig, weil nur der Ausatemstrom zur Stimmerzeugung benutzt wird. Ein ungeübter Erwachsener kann einen Ton von etwa 15 Sekunden Länge erzeugen, eine ausgebildete Sängerin bis zu einer Minute. Wie schafft sie oder er das?

Mit diesen drei Mechanismen:

1. Es wird stärker eingeatmet.
2. Die Ausatmung erfolgt aktiv.
3. Es wird nicht nur bis zur Ruhelage der Lunge ausgeatmet, sondern der Brustraum wird noch weiter verengt.

Der erste Punkt »Stärker einatmen« ist relativ verständlich. Doch was meint Punkt 2 mit »Aktive Ausatmung«? Aktives Ausatmen bedeutet, die Luft wird nicht unkontrolliert ausgestoßen, sondern ganz bewusst und aktiv gesteuert. Die Ausatmung erfolgt kontrolliert.

Punkt 3 – das Atmen über die Ruhelage der Lunge hinaus meint: Wenn wir ausgeatmet haben, denken wir, unsere Lunge sei nun völlig leer. Das stimmt nicht ganz. In unserer Lunge ist immer noch Restluft. Warum ist es für uns wichtig, das zu wissen? Wenn Menschen beim Sprechen nervös und aufgeregt sind, bleibt ihnen buchstäblich die Luft weg. Sie haben das Gefühl, nicht genug Luft einsaugen zu können. Sie atmen schneller, werden hektischer, ihr Herz fängt immer schneller und schneller zu pumpen an. Nervosität und Aufregung sind die Folge.

Interessant dabei ist, dir geht die Luft gar nicht aus. Im Gegenteil, du hast viel zu viel Luft eingeatmet und fast keine ausgeatmet. Selbst wenn du komplett ausatmest, hast du immer noch genug Restvolumen in deiner Lunge um weiterzusprechen. Dieser Rest reicht für einen vollständigen Satz. Deshalb kommt hier einer der wichtigsten Ratschläge:

Bevor du anfängst zu sprechen:
Atme AUS!

Dadurch wirst du ruhiger, dein Herzschlag langsamer, deine Muskulatur entspannt sich automatisch.

Erinnere dich auch während deiner Rede oder deines Vortrages immer wieder daran, ganz bewusst auszuatmen! Mit speziellen Atemübungen, die du auch im Seminar Stagefear & Performance lernst (www.pushup-yourbusiness.com/seminare), wird sich dein Lungenvolumen vergrößern, dein Stresslevel wird sinken und deine Stimme wird insgesamt souveräner klingen.

Hier zwei einfache Beispiele, die du sofort ausprobieren kannst:

Atemübung 1: Die Pause

Durch diese Übung erreichst du eine Senkung der Herzfrequenz und des Blutdrucks. Der Atem wird nach der vollständigen Ein- oder Ausatmung bewusst für einige Sekunden angehalten:

- Setz dich aufrecht und gerade auf ein Kissen oder einen Stuhl.
- Nimm einige tiefe Atemzüge und beobachte deinen Atemrhythmus.
- Atme anschließend tief und so lange ein, bis deine Lunge vollständig gefüllt ist.
- Halte nun den Atem für ca. 5 Sekunden an.
- Atme anschließend langsam und vollständig aus.
- Wiederhole die Übung so lange, bis sich das Gefühl von Ruhe einstellt.

Atemübung 2: Die bewusste Bauchatmung

Die Bauchatmung trägt dazu bei, den Blutdruck und die Ausschüttung von Stresshormonen zu senken:

- Setz dich aufrecht und gerade auf ein Kissen oder einen Stuhl.
- Entspanne deinen Körper und lege die Handflächen auf deinen Bauch.
- Nimm einen tiefen Atemzug durch die Nase in den Bauch und nimm bewusst wahr, wie sich die Bauchdecke hebt.
- Atme langsam wieder aus und entspanne den Bauch dabei vollständig, ohne zu pressen.
- Wiederhole die Übung, bis sich ein Gefühl von Ruhe in deinem Körper einstellt.

Der Ton macht die Musik

Wenn es um überzeugendes Auftreten in der Geschäftswelt geht, müssen wir auch über Dialekte sprechen. Ich habe in meinen Coachings immer wieder Menschen, die einen starken Akzent oder Dialekt haben. Grundsätzlich dürfen Zuhörer ruhig merken, woher du kommst. Sie dürfen auch hören, dass du dort nicht stehengeblieben bist. Denn gerade im Berufsleben kommt es zu Schwierigkeiten, wenn der Dialekt (oder auch Sprachfehler wie Lispeln) nicht mehr als lustige Eigenschaft, sondern als »provinziell« wahrgenommen werden.

Das Ziel sollte ein gut klingendes, möglichst dialektungebundenes Hochdeutsch sein. Ich wähle bewusst nicht den Ausdruck »schön sprechen«. Wir wollen kein überdeutliches, unnatürliches oder affektiertes Sprechen. Was wir erreichen wollen, ist die Kraft, die Zuhörer zu fesseln. Wie könntest du das erreichen, ohne das Handwerk dazu zu erlernen? Wenn deine Stimme müde, heiser, leise, kratzig oder glanzlos klingt? Wenn dein Dialekt die Verständlichkeit erschwert oder deine Betonung monoton und einschläfernd wirkt. Wenn der Mut zu Pausen fehlt oder zu großem Ausdruck.

Unsere Stimme besteht aus für jeden Menschen unterschiedlichen charakteristischen Eigenschaften, die vom Hörer erkannt und bewertet werden. Die individuelle Stimme ist also ein wichtiges Merkmal. Außerdem übermittelt sie wesentliche soziale Signale, nicht nur durch verbale Information, also die Worte an sich, sondern auch durch nonverbale Merkmale wie Anspannung. Und jetzt wird's interessant: Jeder Satz wird vom Sender, also der sprechenden Person – in diesem Fall von dir – auf zwei Wegen transportiert, um beim Empfänger, der zuhörenden Person, anzukommen.

Der erste Weg ist die sogenannte **Textebene.** Damit sind die gesprochenen Worte gemeint. Der zweite Weg ist die **Gefühlsebene.** Damit ist das Gefühl gemeint, mit dem du diese Worte aussprichst. Du kannst einen Satz auf mehrere Arten sprechen. Text- und Gefühlsebene stimmen überein: »Heute ist ein richtig toller Tag, richtig toll!« Du meinst es ehrlich, deine Stimme signalisiert Freude und Euphorie. Die gesprochenen Worte stimmen mit dem transportierten Gefühl überein. Diesen Satz kannst du mit einem anderen Gefühl aussprechen, zum Beispiel mit Ärger oder Wut. Gleicher Text – völlig veränderte Gefühlsebene.

Es kommt beim Sprechen nicht
nur darauf an, WAS du sagst, sondern ganz
entscheidend ist, WIE du es sagst.

Die Eigenwahrnehmung spielt uns manchmal einen Streich. Das heißt, du bist vielleicht der Meinung, du warst in einem Gespräch freundlich und locker, dein Gesprächspartner empfand dich jedoch als arrogant und herablassend. Je mehr du das Spiel mit der Gefühlsebene übst, desto leichter wird es dir später fallen, Emotionen in deinen Pitch oder deinen Vortrag einzubauen und eventuelle Unsicherheiten zu kaschieren.

Die Atmung ist, wie schon gesagt, die Grundlage für eine kraftvolle Stimme. Der Klang rundet deine Aussage ab.

Mit einfachen Tipps kannst du jede Menge für deinen perfekten Auftritt herausholen:

Versuche, bei deiner Präsentation kraftvoll zu sprechen, aus dem Bauch heraus. Auch in der letzten Reihe soll man dich noch gut verstehen können. Schauspielern wird beigebracht, immer für die LETZTE Reihe zu sprechen, nicht für die erste. Nichts ist schlimmer als eine redehaltende Person mit leiser Stimme, die man nicht verstehen kann. Sprich außerdem nicht zu schnell. Du musst dich nicht hetzen. Dadurch gibst du nicht nur dir selbst die Möglichkeit, ruhig zu bleiben und in Ruhe zu atmen, sondern du gibst den Zuhörern die Chance, deine Worte aufzunehmen und zu verarbeiten.

Körperhaltung und Körpersprache

Mindestens genauso wichtig wie die Stimme ist die Körperhaltung, denn sie beeinflusst sowohl deine Stimme als auch dein Auftreten. Bei einem Vortrag kommt es nicht nur auf den Inhalt, sondern auch auf die richtige Körpersprache an. Unabhängig davon, ob wir reden oder nicht, kommunizieren wir immer. Haltung, Mimik und Gestik unterstreichen deine gesprochenen Worte.

Wir wissen bereits, wie die Stimme gebildet wird und wie wichtig die richtige Atmung ist. Entscheidend dafür sind Lunge und Lungenvolumen. Um der Lunge genügend Platz zu geben, sich richtig entfalten zu können, brauchen wir eine aufrechte Haltung. Ganz klar, wenn unser Rücken gekrümmt ist, ist unsere Lunge eingeengt und eine tiefe Bauchatmung nicht möglich. Mit einer aufrechten Körperhaltung, mit Spannung im Körper und Elan in der Stimme, wird deine Ausstrahlung präsent sein, bevor du mit deiner Rede beginnst. Das Publikum wird merken: Du hast was zu sagen, im Gegensatz zu jemandem, der in sich zusammengesunken dasteht. Dem werden kaum Beachtung oder Gehör geschenkt.

Der neutrale Stand

Stell dich gerade hin, die Beine stehen parallel zur Schulterbreite, der Blick ist geradeaus auf Augenhöhe neutral in den Raum gerichtet. Du schaust ins Leere, das heißt, du fixierst keinen bestimmten Punkt. Der Hals ist gestreckt, das Kinn zieht leicht Richtung Kehlkopf. Dadurch wird dein Nacken gestreckt, deine Halswirbel richten sich auf und deine Schultern sind entspannt. Die Knie sind leicht gebeugt und nicht nach hinten durchgedrückt.

Im neutralen Stand stehst du ruhig, sicher und fest. In dieser Haltung kannst du nun ein paar Mal tief ein- und ausatmen. Das ist deine Grundposition. Die brauchst du nicht strikt während deiner ganzen Rede einzuhalten, das wirkt eher steif. Diese Ausgangsposition soll dein Ankerpunkt sein. Du kannst immer wieder in diese Position zurückkehren, um dich zu sammeln.

Auch der Blickkontakt ist entscheidend dafür, ob dir dein Publikum zuhört. Schau während deiner Rede immer wieder den Menschen in die Augen. Lass deinen Blick über die Menge schweifen. Denk daran, du befindest dich im Dialog mit den Zuhörern. Wer mit gesenktem Kopf dasteht und den Blick auf seine Notizen richtet, verschenkt die Aufmerksamkeit seiner Zuhörerschaft.

Durch unsere Körperhaltung geben wir oft viel mehr über uns preis, als uns lieb ist. Auf der anderen Seite lassen uns übertriebene Gesten nicht authentisch wirken. Eine gute Körperhaltung und eine solide Körpersprache sind für den selbstsicheren Auftritt unumgänglich. Das gesprochene Wort macht in der Kommunikation nur einen kleinen Teil des Inhalts aus. Wir nehmen die Körpersprache bei einem Gespräch ständig wahr und interpretieren sie automatisch. Deine Körpersprache kann Selbstbewusstsein oder Unsicherheit, Nähe oder Distanziertheit, Wahrhaftigkeit oder mangelnde Authentizität ausdrücken und noch vieles mehr.

Resting Bitch Face

Gerade Frauen passiert es häufig, dass ihnen vorgeworfen wird, übellaunig dreinzuschauen. Im neutralen Zustand wird der Gesichtsausdruck als latent genervt, abweisend oder arrogant vom Gegenüber interpretiert. So ähnlich wie bei meinem Beispiel am Anfang dieses Kapitels.

Die Programmierer Abbe Macbeth und Jason Rogers

des Tech-Unternehmens Noldus Technology entwickelten die Software FaceReader, mit der sie Gesichtsausdrücke analysierten, um die Frage zu beantworten: Warum wirken manche Menschen auf den ersten Blick unsympathischer als andere, obwohl ihr Charakter möglicherweise gar nicht diesem Eindruck entspricht? Das Ergebnis war verblüffend. Denn bei allen analysierten Menschen, denen ein Resting Bitch Face nachgesagt wurde, erkannte die Software die Emotion Verachtung, während bei den »Normalos« ein emotional neutraler Ausdruck gewertet wurde.

Dass der genervte Gesichtsausdruck häufiger bei Frauen wahrgenommen wird, ist lediglich ein gesellschaftliches Phänomen. Von Frauen werde nämlich erwartet, immer fröhlich auszusehen und zu lächeln, so Macbeth. Dann würden sie als freundlich wahrgenommen. Bei Männern ist es demnach gesellschaftlich akzeptierter, grimmig dreinzublicken, weshalb das vom Gegenüber nicht sofort negativ ausgelegt wird.

Solltest du unter einem Resting Bitch Face leiden, bleibt dir nichts anderes übrig, als in Interaktion mit anderen Menschen deinen Gesichtsausdruck zu kontrollieren und immer leicht zu lächeln. Dies sollte auf dezente Art geschehen, nicht zu übertrieben. Dieser Ratschlag mag dir vielleicht sauer aufstoßen und selbstverständlich wäre mir lieber, ich könnte im Zeichen von Selfempowerment etwas anderes empfehlen. Fakt ist aber, dass diese Missinterpretation Auswirkungen auf deinen Job und auf dein Sozialleben haben kann. Und spätestens dann ist das Resting Bitch Face weder witzig noch etwas, worüber wir hinwegsehen können. Denn dann ist es für dich ein ernst zu nehmender Faktor für deine Erfolgsaussichten.

Durch einen kontrollierten, positiven Gesichtsausdruck wirkst du auf dein Gegenüber so, wie du dich im innersten auch tatsächlich fühlst und läufst nicht Gefahr, aufgrund einer falschen Fremdwahrnehmung als arrogant oder herablassend abgestempelt zu werden.

Körpersprache

Körpersprache passiert zum großen Teil unbewusst. Das Erröten, wenn wir aufgeregt sind oder uns etwas peinlich ist, können wir nicht kontrollieren. Anderes lässt sich hingegen eher steuern, wie zum Beispiel ein fester Händedruck, Blickkontakt, Nähe durch Lächeln oder eine bestimmte Gestik aufbauen.

So vermitteln offene Handflächen Vertrauen und Offenheit. Ein leicht vorgebeugter Oberkörper steht für Interesse oder Sympathie. Ständige Gewichtsverlagerung der Beine deutet auf Unruhe und Nervosität hin. Auch Körpersprache kann geübt werden. Nimm dich am besten mit der Kamera auf und überprüfe deine Körperhaltung und deine Körpersprache. Wo ist noch Verbesserungspotenzial? Was kannst du üben, um Selbstsicherheit auszustrahlen?

Arbeite an deiner Ausstrahlung, deiner Körperhaltung und Stimme genauso intensiv wie an der Rede vor großem Publikum selbst. Eine gute Performance ist ein wichtiger Schritt zu dauerhaftem Erfolg und bedarf ebenso großer Aufmerksamkeit wie die Qualität deiner Produkte, die Optik deiner Homepage oder die Gestaltung deines Onlinemarketings. Eine überzeugende Performance kann dich auf dem Weg zu deinem Erfolg erheblich unterstützen und dir sowohl einen Vorsprung zu deiner Konkurrenz als auch die Gunst deiner Käufer sichern.

Um deine Performance zu verbessern und dich in diesem Bereich zu trainieren, habe ich exklusive Onlineworkshops erstellt, die mein Wissen aus über 20 Jahren Bühnenerfahrung und Präsenztraining vereinen. Mit dem **PERFECT PERFORMANCE BUNDLE** erhältst du alles, was du für einen gelungenen Auftritt brauchst: ausführliche Videocoachings mit Tipps und Tricks, um deine Nervosität in den Griff zu bekommen, außerdem zeige ich dir, wie du mit einfachen Mitteln, schnell und kostengünstig deinen Onlineauftritt bei Zoom & Co verbesserst und on top erhältst du meinen Amazon E-Book-Bestseller »**Vom schüchternen Mäuschen zur Rampensau!**«

www.pushup-yourbusiness.com/online-gut-aussehen

Carina Frei

#Push up your Business

Q wie Qualität versus Quantität:

Klasse oder Masse?

Wenn du mit deinem Business startest, gilt es vorab, einige grundlegende Überlegungen anzustellen und Entscheidungen zu treffen. Eine dieser Überlegungen betrifft die Frage nach Qualität und Quantität.

Möchtest du dein Produkt/deine Dienstleistung möglichst vielen Menschen zugänglich machen, durch einen günstigen Preis und eventuell geringere Qualität, oder möchtest du ein qualitativ hochwertiges Produkt auf den Markt bringen, dessen Zielgruppe durch den hohen Preis kleiner ausfällt? Beide Wege funktionieren. Die Entscheidung, welchen Weg du wählst, liegt wieder einmal ganz bei dir. Ob Möbel, Coaching oder Drogerieartikel – überall steckt die Frage Qualität versus Quantität dahinter.

Ein Beispiel: Bietest du On-Demand-Onlinecoaching an, dessen Preis für die breite Masse leistbar ist, dem es aber an individueller Kundenbetreuung fehlt, oder entscheidest du dich für intensives Eins-zu-Eins-Coaching, das du aufgrund des sehr viel höheren Aufwands nur wenigen VIPs zur Verfügung stellen kannst?

Stell dir folgende Fragen:

- Welches Produkt willst du anbieten?
- Was von beiden findest du »besser«?
- Wofür willst du stehen?
- Was zählt in der heutigen Zeit der Aufmerksamkeitsökonomie, der Medien?
- Was zählt für dich selbst?
- Gibt es für dich Schwarz oder Weiß, wie sehen deine individuellen Grautöne aus?

Alles eine Frage der Entscheidung

Wir Menschen sind Herdentiere und somit auf das Gefühl der Zugehörigkeit und Anerkennung angewiesen. Das spricht von diesen Grundbedürfnissen her zunächst für eine Sichtbarkeitsstrategie, damit verbunden für Quantität. Denn je mehr Menschen mein Produkt kaufen, desto größer wird auch die vermeintliche Anerkennung, die ich erhalte, ein klares Zeichen also, auf Quantität zu setzen.

Zugleich möchten wir als Individuum wahrgenommen werden, uns abheben von der Masse und Einzigartigkeit leben – das würde nun wiederum für eine Qualitätsstrategie sprechen (die Qualität der Inhalte, der Kommunikation, der Ansprüche), welche durch die Exklusivität mit weniger Kontakten einhergeht.

Die menschlichen Ziele **Fun, Fame, Fortune** und **Wirkung** stehen teilweise im Widerspruch zueinander. So gilt es, die eigenen Bedürfnisse in ihrer Priorität zu erkennen und auch im Business umzusetzen. Denn dein Business ist Ausdruck deiner Prioritäten. Also, was tun?

Woher komme ich?

Dein persönlicher Background kann Aufschluss liefern, ob du eher Qualität oder Quantität bevorzugst. Ich will dir das an einem Beispiel verdeutlichen: Unsere gegenwärtige Ernährungsweise ist so vielfältig wie wir Menschen selbst. Es gibt Vegetarier, Veganer, Flexitarier, Trennköstler, Makrobiotiker, Clean Eater, Pescetarier, Rohköstler und noch einige mehr. Es gibt unwahrscheinliche viele Formen der Ernährung. Für viele Menschen spielt auch die Verarbeitung der Lebensmittel eine Rolle. Sind diese frisch und unverarbeitet oder stammen sie aus der Konservendose. Genau hier muss jeder seine eigenen Bedürfnisse prüfen, erkennen und für sich die Entscheidung treffen, wo er steht. Falls du Fleischliebhaber bist und ein saftiges Steak schätzt, kannst du dir eines um die Ecke im Supermarkt kaufen oder bei einem Biofleischer ein Steak vom Charolais Rind, was ungefähr viermal so teuer ist.

Was will ich damit sagen?
Qualität ist mengenmäßig meist begrenzt, um diese in ihrer Güte für den Verbraucher leisten zu können, im Gegensatz zum »Massen«-Betrieb, wo oft auf Kosten der Qualität produziert wird, um den Markt ausreichend bedienen zu können. Selbstverständlich gilt das auch für andere Beispiele, die etwa unsere Umwelt betreffen und unzählige Beispiele aus der verarbeitenden Industrie, beispielsweise von Plastik. Was heißt das nun?

Als Unternehmer stellt sich für dich die Frage, wie du alle deine Prioritäten bestmöglich in deinem Produkt integrieren und nach außen kommunizieren kannst. Denn das sind deine Motivatoren, die dich dein Produkt in die Welt und zu den Menschen bringen lässt.

Was möchte ich?
Vielleicht weißt du bereits, ob dir Qualität oder Quantität mehr zusagt. Wenn nicht, kann dir eines der verschiedenen Persönlichkeitsmodelle weiterhelfen. Wohin du dich gezogen fühlst, ist typenabhängig. Doch egal ob ich das DISG-, das MOBIL-, das MBTI-, das Enneagramm- oder ein anderes Persönlichkeitsmodell verwende, es stellen sich immer dieselben Fragen: Bin ich eher extrovertiert oder introvertiert, bin ich eher sach- oder eher menschenorientiert? Welches Dienstleistungsangebot passt zu mir?

Für wen und womit kreiere ich Mehr-WERT?
Das liegt meist im Auge des Betrachters. Da diese aber in einer Vielzahl vorhanden sind, suche die Antwort nicht im Außen, also bei deinen Kunden bzw. Betrachtern. Sondern

finde diese in dir, durch die im Absatz vorher beantwortete Frage: Was möchte ich?

Gibt es nur Schwarz oder Weiß bzw. wie sehen deine individuellen Grautöne aus?
Es gibt nicht nur Entweder-oder. Du gibst die Balance zwischen der von dir angebotenen Qualität und Quantität für dein Unternehmen vor. Je nachdem, wo und wie du die Prioritäten von Wertschöpfung für dich setzt und der Definition des Wertes an sich.

Mache dir die Unterschiede bewusst

Worum geht es für dich als Unternehmerin? Grundsätzlich gilt es festzuhalten, dass sich dein Produkt, deine Dienstleistung, deine Unternehmung hinsichtlich der Qualität und/oder Quantität gegenüber deinen Mitbewerbern unterscheiden kann. Je nachdem, wo du deinen Schwerpunkt setzt, hat dies Auswirkungen auf deine Zielgruppe, deine Vertriebswege, deine Kommunikation und deinen Unternehmensauftritt. Lass uns vorab klären, was ich unter quantitativ und qualitativ verstehe, um mit dir einen gemeinsamen Nenner zu finden und um Missverständnissen vorzubeugen.

Quantitativ meint, was sich mit verschiedenen Methoden messen, zählen, analysieren beziehungsweise testen oder via Umfrage und Marktbeobachtung eruieren lässt. Es geht also um die Menge oder die Häufigkeit von Ereignissen. Das kann Produkte betreffen, Events oder andere Angebote am Markt.

Qualitativ dagegen beschreibt den Sachverhalt, gibt also Auskunft darüber, wie die Beschaffenheit ist und ermöglicht ein tieferes Verständnis beispielsweise zu einer Situation. Das tiefere Verständnis kann die Eigenschaftsbeschreibung von Produkten betreffen, ob diese Bio oder Fairtrade sind.

Der Sachverhalt wiederum bezieht sich auf die Beschaffenheit, die Eigenschaft oder den Wert einer Sache, welche wiederum von den Kunden bestimmt wird.

Praxisbeispiele

Um dir das Ganze zu verdeutlichen, habe ich mir die Möbelbranche als Beispiel ausgesucht. Zum einen das schwedische Einrichtungshaus IKEA und zum anderen das deutsche unkonventionelle Möbelunternehmen KARE.

IKEA – wohnst du noch oder lebst du schon?
Rund eine Million Menschen arbeitet mit und bei IKEA an der Vision, vielen Menschen einen besseren Alltag und ein angenehmeres Wohnambiente zu schaffen. Gemeinsam wollen sie eine wunderbare Zukunft erschaffen. Sie sind die Erfinder der flachen Möbelpakete, es geht ihnen um ein schönes Design bei guter Funktionalität und nachhaltiger, guter Qualität zu einem niedrigen Preis. Es geht darum, für die Kundinnen ein breites Sortiment formschöner, funktionsgerechter Einrichtungsgegenstände zu günstigen Preisen anzubieten.

Da IKEA weltweit viele ganz unterschiedliche Menschen anspricht, kann das international agierende Unternehmen große Mengen produzieren und dafür bessere Angebote bei den produzierenden Unternehmen aushandeln. Das wirkt sich wiederum auf den Verkaufspreis der Produkte für Kunden positiv aus. Zudem spart sich das Möbelhaus durch sein Konzept der flachen Pakete Lager- und Transportkosten. Dieses Geld kann nun anderweitig zur Steigerung der Produktqualität eingesetzt werden beziehungsweise der Preis niedrig gehalten werden, da die Endverbraucher keine großen Liefer- und Lagerhaltungskosten zahlen müssen.

Meines Empfindens nach ist die Zielgruppe eher jünger und das Einrichtungshaus gerade auch beispielsweise für Studierende, Azubis und alle, die ihre erste eigene Wohnung einrichten, interessant. Kleine Budgets und große Wirkung in der Wohnung durch das angebotene Preis-Leistungs-Verhältnis.

KARE – Spaß am Wohnen

KARE sagt von sich selbst: Es steht für einzigartige Wohnideen, unangepasst und authentisch, niemals langweilig und immer voller Fantasie und Inspiration. Das Team überrascht ihre Kundinnen, Fans und Handelspartner mit einer Vielfalt von Möbeln, Leuchten und Wohnaccessoires. Jedes Stück drückt die Leidenschaft des Möbelanbieters für Design aufs Neue aus. KARE agiert ebenso weltweit und kooperiert mit verschiedenen Unternehmen. Dazu gehören auch Fundstücke aus kleinen Handwerksbetrieben, Möbel-Unikate mit Wow-Effekt sowie liebevoll von Hand gearbeitete Massivholzmöbel, die fürs Leben bleiben. Das Unternehmen ist offen für Neues, es ist spontan, mutig und hat dafür Trend-Scouts und Kreative engagiert. Es stellt sich den Nullachtfünfzehn-Konzepten konsequent entgegen. Als Trendkatalysator möchte das Unternehmen somit schneller, smarter und erfolgreich am Markt sein.

Wer ist hier die Zielgruppe? KARE antwortet so: »Unsere Möbel sind für Querdenker und Romantiker, für Wilde und Durchgestylte, für Paradiesvögel und all jene, die hinter ihrer Haustüre alle Zwänge abstreifen.« Wenn du nun einen Blick auf das Sortiment von KARE wirfst, erkennst du auf den ersten Blick, dass sich die Preise in einem höheren Segment als bei IKEA befinden. Was eben auch auf der Produktion, Lieferung, Exklusivität, dem Lifestyle und allem, was mit verkauft wird, beruht. Bei IKEA geht es weniger um die Individualität, sondern mehr um das Preis-Leistungs-Verhältnis. Das wird auch dadurch begünstigt, dass du die Möbel selbst direkt aus dem Lager abholen kannst. Bei

KARE dagegen bezahlst du für den Service, nicht zu deren Lager fahren zu müssen, deine Möbel bereits voll montiert zu erhalten und direkt zu dir nach Hause geliefert zu bekommen. Sicherlich findest du darunter Einzelstücke, welche nur du dein Eigen nennen darfst und kannst.

Quantität versus Qualität: Was ist deine Vision?

Wie sieht deine Unternehmensvision aus? Möchtest du möglichst vielen Menschen deinen Service anbieten oder sagst du: »Meine Vision ist der exklusive Markt, hochwertige Produkte und Dienstleistungen.« Dann wird es durch besondere Qualitätsmerkmale hervorstechen; also durch einen entsprechenden Mehrwert, der diese Qualität widerspiegelt. Deine Kunden werden den daraus resultierenden Vorteil wertzuschätzen wissen und dir entsprechend vergüten.

Wie du siehst, hängt alles zusammen. Je nach Absatzausrichtung gestalten sich deine Verkaufs- und Vertriebswege sehr unterschiedlich und somit auch deine Kostenkalkulationen und die Ergebnisse. Ebenso verschieden wie dein Investment, deine Preisgestaltung oder der Return of Investment. Es zeigt sich, wie viel Lager und Humanpower du für deine Firma benötigst, was du outsourcen kannst und worauf dein gesamtes Marketing beruht. Eine klare Vorstellung von Beginn an über dich als Unternehmer mit einer klaren Vision, sowie ein gutes, solides Konzept sind unabdingbar, damit du den richtigen Leitfaden für dein Business in den Händen hältst.

Erstelle dir einen eigenen Leitfaden und sei für deine Planung und Ausrichtung hinsichtlich Qualität und Quantität gerüstet. In jedem Schritt des Prozesses kannst du sehen, wie deine Ausrichtung dadurch einen unterschiedlichen Fokus erhält und sich entsprechend anders gestaltet.

Michaela Forthuber
#Entscheidungsarchitektin

R wie Reputation:

Wichtig für dein Business

Ein Sprichwort sagt: »Dein guter Ruf eilt dir voraus.« Gerade als Unternehmerin ist es wichtig, einen guten Ruf zu genießen. Persönlich natürlich, aber in erster Linie in Bezug auf dein Unternehmen. Doch was bedeutet Reputation eigentlich?

Was bedeutet Reputation?

Die Definition für den betriebswirtschaftlichen Kontext von Robert Burkhardt (Reputation Management in Small and Medium-sized Enterprises) lautet wie folgt: »**Reputation im Sinne von Unternehmensreputation ist die Gesamtheit dessen, wie ein Unternehmen von seinen Interessengruppen unter Einbezug vergangener und zukünftiger Aspekte wahrgenommen wird. Sie ist ein Extrakt verschiedener individueller Erfahrungen, Anforderungen und kognitiver Einstellungen, die es Menschen ermöglicht, das zukünftige Verhalten eines Unternehmens und dessen Auswirkung auf ihre Bedürfnisse zu antizipieren. Eine positive Reputation wird charakterisiert von vier Dimensionen: Glaubwürdigkeit, Zuverlässigkeit, Vertrauenswürdigkeit und Verantwortung.**«

Der Ruf definiert sich als »die allgemeine Meinung, die Menschen über jemanden oder etwas haben«. Reputation meint übrigens nicht das Gleiche wie Image. Image (in Bezug auf das Unternehmen) zeigt den Gesamteindruck eines Unternehmens auf eine Person. Während Reputation darauf abzielt, den langfristigen Unternehmenswert dauerhaft zu steigern, ist Image ein kurzfristiges Phänomen, um den aktuellen Wert zu steigern, indem potenzielle Kunden angelockt werden. Es unterliegt permanenten Änderungen, die reflektieren, wie ein Unternehmen von seinen Zielgruppen betrachtet werden möchte. Um dies zu erreichen, kann das Image mittels unterschiedlicher Wege (zum Beispiel Kampagnen, neues Branding etc.) auch relativ kurzfristig angepasst werden, wie ich hier am Fallbeispiel von McDonald's verdeutlichen möchte.

Um das Image der Fastfoodkette 2008/2009 neu zu gestalten und sich insgesamt gesünder und bewusster zu präsentieren, wandelte McDonald's seine ursprüngliche Farbe Rot in Grün. Der Farbwechsel sei als Bekenntnis und Respekt vor der Umwelt zu werten, sagte Holger Beeck, Vizechef McDonald's Deutschland, der **Financial Times Deutschland** in einem Interview. Galt das Image von McDonald's in den Jahren vor der Kampagne als schlecht und wurde besetzt mit Werten wie »ungesundes Junkfood«, »Umweltverschmutzung durch massenhafte Plastikverpackung«, wurde dieser Eindruck durch den Imagewandel geändert. Den Anfang machte, wie gesagt, eine neue Farbgestaltung. Auch im Interieur wurde mit Neuerungen gearbeitet. Launchecken, Holzverkleidungen, Braun- und Beigetöne wurden eingeführt. Durch das erweiterte Angebot von Kaffeespezialitäten, Kuchen und Cookies verpasste das Unternehmen der gesamten Marke einen neuen Anstrich, veränderte das Image und hob so das gesamte Firmenniveau.

Die Auswirkungen, die der Ruf auf ein Unternehmen hat, können mitunter gravierend sein. Negative Bewertungen im Internet können schnell die Runde machen, den Fokus der Kundinnen gezielt auf Schlechtes richten und sich so zu einem Lauffeuer verbreiten. Gerade in der heutigen Zeit der sozialen Medien und Onlinebewertungen ist eine positive Reputation pures Gold. Vorteile eines guten Rufs:

Ein guter Ruf

- hebt dich von Mitbewerberbern ab.
- verstärkt die Treue deiner Kundinnen.
- senkt deine Marketingkosten.
- vergrößert die Auswahl potenzieller Mitarbeiter.
- schafft Wachstumschancen.
- erzielt einen höheren Unternehmenswert.

Eine positive Reputation spielt eine wichtige Rolle im Kaufprozess. Deshalb solltest du dich ausführlich mit diesem Thema beschäftigen. Denn Reputation macht dich für deine Kunden berechenbar. Sie wissen, was sie bei dir bekommen und werden deine Produkte in Zukunft auch ohne zu überlegen kaufen, da sie deine Qualität kennen. Sie vertrauen deiner Reputation!

Ein guter Ruf erleichtert deinen potenziellen Kundinnen, eine Kaufentscheidung zu treffen. Er öffnet Türen zu unternehmerischen Möglichkeiten und ungehinderten Zugang zu deinem idealen Kundenstamm. Der Ruf deines Unternehmens ist einer der wichtigsten Aspekte für dich, denn er wirkt sich auf alles aus – von der Anzahl der Follower in sozialen Medien bis hin zu deinem gesamten Geschäftsumsatz.

Wenn die Menschen dir oder deiner Marke vertrauen, empfehlen sie dich eher Freunden weiter, kaufen wieder bei dir und verzeihen sogar Pannen oder Fehler. Wie bereits erwähnt, entsteht eine positive Reputation durch die Aspekte:

- Vertrauenswürdigkeit
- Glaubwürdigkeit
- Zuverlässigkeit
- Verantwortung

Wege für den Vertrauensaufbau

Vertrauen kann nicht von außen aufgebaut werden, es muss sich verdient werden. Im Folgenden erhältst du Techniken und Methoden, mit deren Anwendung du den Vertrauensaufbau bestärken kannst.

Homepage

Die Homepage ist das Schaufenster zu deinem persönlichen Laden. Sie sollte einen möglichst positiven ersten Eindruck vermitteln, der die Besucher neugierig auf mehr macht. Wie deine Homepage aufgebaut sein sollte, um auf das Konto einer guten Reputation einzuzahlen, hast du bereits im Kapitel **H wie Homepage** erfahren. Auf einzelne Punkte jenes Kapitels gehen wir hier noch einmal gezielter ein.

Referenzen und Testimonials

Wer könnte für deinen Ruf besser sorgen als zufriedene Kundinnen? Lass die Leute wissen, mit wem oder für wen du gearbeitet hast. Das schafft Vertrauen und hebt dich von der Konkurrenz ab. Wie du diese Referenzen präsentierst, ist Geschmackssache und bleibt dir überlassen. Hast du bereits mit bekannten Firmen zusammengearbeitet, lohnt es sich, deren Logos gesammelt auf der Startseite zu zeigen. Bekannte Logos springen Besucherinnen direkt ins Auge, machen dich interessant und hochwertig.

Ebenfalls ein wichtiges Tool für Vertrauensaufbau sind Testimonials, also Kundenstimmen. Hier müssen es nicht unbedingt namhafte Gesichter sein, die Auskunft über deine Arbeit geben – authentisch, positiv und ehrlich soll das Feedback sein. Ein schriftliches Statement oder noch besser ein kurzes Video deiner zufriedenen Kunden unterstreicht nochmals die Wertigkeit deiner Arbeit oder deines Produktes. Es ist erwiesen, dass sich Kundinnen durch die Empfehlung anderer zufriedener Kunden in ihrer Wahl beeinflussen lassen. Testimonials sorgen für Vertrauen und Sicherheit, vor allem bei noch unentschlossenen Personen.

Gütesiegel, Zertifikate und Auszeichnungen

Eine geeignete Möglichkeit für den Aufbau von Vertrauen in dich und deine Marke sind Gütesiegel. Auch Zertifikate über deine Ausbildung, erlernte Techniken oder Weiterbildungen zeigen Besuchern: Hier habe ich es mit einem Profi zu tun. Gütesiegel gibt es in verschiedenen Branchen: Siegel von TÜV, Trusted Shops, Demeter, Fairtrade, Quality Austria & Co. lassen deine potenziellen Kundinnen sofort erkennen, dass es sich hier um ein Qualitätsangebot handelt. Auch hier ist nachgewiesen, dass Menschen durch diesen externen Beweis für Qualität und Standard in ihrer Kaufentscheidung positiv beeinflusst werden.

Warum vertrauen Kunden auf Qualitätssiegel?
Wenn wir von Qualität sprechen, bedeutet dies individuell etwas Unterschiedliches. Jeder Mensch definiert sie für sich anders. Man kann aber durch vorher festgelegte, bestimmte Kriterien einen gewissen Standard messbar machen: Erfüllt ein Produkt, Unternehmen oder eine Dienstleistung diese festgelegten Kriterien, kann ein gewisser Qualitätsstandard definiert und durch ein Siegel öffentlich bestätigt werden.

Gütesiegel vermitteln deinen Kundinnen:

- Sicherheit
- Seriosität
- Kundenzufriedenheit
- Vertrauen

Ähnlich verhält es sich mit Auszeichnungen. Eine Auszeichnung hebt dich von anderen ab. Sie zeigt, dass deine Leistung besser als die deiner Mitbewerber ist. Schon als Kind lernen wir den Wert einer Auszeichnung kennen, wenn wir beispielsweise beim Skirennen den ersten Platz belegen und dafür mit einem Pokal geehrt werden. Der Pokal zeigt deutlich: Du hast den Wettbewerb gewonnen!

Auch in der Welt der Wirtschaft und der Unternehmen gibt es Auszeichnungen, Preise und Awards. Aber aufgepasst! Mittlerweile hat sich daraus ein regelrechtes Business entwickelt, in dem sich Unternehmen Auszeichnungen erkaufen können. Sei es der Award bei einem Wettbewerb oder die Nennung auf einer Top-100-Liste – all das ist tatsächlich käuflich. Somit sind solche Auszeichnungen Fake und sagen nichts über deine wahre Kompetenz aus. Auch die Kundinnen kommen zunehmend hinter diese Schwindeleien.

Selbstverständlich gibt es auch seriöse Wettbewerbe, bei denen tatsächlich die Leistung bewertet wird, wie zum Beispiel bei unserem **PUSH UP your BUSINESS Award.** Dieser wird jährlich verliehen und zeichnet Unternehmenskonzepte in den Kategorien Innovation, Performance und Social Media aus.

Wer die Awards gewinnt, bestimmt eine wechselnde Jury, bestehend aus erfahrenen Unternehmern und Selbstständigen. Um teilnehmen zu können, muss ein Onlineformular ausgefüllt werden, in dem unter anderem das Konzept gepitcht wird. Die Teilnahme ist kostenlos. Gewinnst du, kannst du dir sicher sein: Dein Konzept hat überzeugt und nicht deine Brieftasche!

Achte also bei Awards und Auszeichnungen auf die Teilnahmebedingungen und die Auswahlkriterien. So kannst du, aber auch deine Kundinnen, sicher sein, dass deine Leistung ausschlaggebend ist.

Wie erkennst du, ob ein Qualitätssiegel echt ist?

Wie schon erwähnt, gibt es Tausende verschiedene Qualitätssiegel mit unterschiedlichen Kriterien. Bekommst du ein solches Siegel verliehen, stellt die verleihende Organisation in der Regel einen Button zur Integration auf deiner Website zur Verfügung.

Ein Tipp, um Fakesiegel schnell zu enttarnen, sind Aussagen wie »100 Prozent Zufriedenheit« oder »Garantiert die beste Qualität«. Das sind meist vom Händler selbst erfundene Siegel, um Verbrauchern Kundenzufriedenheit und Sicherheit vorzutäuschen. Natürlich steht es dir frei, ein eigenes Siegel zu entwerfen, aber versprich hier nichts, was du nicht halten kannst. Mit 100 Prozent Zufriedenheit zu werben, ist schlicht unmöglich und daher unseriös. Wirbst du hingegen mit einer 24-Stunden-Kundenhotline oder Geldzurück-Garantie ist das absolut legitim, sofern das Versprechen eingehalten wird und sich deine Kundinnen darauf verlassen können.

Wie du siehst, steckt hinter einem guten Ruf jede Menge harte Arbeit, die sich absolut auszahlt: Menschen wollen für sich die beste Wahl treffen. Sie möchten sich nicht mit **Second Best** zufriedengeben. Bei ihren Entscheidungen vertrauen sie auf die Bewertung anderer (Testimonials, unabhängige Qualitätssiegel, Kundenbewertungen) und lassen sich vom guten Ruf des Unternehmens/des Produktes leiten und beeinflussen.

Schaffst du es für dich und dein Unternehmen, deine Dienstleistung oder dein Produkt einen sehr guten Ruf zu etablieren, wirst du Kundschaft anziehen, sie zu schnelleren und regelmäßigen Käufen anregen und schlussendlich deine Kunden zu Fans machen!

Carina Frei

#Push up your Business

S wie Storytelling:

Schreib als Unternehmen Geschichten!

Storytelling (Geschichten erzählen) ist eine Erzählmethodik, mit der durch bestimmte Sprachbilder und Motive überzeugend Informationen vermittelt werden. Vor allem Unternehmen setzen auf diese Methode. Aber wie genau funktioniert Storytelling?

Storytelling: Die Kraft des Erzählens

Beginnen wir mit einer kleinen Vorstellungsübung. Schließe die Augen und denke an die erstbeste Geschichte, die dir in den Sinn kommt. Ob Märchen, Film oder Werbespot – betrachte die Bilder, die dir durch den Kopf wandern, genau. Welche Figuren kannst du erkennen? Welche Handlung zeichnet sich ab? Verharre für einen Moment.

Die nächste Frage, die du dir stellst: Welche Emotionen verbindest du mit der Handlung? Ist es Liebe, Faszination, Interesse – oder doch eher Abneigung? Man erkennt: Egal welche Art von Geschichte man im Kopf hat – man koppelt diese intuitiv mit bestimmten Bildern, Emotionen oder Affekten.

Geschichten transportieren also nicht nur Botschaften, sondern das, was in der Unternehmenswelt gern als **Content** – ein substanzhafter Inhalt – betitelt wird. Damit haben wir die Essenz des **Storytellings** bereits erfasst: Geschichten sollen Emotionen auslösen, die nicht nur mit bestimmten Informationen nachhaltig verknüpft werden, sondern durch die audiovisuelle Komponente im Gedächtnis verhaften. Geschichten bleiben im Kopf. Je anschaulicher diese vermittelt werden, desto positiver die emotionale Komponente, das **Image**, welches dem Rezipienten bleibt.

Die Strategie des Storytellings wird von zahlreichen Unternehmen eingesetzt, um damit die Unternehmenskommunikation in Form von Mitarbeiterzufriedenheit und Kundenbindung zu erhöhen. Die **DNA** des Unternehmens wird durch das Storytelling erhöht, die Identifikationsmöglichkeiten geschärft.

Nehmen wir etwa den Mythos Apple: Der Technikgigant lebt von der Geschichte **Aus-der-Garage-zum-Milliardengeschäft**, die ein freiheitlich modernes Lebensgefühl suggeriert. Oder Ferrero: Die Werbespots des Schokoladenherstellers korrelieren mit kindlicher Leichtigkeit und familiärer Glückseligkeit. Zwei narrative Grundsätze, die funktionieren – beide Firmen weisen eine starke Kundenbindung sowie mediale Anbindung auf. Aber wie werden solche Geschichten konzipiert?

Im Folgenden stelle ich dir die Ansätze zur eigenen Ausarbeitung eines Storytelling-Konzeptes vor. Sie lassen sich einfach in deine Unternehmensgeschichte integrieren.

Werkzeugkiste: Baukasten der Narration

Hinter jeder Geschichte steckt zunächst ein Leitmotiv. Eine Technikfirma legt vermutlich mehr Wert auf Coolness und Modernität, während eine Kosmetikfirma ihren Fokus auf Reinheit und Schönheit legt. Bevor du also ein Storytelling-Konzept für dein Unternehmen entwickelst, solltest du dir folgende Fragen stellen:

- Welche Botschaft vermittelt mein Unternehmen?
- Wofür steht meine Marke? Welches Bild trägt meine Marke nach außen?
- Welche Zielgruppe spreche ich an? Fokussiere ich mich auf interne oder externe Kommunikationsstrategien?

Das Bild eines Unternehmens wird – zumeist subjektiv – von diesen Kennzeichen geprägt. Willst du deiner Firma also eine grundlegende **Lebendigkeit** verleihen, solltest du diese Annahmen mit den narrativen Grundstrukturen verbinden. Das Leitmotiv ist wie das Fundament bei der Malerei: Erst eine ebenmäßige Struktur ermöglicht das Auftragen einer kreativen, farbenfrohen Schicht, Pinselstrich für Pinselstrich. Ein gutes Gemälde braucht weiterhin ein gutes Werkzeug. Dieses Werkzeug wird dir im Folgenden in Form der beiden zugänglichsten Grundstrukturen des Erzählens an die Hand gegeben:

Das Schwarz-Weiß-System: Der raumsemantische Ansatz

Dichotomes Denken – auch bekannt als **Schwarz-Weiß-Denken** – lässt die Welt einfacher erscheinen, als sie ist. Der russische Literaturwissenschaftler Juri M. Lotman hat sich diese Theorie für die Entwicklung seines narrativen Raummodells zunutze gemacht und darauf ein leicht verständliches System begründet. Sein sogenanntes **Raumtopologiemodell** geht von einer binär-oppositionellen Topologiestruktur aus – das heißt, die textuelle Wirklichkeit lässt sich in zwei konkurrierende Systeme – das wären etwa Gut und Böse, Schön und Hässlich, Arm und Reich – unterteilen.

Diese unterschiedlichen Räume werden durch eine Grenze getrennt. Wird diese Grenze, die eigentlich unüberschreitbar ist, doch übertreten, kommt es zu einem **Ereignis.** In diesem liegt nun die Kraft einer Geschichte: Denn erst durch den Umbruch der gewohnten Struktur vollziehen sich Änderungen, die den Lesenden neugierig machen.

Ziehen wir etwa Aschenputtel heran: Sie lebt eigentlich in einem sklavenartigen, tristen Verhältnis der Abhängigkeit. Erst durch das Betreten des konkurrierenden Adelsraumes wird die Handlung so weit vorangetrieben, dass sie schließlich in der ersehnten Welt des Adels aufgehen kann. Die zentralen Figuren der jeweiligen Räume können beliebig oft Ereignisse auslösen. Am Ende kehren sie jedoch entweder zurück in den Ausgangsraum, passen sich dem Gegenraum an oder bilden ein komplett neues System (**Metaereignis**). Je größer die Kontraste, desto stärker wirkt diese Art des Storytellings.

Im unternehmerischen Bereich lässt sich dies natürlich mit den eigenen Vorteilen verknüpfen: Ziehen wir als Beispiel eine Finanzberatung heran. Der Raum wird innerhalb der Geschichte mit den zuvor ausgewählten (positiven) Basisattributen wie **Reichtum, Sicherheit** und **Stabilität** aufgeladen. Dem gegenüber steht der oppositionelle Raum, im konkreten Fall sind das die Menschen, die einige Dienste des Unternehmens beanspruchen wollen. Der angesprochene mögliche Kunde befindet sich zunächst in einem schlechten finanziellen Verhältnis – erst, wenn er oder sie die Grenze überschreitet, kann er oder sie Reichtum und Sicherheit im Gegenraum finden. Es geht um eine Veränderung, die durch ein Ereignis – das Überschreiten von Grenzen – ausgelöst wird. Die Wandlung vom Schlechten zum Guten kann dabei variabel mit den Leitmotiven deines Unternehmens abgeglichen werden – der Kreativität sind keine Grenzen gesetzt.

Mythos der Antike: Die Heldenreise

Eines der ältesten Heldenreise-Konzepte ist die **Ilias** von Homer: Der antike Held Odysseus wird berufen, in der Schlacht von Troja einzuschreiten – seine spannende Rückkehr ist von verschiedenen Etappen und stereotypen Figuren geprägt. Schließlich kehrt der Held, der gegen zahlreiche Monster gekämpft und neue Mentoren kennengelernt hat, in seine Heimat zurück – mit einer Reihe von spannenden Abenteuern im Gepäck. Das Konzept der Heldenreise ist das klassische Storytelling-Gerüst – Hollywoods bekannteste Drehbuchschreiber haben sich an dem von Joseph Campbell entwickelten Schema orientiert. **Star Wars, Der Hobbit, Pretty Woman** – die Reihe der Heldenreisen ist schier endlos. Das Konzept verbindet archetypische Figuren (wie etwa den **Schatten** oder den **Mentor**) mit ereignishaften Stationspunkten, die auch du ganz einfach in deiner Geschichte anwenden kannst. Die zentralen Etappen der Heldenreise, die sich um einen oder mehrere zentrale Heldenfiguren drehen (im unternehmerischen Bereich zumeist Gründerinnen oder auch Mitarbeiter), können wie folgt heruntergebrochen werden:

Etappen 1–3: Der Ruf des Abenteuers: Der Held ist in seinem gewohnten, oftmals langweiligen Alltag fixiert. Der **Herold**, der Vermittler, will den Helden zu einem Abenteuer überreden. Der Held weigert sich und verharrt in seinem gewohnten Leben.

Etappen 4 und 5: Der Aufbruch: Eine weise Person – die Mentorenfigur – überzeugt den Helden, dem Ruf des Abenteuers doch zu folgen. Er übertritt die erste Schwelle seiner Reise: Es gibt kein Zurück mehr in die gewohnte Alltagswelt.

Etappe 6: Abenteuerreiche Bewährungsproben: Der Held wird mit verschiedenen Bewährungsproben konfrontiert. Es kristallisieren sich sowohl Freunde als auch Feinde heraus, die ihm positiven wie auch negativen Input geben.

Etappen 7 –9: Zentraler Konflikt: Der Held wird seiner größten Herausforderung gegenübergestellt. Es findet eine Prüfung des Helden statt, in dem er seinen Feind besiegen muss. Sein Feind wird nach einem langen, dramatischen Kampf bezwungen, der Held geht daraus siegreich hervor. In manchen Fällen erwirbt der Held einen **Schatz** – das kann neben einem Schatz im klassisch materiellen Sinn auch wertvolles Wissen oder die Zuneigung eines Menschen (wie in einem Liebesroman) sein.

Etappen 10–12: Der Rückweg: Als Folge seines Sieges tritt der Held die Rückkehr in den Alltag an. Er ist zu einer neuen Persönlichkeit gereift, da er den zentralen Konflikt überwunden hat. Bei seiner Rückkehr wird er mit Anerkennung belohnt. Er tritt als neuer Mensch hervor.

ÜBER DIE HELDENREISE

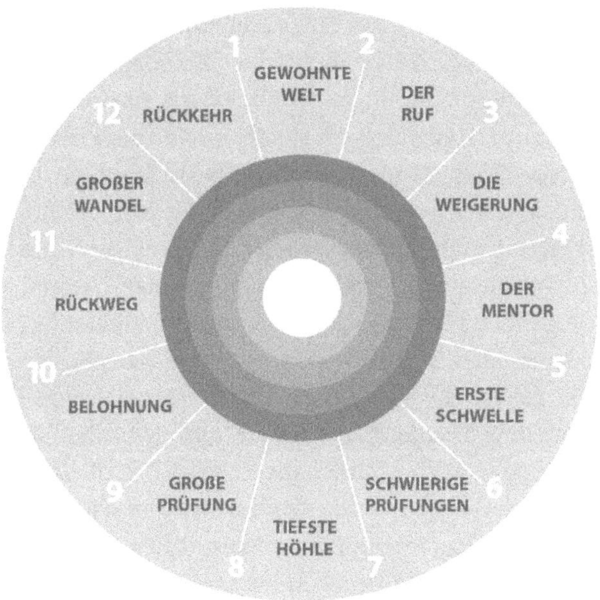

Diese Struktur nach Vogler lässt sich auf dein Unternehmen übertragen. Gehen wir beispielhaft davon aus, dass du eine Ernährungsberatung ins Leben gerufen hast. Das Abenteuer, dem sich dein Kunde, unsere Heldenperson, zunächst verweigert, ist zum Beispiel der Verlust von viel Gewicht. Markieren wir unsere Kundin als zentrale Figur, so gestehen wir ihr eine besondere Rolle zu; ihr wird sozusagen eine positiv konnotierte, als Individuum bestimmte Rolle auferlegt. Die Heldenperson wird zum Star der Geschichte – und damit auch emotional hervorgehoben.

Als Herold und Mentor gilt das Unternehmen, deine Ernährungsberatung. Durch schlagkräftige Argumente – etwa, indem wir die gesundheitlichen und ästhetischen Vorteile einer Ernährungsumstellung visualisieren – können wir die skeptische Kundin von einer **Abnehm-Reise** überzeugen. Jetzt gibt es kein Zurück mehr: Der Kunde wird auf einen langen Diät-Weg gestellt, in dem er oder sie sich Versuchungen wie Geburtstagsfeiern, Selbstzweifeln und einer Waage, deren Zeiger einfach nicht nach links rutschen will, stellen muss. Positiven Input erhält die Kundin vom Freund und Mentor, der Ernährungsberatung, die ihm wertvolle Tipps über Stoffwechselaktivierung und Essenspläne liefert.

Die größte Herausforderung unserer Heldenfigur: der alles entscheidende Showdown an der Körperfettwaage. Kann sie diesen für sich entscheiden? Da sich deine Ernährungsberatung Dynamik, Wandel und Wohlbefinden als Leitmotive gesetzt hat, lautet die Antwort natürlic: **Ja!** Unsere Heldenperson hat ihre miserablen Körperfettwerte besiegt. Sie geht nicht nur mit einem gestählten Körper, neuem Selbstbewusstsein und drei Kleidergrößen kleiner zurück in ihren gewohnten Alltag – nein, sie hat sich auch fundiertes ernährungstechnisches Wissen, dass sie nun auch selbst anwenden kann, angeeignet. Das Umfeld erkennt den Wandel – und rühmt ihre neuen Attraktivitäten. Auch der Arzt lobt die neuen Blutwerte.

Wie Odysseus bereits den Zyklopen besiegte, so triumphiert unser moderner Held nun über seine schlechten Essgewohnheiten. Dabei suggeriert die Geschichte, dass der Sieg nur mithilfe von **Mentor** und **Herold** in Form der Ernährungsberatung möglich wurde. Interessant wird es, wenn wir diese grundlegende Konstellation – die sich auf jede Branche übertragen lässt – mit kulturästhetischen Merkmalen anreichern. Dafür stellen wir unseren Helden beispielsweise als antiken Helden in einer Broschüre oder einem Werbevideo dar, der gegen ein wabbeliges Monster kämpft. **Kulturelles Wissen** innerhalb der Produktionskultur – also etwa bekannte Film- oder Romanfiguren, Ereignisse, Stereotype, tatsächlich existente Figuren – hilft uns mit der Wiedererkennung, die Emotionalität und Verständlichkeit der Geschichte zu schärfen.

Zusammenfassend lässt sich erkennen, dass beide narrativen Ansätze die Punkte **Motiv, Emotion, Konflikt, Wendepunkt, Ereignis** und **Heldenfigur** aufweisen. Eine Geschichte lebt von diesen strategischen Elementen. Fokussiere dich also bei deiner persönlichen Unternehmensgeschichte auf diese Bausteine und betone beziehungsweise dramatisiere sie bewusst.

Um die Identifikationsbildung zwischen Helden und Kundinnen zu erhöhen, solltest du jedoch die Konflikte und Ereignisse so realistisch wie möglich darstellen – eine Mondlandung oder wilde Mafiaschießerei sind oftmals zu weit von den Kunden entfernt. Echte Helden mit echten Problemen wirken meist authentischer. Auch die Wahl klassischer Namen überzeugt mehr als irgendwelche fiktiven, schrillen Besonderheiten – außer sie nehmen eine bestimmte Funktion in deiner Geschichte ein. Auch hier gilt: Achte auf die Zielgruppe. Als Unternehmen, das Kinderspielzeug herstellt, ist ein Held namens Hans-Ruppert zwar gut gemeint, doch verfehlt er ein wenig die Altersgruppe.

Umsetzung: Ran an den Schreibtisch!

Jetzt, wo du weißt, worauf eine gute Geschichte abzielt und aus welchen Bausteinen sie besteht, kannst du dich an Zettel und Stift wagen: Es wird konzipiert. Kleiner Tipp am Rande: Mach das am besten handschriftlich, denn so kannst du deine Gedanken nicht nur »freier« abbilden, sondern auch die bereits aufgezeigten narrativen Konzepte aufzeichnen. Wichtig ist es dabei, stets dein Kommunikationsziel vor Augen zu halten.

- Willst du beziehungsweise dein Unternehmen verschiedene Bezugsgruppen durch das Storytelling erreichen oder an dich binden?
- Soll es Interessenten dazu verleiten, Infomaterial anzufordern?
- Oder geht es mehr um die Verbreitung von Wissen, sodass die Kundinnen erfahren, was deine Firma macht und warum sie so einzigartig in diesem Bereich ist?

Das Ziel sollte sich, ähnlich wie das Leitmotiv, wie ein roter Faden durch die gesamte Geschichte ziehen. Verkennst du das Ziel, verkennst du deine Zielgruppe. Stell dir deshalb bei der Ausarbeitung deines Storytelling-Prinzips immer wieder die Frage, ob dein letzter Schritt sinnvoll für die Zielerreichung war. Wenn nicht, dann zücke den Radiergummi. Auch eine explizite Erinnerung an die Zielgruppe – Kundinnen oder Mitarbeiter, alt oder jung – solltest du während des kreativen Prozesses einplanen.

Auch solltest du dir die Frage stellen, welche Möglichkeit die beste ist, um dein Unternehmen mit dem Storytelling-Konzept erfolgreich zu verweben. Wenn du weißt, welches Element das narrative Tragende deiner Geschichte werden soll, lässt sich das Konzept viel einfacher erarbeiten.

Narrative Möglichkeiten sind beispielsweise:

1. Die Entstehungsgeschichte des Unternehmens: Welche Grenzen musste dein Unternehmen überschreiten, damit es wachsen konnte, und welche positive Konnotation kann jemand daraus ziehen? Welche wichtigen Begegnungen, Ideen und Konflikte gab es?
2. Die Ziele/Visionen des Unternehmens: Um die Kernaussage »Unser Unternehmen hat sich zum Ziel gesetzt …« wird eine lebensnahe Geschichte konstruiert. Auch hier wird die Einzigartigkeit der Firma bewusst hervorgehoben.
3. Zielgruppe: Kundinnen oder Mitarbeiter werden in den Mittelpunkt gestellt, die Geschichte wird um die Zielperson herum aufgebaut. Hierfür eignet sich besonders die Struktur der Heldenreise.
4. D. Dualismus: Für diese Art des Storytellings eignet sich der strukturalistische Ansatz Juri M. Lotmans (russischer Literaturwissenschaftler und Semiotiker): Du schaffst eine Hauptfigur, die du positiv mit den Eigenschaften des Unternehmens ausstattest. Dem gegenüber steht der Gegenspieler, der oppositionell gezeichnet ist und für eine übergeordnete Instanz/Firma, von der du dich abheben willst, steht. Beide geraten durch ihre unterschiedliche Prägung in einen Konflikt oder sollen ein Problem lösen. Wobei die Figur, die für dein Unternehmen steht, natürlich erfolgreich sein wird.

Natürlich gibt es noch zahlreiche andere Ansätze, die du in den Fokus deiner Geschichte setzen kannst. Sei kreativ und passe das Setting an deine Unternehmensphilosophie an. Die Kernbotschaft sollte dabei immer positiv sein, denn ein negatives Ende überzeugt den Lesenden deutlich seltener als ein positives.

Abschließend noch ein paar Möglichkeiten zur Viralität, also der technischen Umsetzung und Verbreitung deines

Contents. Schließlich gilt: Ohne Verbreitung wird die Geschichte deines Unternehmens niemals an andere Menschen herangetragen.

- **Social Telling:** Über Social-Media-Kanäle wie Facebook, Instagram oder YouTube lassen sich – kostenfrei – zahlreiche potenzielle User erreichen. Bedenke, dass komprimierte audiovisuelle Arbeiten mehr als seitenlange Texte zählen. Das heißt: Arbeite mit Bildern und kurzen Videos. Die wenigsten Konsumenten nehmen sich die Zeit, mehr als zehn Zeilen zu lesen. Bildergalerien und Slideshows regen zusätzlich zur Interaktion an.
- **Owned Media:** Egal ob Blogs oder eigene Webpages – eine Kampagne lässt sich natürlich auch gut über so genannte Owned Media, eigene Plattformen, auf deren Content das Unternehmen bewusst Einfluss nehmen kann, verbreiten. Erweitert werden kann dies durch firmeninterne Events wie Ausstellungen. Auch hier gilt: Audiovisuelle Beiträge sind mehr wert als seitenlange Texttafeln.
- **Paid Media:** Die klassische Bannerwerbung hat auch in der technikübergefluteten Moderne noch nicht ihren Reiz verloren. Öffentlich ausgerichtete, bezahlte Medienkampagnen wie Artikel in Zeitschriften oder Plakatwände bringen nicht nur Storytelling-Bilder an den Mann oder an die Frau – das Unternehmen kann auch prima Ergänzungen zur ursprünglichen Geschichte aufnehmen. Wenn du etwa auf Facebook eine Bildergeschichte veröffentlichst, kannst du die Hauptfigur auf Plakaten oder in Anzeigen positionieren. Die crossmediale Verarbeitung sorgt für einen verstärkten Wiedererkennungswert und gesteigertes Interesse, wie die Geschichte um diese Figur weitergeht.

All diese Tipps und Tricks ergeben einen Bauplan für narrative Konstrukte, die nach deiner individuellen Note verlangen. Dieser angereicherte Grundstock an Methoden wird erst zu einem genial erzählerischen Werk, wenn du die Hintergründe und Ideen deines Unternehmens mit ihm verbindest.

Jeder kann zum Storyteller werden – auch du. Also, auf was wartest du? Es wird Zeit, dass auch dein Unternehmen Geschichte schreibt!

Sophia Wimmer
#Storytellerin

T wie Tools:

With a little help from my friends …

Um das Businessleben zu erleichtern, stehen dir verschiedene Softwareprogramme, Plattformen und mehr zur Verfügung. Aus dieser schier unerschöpflichen Quelle das Passende für dich zu finden, kann eine schwierige Aufgabe sein. Deshalb möchten wir dir in diesem Kapitel einige unserer Lieblingstools kurz und knapp vorstellen.

Asana

Eine Empfehlung von Jana Berthold

Was kann man damit machen? Asana ist ein Team- und Projektmanagementtool, in dem sich detailliert Prozesse und Aufgaben verwalten lassen. Einzelne (Kunden-)Projekte werden in unterschiedlichen Organisationen und Workspaces arrangiert, die wiederum durch Aufgaben und Unteraufgaben gespeist werden. Es mag im ersten Moment etwas komplex klingen. Tatsächlich löst Asana diese Komplexität auf, teilt große Projektteile in Einzelschritte und weist diese Personen und Deadlines zu. Individuelle Erinnerungen können nach Belieben eingestellt werden. Da es ein Onlinetool ist, bist du ohne Internet aufgeschmissen und kommst an keine Daten. Diese Voraussetzung solltest du bei deiner Entscheidung berücksichtigen.

Warum ich damit arbeite: Das ausgereifte Projektmanagementtool liefert einen unkomplizierten Schnellstart. Asana lässt mich Kundinnen oder Projektbeteiligte ganz einfach in Workspaces hinzufügen. Agenturen können mir für einzelne Projekte Zugriff gewähren. Ich erhalte auf Wunsch Wochen oder Monate später Benachrichtigungen per E-Mail, die mich an Detailaufgaben erinnern. Damit kann ich Todos aus meinem Kopf in Asana verlagern und habe mehr Kapazitäten für neue Ideen.

Gratis oder Vollversion: Ich nutze die Basisversion. Die Vollversion ist für Business und Enterpriselösungen großer Firmen, die einen verbesserten Support und individuelle Anpassungen wie für den Datenexport benötigen.

Canva

Eine Empfehlung von Carina Frei

Was kann man damit machen? Mit Canva kannst du ganz einfach Grafiken und Designs unterschiedlicher Art selbst anfertigen. Canva ist eine Grafikdesignplattform und funktioniert nach dem Drag-and-Drop-Prinzip. Du kannst entweder aus einer Vielzahl an Vorlagen, Bildern, Videos, Schriftarten und Grafikelementen und sogar Musik wählen, oder selbst kreativ werden.

Warum ich damit arbeite: Es ist supereinfach in der Handhabung. Durch die unzähligen Designvorlagen kannst du rasch Inhalte erstellen. Vorlagen gibt es für Präsentationen, Social Media Content, Infografiken, Zertifikate, Lebenslauf und vieles mehr. Mit Canva zu arbeiten, macht echt großen Spaß und du kannst professionell aussehende Inhalte ganz einfach selbst erstellen.

Gratis oder Vollversion: Für den Anfang reicht die kostenlose Version absolut aus. Ich habe mich für die Pro-Version entschieden, da ich hier zusätzlich einen Background Remover habe, der wirklich sehr gut funktioniert. Außerdem kannst du in der Pro-Version zusätzlich deine eigenen Schriftarten und Farbvorlagen hochladen. Zusätzlich ist der Cloudspeicher wesentlich größer und du profitierst noch von einer ganzen Reihe weiterer Vorteile. Die Unternehmensversion ist interessant für dich, um als Team an deinen Designs zu arbeiten. Du kannst bestimmen, welche Elemente dein Team bearbeiten kann, und mit der Vorlagensperre sorgst du dafür, dass alle Designs deinem Markenimage entsprechen. Diese Version bietet dir zusätzlich unbegrenzten Cloudspeicher und eine 24/7 Firmenunterstützung (laut Website).

Conceptboard

Eine Empfehlung von Verena Kiy

Was kann man damit machen? Conceptboard ist ein digitales Whiteboard, auf dem sich Gruppen und Teams in Echtzeit austauschen und gemeinsam arbeiten können. Genutzt wird es zum Beispiel zur gemeinsamen Entwicklung von Konzepten, aber auch für die interaktive Gestaltung von Onlinetrainings und Onlineworkshops. Mit Conceptboard kann man Eins-zu-eins-Methoden aus dem Coaching, Training, der Personalentwicklung sowie Flipcharts abbilden. Ebenfalls ist das Hochladen von Dokumenten und Fotos möglich. Auf diesem digitalen Whiteboard wird eins zu eins so gearbeitet, wie man es aus Präsenzveranstaltungen gewohnt ist.

Warum ich damit arbeite: Ich arbeite damit, weil es meine Workshops eins zu eins auf der digitalen Ebene abbilden kann. So kann ich mit Gruppen arbeiten, interaktiv sein und Onlineworkshops spannend und ergebnisorientiert gestalten. Gruppenübungen sind möglich, Reflexion, Timelinearbeit und vieles mehr.

Gratis oder Vollversion: Ich nutze die Vollversion. Basics können aber auch mit der kostenfreien Version abgebildet werden.

Facebook Creator Studio

Eine Empfehlung von Miriam Grimm

Was kann ich damit machen? Dieses Tool ist für die Planung und Durchführung einzelner Social-Media-Beiträge auf Facebook und Instagram. Dafür musst du deine Accounts als Businessaccounts anlegen. Unter https://business.facebook.com/creatorstudio/home kannst du alle Konten angeben, die du zukünftig aus dem Creator Studio heraus mit Content befüllen möchtest. Du kannst mehrere Facebook- und Instagram-Accounts angeben.

Warum ich damit arbeite: Aktuell kannst du Inhalte bis zu drei Monate im Voraus anlegen. Und zwar datums- und uhrzeitgenau. Meistens mache ich es einfach so, dass ich gleich mehrere Social-Media-Texte als Textdatei anlege, dazu Grafik-/Fotokacheln bei Canva anlege, und dann den Text für einen einzelnen Beitrag als Creator-Beitrag anlege. Dazu dann die Grafikkachel und fertig.

Gratis oder Vollversion: Das Tool ist kostenlos und für Leute wie mich gut geeignet, die fünf (!) Businessbereiche mit entsprechenden Accounts führen und sich nur alle paar Wochen mit Social-Media-Beiträgen befassen wollen.

DeepL

Eine Empfehlung von Carina Frei

Was kann man damit machen: DeepL ist ein Übersetzungsdienst, der in mehreren Sprachen verwendet werden kann und der – nach eigenen Angaben – die präzisesten Übersetzungen liefert. Das Besondere ist, dass man genau vorgeben kann, wie bestimmte Wörter und Ausdrücke übersetzt werden sollen. Durch eine Applikation für Windows und MacOS, die sich in das System integriert, erlaubt es dir in allen Anwendungen auf deinem Computer direkt zu übersetzen. Erweitert wird das Angebot durch eine mobile App, mit der du auch unterwegs auf die Übersetzungen von DeepL zugreifen kannst. Mit DeepL kannst du Texte in mehr als 20 Sprachen übersetzen.

Warum ich damit arbeite: Mit DeepL kann ich schnell und unkompliziert auch längere Textpassagen übersetzen und das in einer wirklich guten Qualität.

Gratis oder Vollversion: In vier Versionen erhältlich: Gratis – Starter – Advanced – Ultimate.

Wenn du nur ab und zu einen Text übersetzen möchtest, zum Beispiel um deine Website in einer anderen Sprache anbieten zu können, reicht die Gratisversion vollkommen aus. Je nachdem, wie viele Dateien du übersetzen möchtest und du ein Team involvieren möchtest, kannst du eine passende Version für deine Bedürfnisse wählen.

Digistore24

Eine Empfehlung von Carina Frei

Was kann ich damit machen? Digistore24 ist die ideale Lösung, wenn du (digitale) Produkte anbietest, aber keinen eigenen Onlinestore hast oder keinen haben möchtest. Diese Online-Verkaufsplattform bietet dir neben den wichtigsten Zahlungsarten auch Buchhaltungsvereinfachung inklusive

Steuerautomatisierung und ein Affiliate-Netzwerk an. Digistore24 agiert als Reseller und automatisiert deine Buchhaltung, Rechnungslegung, Steuermanagement u.v.m. Mit DS24 kannst du zum Beispiel digitale Produkte, Coachings, Webinare, Events oder E-Books verkaufen. Die Einpflegung des Produkts kann am Anfang etwas schwierig sein, aber der Support ist sehr hilfreich!

Warum ich damit arbeite: Ist das Produkt erst mal eingepflegt, habe ich quasi keine Arbeit mehr damit. Der komplette Kaufprozess funktioniert automatisiert über DS24. Das ist eine enorme Erleichterung. Man muss sich weder um Rechnungstellung noch um Mahnungen oder Reklamationen kümmern – all das übernimmt DS24. Außerdem hast du die Möglichkeit, ganz einfach Up- und Downsells zu integrieren oder dein Produkt für Affiliates zugänglich zu machen.

Gratis oder Vollversion: Die Einstellung deiner Produkte ist gratis. Pro verkauftem Produkt erhält DS24 eine Provision. Wird dein Produkt über einen Affiliate Link verkauft, erhält sowohl DS24 als auch der Affiliate eine Provision. Die prozentuale Beteiligung von DS24 ist festgelegt, die Provisionshöhe des Affiliates legst du im Vorhinein selbst fest.

Freelancer.net

Eine Empfehlung von Carina Frei

Was kann man damit machen? Freelancer ist kein Tool, sondern eine Plattform, auf der du dir Angebote für dein Projekt erstellen lassen kannst und so den perfekten Freelancer findest. Du veröffentlichst dein Projekt und erhältst automatisch Angebote von Freelancern auf der ganzen Welt. Alternativ kannst du auch auf der Website nach verfügbaren Freelancern suchen und ein direktes Angebot unterbreiten.

Warum ich damit arbeite: Freelancer gibt mir die Möglichkeit, Angebote zu vergleichen und das beste auszuwählen. Ich bin ortsungebunden und kann unter den Freelancern aussuchen, wer am besten zu mir passt.

Gratis oder Vollversion: Das Einstellen deines Projektes, also deine Suchanfrage, ist immer kostenlos. Mit dem Milestone-Zahlungssystem von Freelancer gibst du die Zahlungen nach einem von dir festgelegten Zeitplan frei, oder zahlst erst nach Fertigstellung.

Gewerbe.nebenan.de

Eine Empfehlung von Miriam Grimm

Was kann man damit machen? Auf dieser Plattform kannst du dein in Deutschland beheimatetes Gewerbe listen und es kann gefunden beziehungsweise empfohlen werden. Registriere dafür dein Gewerbe, erstelle dein Profil und werde durch die Angabe deiner Postleitzahl von Menschen in deiner Nähe gefunden.

Warum ich damit arbeite: Ich kann hier die Beiträge, die ich für Facebook/Instagram und Co. erstellt habe, zusätzlich posten, sogar inklusive Grafik. Durch die Suche nach Postleitzahl können mich interessierte Menschen aus der Nachbarschaft schneller finden.

Gratis oder Vollversion: Die Erstellung eines Gewerbeprofils als Basis für eine gewerbliche Mitgliedschaft ist kostenlos. Weitere Leistungen, wie zum Beispiel das Platzieren von Beiträgen in der Nachbarschaft oder ein erweitertes Profil sind kostenpflichtig. Da ich nur einen kostenlosen Basiseintrag bei Gewerbe Nebenan habe, kann ich mein Profil leider nicht sehen.

karlsCORE

Eine Empfehlung von Jana Berthold

Was kann man damit machen? Ich nutze karlsCORE als Universalwerkzeug für Text und Marketing. Damit prüfe ich hauptsächlich die Texte für meine Kunden im digitalen Kontext auf SEO-Tauglichkeit. Weiterführende Wissensdatenbanken und Werkzeuge für Analysen wie WDF-IDF, Fragentools, Suchbegriffe oder das Prüfen von Unique Content lassen mich alle notwendigen Handlungen an einem Ort durchführen. Das krasseste Tool in Karls Universum ist das Ebenenmodell. Es erlaubt einen Perspektivwechsel raus aus der eigenen Bubble, rein in die anderer Menschen. Mit dem Ebenenwerkzeug überlege ich im Vorfeld, in welchen Betrachtungsweisen ich das Thema für das Zielpublikum behandeln möchte. Ihr ahnt nicht, wie weit entfernt relevante Ebenen für das Thema von der eigenen Wahrnehmung sein können. Die Perspektiven können ganz verschieden bestimmt werden, das Fragentool schenkt dabei viel Orientierung.

Warum ich damit arbeite: Vor allem für Suchmaschinenoptimierung (SEO) erscheint es mir das Tool der Wahl, wenn du eine gute SEO-Mischung für Mensch und Maschine möchtest. Viele SEO-Tools orientieren sich an den Auswertungskriterien der Algorithmen und vernachlässigen dafür das Verständnis der Menschen, die tatsächlich die Texte lesen. karlsCORE nutzt da einen menschenzugewandteren Ansatz.

Gratis oder Vollversion: Ich nutze die Vollversion. Die Basisversion dient nur zum kurzen Anschnuppern und gibt dir eine Idee vom großen Ganzen.

Mentimeter

Eine Empfehlung von Carina Frei

Was kann man damit machen? Mentimeter beschreibt sich selbst als interaktive Präsentationssoftware. Es ist ein Tool, mit dem sich unter anderem Abstimmungen und Umfragen erstellen lassen, bei denen die Teilnehmer im Multiple-Choice- oder Image-Choice-Verfahren eine favorisierte Option wählen können. Dadurch werden die Teilnehmerinnen mehr einbezogen und die Gruppenveranstaltungen effizienter und effektiver. Mit Mentimeter lassen sich außerdem aus Brainstorming-Stichworten automatisch Word-Clouds generieren: Je häufiger ein Wort eingegeben wird, desto größer erscheint es in der Auswertung. Im Bereich Q&A können die Teilnehmer ihre Fragen – beispielsweise zum Thema – formulieren. Auch die Erstellung von Quiz- und Schätzfragen ist unkompliziert realisierbar. Mentimeter eignet sich für viele Businessbereiche, sei es im Coachingbereich, bei Webinaren, im schulischen Kontext oder bei Teambesprechungen und Brainstorming.

Warum ich damit arbeite: Wenn ich in einem Webinar mehr über meine Teilnehmerinnen erfahren möchte, ist Mentimeter dafür sehr gut geeignet. Durch die Interaktion wird mein

Vortrag interessanter und kann von den Teilnehmern mitgestaltet werden.

Gratis oder Vollversion: In vier Versionen erhältlich: Kostenlose Testversion – Basic – Pro – Enterprise.

Open Broadcaster Studio beziehungsweise Software

Eine Empfehlung von Michaela Forthuber

Was kann man damit machen? Mit dem Screen-Recorder »Open Broadcaster MultiPlatform« streamst du deine Desktopaufnahmen live ins Internet. Das Programm lässt dir deinen Bildschirminhalt sowie Ton abgreifen und anschließend ins Netz streamen oder als Video abspeichern.

Warum ich damit arbeite: Weil es einfach zu handhaben ist und super Videomöglichkeiten bietet, ob bei Liveübertragungen oder für Videotutorials usw.

Gratis oder Vollversion: Das ist eine Open Source Software, in vollem Umfang kostenfrei.

Slack

Eine Empfehlung von Jana Berthold

Was kann man damit machen? Slack ist ein teambasierter Messenger, in dem ich via Chatfunktion projektspezifisch mit allen Beteiligten kommunizieren kann. Projekten kann ich Teams, Teams wiederum Projekten zuordnen. Bei mir sind »Teams« meine Kunden, so gerät keine Kommunikation durcheinander. Die Channels dienen nach wochenlangen Projektpausen als Protokolle. In Anhängen kann ich große Daten kontextspezifisch an alle Beteiligten versenden. Die Kommentarfunktion lässt mich an direkter Stelle nachhaken. Erinnerungsfunktionen können nach Belieben eingestellt werden, so auch die Sichtbarkeit, ob ich on- oder offline bin. Externe Apps und Bots sind leicht zu integrieren.

Warum ich damit arbeite: Slack vereinfacht meine Kundenkommunikation erheblich. Dank der zusätzlichen App-Version kann ich unterwegs – wenn ich denn möchte – Nachrichten empfangen und senden. Neu ist die Giphy-Integration, die Konversationen sehr unterhaltsam werden lässt. Ich schätze das sehr, da ich so mit neuen Kundinnen schnell auf einer persönlichen Ebene kommuniziere, die das gesamte Projekt in eine herzliche Ebene führt.

Gratis oder Vollversion: Ich nutze die Basisversion. Die Basisversion ermöglicht alles, was ich für die Projektkommunikation benötige. In der Vollversion hast du auf mehr Konversationen in der Historie Zugriff, doch die 10.000 (!) der Basisversion sind für mich ausreichend.

Team Model Canvas

Eine Empfehlung von Verena Kiy

Was kann man damit machen? Das Team Model Canvas ist ein Tool zur Entwicklung von Teams. Teams zu stärken, neu auszurichten oder auch wieder zusammenzubringen. Daraus ergibt sich ein interaktiver Workshop von mindestens einem Tag, in dem die Kommunikation, das Miteinander und das Verständnis untereinander verbessert wird. Aus verschiedenen Komponenten und einer strukturierten Vorgehensweise werden Ziele und die nächsten Schritte definiert.

Was haben wir? Was möchten wir verbessern? Welche Ziele haben wir? Wo möchten wir hin? Was tun wir dafür? Welche Vereinbarungen treffen wir? Das Team Model Canvas eignet sich für größere Teams/Gruppen, kann aber genauso für kleine Teams oder Einzelpersonen genutzt werden.

Warum ich damit arbeite: Ich arbeite gerne mit dem Team Model Canvas, weil es für viele Personengruppen mit unterschiedlichem Entwicklungsstand geeignet ist. Sowohl für die Geschäftsführungsebene, Teams, Start-ups als auch für Einzelpersonen. Es schafft aufgrund des Aufbaus sofort Augenhöhe zwischen den Teilnehmern, fördert die Kommunikation und das Verständnis untereinander. Ich nutze es so gern, weil die Teilnehmer schnell in den Workflow kommen, schwierige Thema dadurch einfacher anzusprechen sind und die Gruppen nach dem Workshop in der Lage sind, allein damit weiterzuarbeiten. Durch eine relativ strenge Struktur und klare Zeitvorgaben sind gute Ergebnisse garantiert.

Gratis oder Vollversion: Dieses Tool ist nicht onlinebasierend, sondern wird für einen Workshop auf einer Metaplanwand vorbereitet. Vorlagen für das Team Model Canvas findet man im Internet auf Deutsch und Englisch. Wenn Teams sich schon gut kennen, kann man mit dieser Methode auch in einem Onlineworkshop damit arbeiten.

WOOP Methode

Eine Empfehlung von Verena Kiy

Was kann man damit machen:? Die WOOP Methode ermöglicht, dass man seine individuellen Veränderungen gezielt und bewusst angehen und planen kann. Dabei spielt es keine Rolle, ob ich mich in meinem Job, meinem Business oder mich persönlich entwickeln möchte. Diese Methode ist eine neue, moderne Form der Zielformulierung. Sie nutzt einen psychologischen Ansatz, in dem sie vier Komponenten vereint: **Wish – Objective – Obstacle – Plan.** Entscheidend ist hier die Beschäftigung mit den auftauchenden Hindernissen auf meinem Weg zur Veränderung.

Warum ich damit arbeite: Diese Methode macht es meinen Kunden und Klienten leichter, ihren Veränderungsprozess anzugehen. Dadurch, dass sich bildlich vorstellen, wie sich was in den jeweiligen Stufen verändert und sie sich von Anfang an Gedanken über die auftauchenden Hindernisse machen, wird der Veränderungsprozess greifbar und klar. Das hilft dabei dranzubleiben und seine Ziele erfolgreich zu erreichen. Abgesehen davon ist diese Methode auf alle Lebensbereiche gleichermaßen anwendbar.

Gratis oder Vollversion: Die Woop Methode ist kein klassisches Software Tool, sondern eine Arbeitsmethode. Informationen und Vorlagen dazu findest du im Internet.

U wie Umsetzung:

Wachse an deinen Aufgaben!

Es gilt nicht nur, die Angst vor Ablehnung zu bewältigen, es gibt zudem negative Glaubenssätze und Gedanken, die uns blockieren. Sie alle sollten nicht in die Umsetzung kommen. Grundsätzlich hängt viel vom individuellen Selbstvertrauen ab. Der eine geht raus, und prahlt: »Ab morgen verdiene ich meine ersten Millionen!«, der andere denkt bei sich: »Oh Gott, jetzt spinnt er total. Das würde ich mich nie trauen zu sagen, und überhaupt, wie soll das auch gehen?« Wer von den beiden wird wohl eher sein Ziel erreichen?

Aufgaben für Jungunternehmer

Deine Sichtbarkeit

Für manche ist es nicht einfach, Bilder von sich in öffentlichen Medien wie Website und anderes zu veröffentlichen, geschweige denn ein Video zu drehen oder im Internet auf Plattformen direkt über Webinare mit der Zielgruppe zu kommunizieren und so weiter. Doch Sichtbarkeit für sich und sein Unternehmen zu erzeugen, ist im Geschäftsbereich unerlässlich.

Dein Businessplan

Das ist ein »Riesenwerk«, das jede Menge beinhalten muss. Da ist so manch einer unsicher, ob er alles richtig gemacht hat. Doch du brauchst ihn, um bei potenziellen Kreditgebern wie Förderbank oder Bank deines Vertrauens in deiner Stadt dein Business zu erklären und Geld zu bekommen. Auch hier können der Stress und die Angst vor Ablehnung die Oberhand gewinnen und du würdest lieber einen Rückzieher machen oder machst ihn sogar.

Dein Jobwechsel

Wie sieht es mit der Angst aus, wenn du aus einer Arbeitslosigkeit heraus gründen willst und nicht weißt, ob das Arbeitsamt dich und dein Vorhaben unterstützen wird. Oder du möchtest deine Tätigkeit als Angestellter kündigen, um jetzt selbstständig mit deinem eigenen Business durchzustarten.

Deine Familie

Was sagen die Menschen um dich herum dazu, dass du dich selbstständig machen willst? Vielleicht sagt eine Person deines Herzens, dass dein Vorhaben aus ihrer Sicht nichts wird und nicht durchdacht ist.

Deine Erfahrung

Vielleicht hast du das Gefühl, deine Erfahrung, dein Wissen ist nie genug. Noch ein Seminar, noch eine Fortbildung, noch ein Studium und dann, dann kommt noch ein kleiner Workshop und so geht es immer weiter. Ins Umsetzen aber kommst du nicht. Zu viele Ideen kreisen in deinem Kopf, und du weißt nicht mehr, wie du das alles auf einen Nenner, auf deine Positionierung bringen sollst.

Deine vielen Projekte

Es schießt dir eine Idee nach der anderen in den Sinn, es sind so viele, dass du vielleicht schon den Überblick verloren hast. Wie sollen alle diese Bausteine zusammenfinden oder bis zum Schluss umgesetzt werden? Hast du daran überhaupt Spaß, oder bist du bereits gedanklich schon wieder unterwegs mit dem nächsten Projekt?

Das Vertrauen in dich ist ein entscheidender Punkt, mit dem du in die Umsetzung gehst. Je größer es ist und je mehr positive Erfahrungen du gemacht hast, desto wahrscheinlicher gehst du zügig in die Umsetzung und verfügst über eine gewisse Umsetzungsintelligenz. Selbstverständlich sollte das in einem gesunden Rahmen passieren und nicht im Größenwahn enden.

Als Jungunternehmer bist du gerade am Anfang sehr gefordert, mit allem, was dir von außen angetragen wird und dem, was du letztendlich für dich in die Welt bringen möchtest. Deshalb erzähle ich dir hier eine kurze, wertvolle Geschichte, die von Dr. med. Nossrat Peseschkian ist. Denn sie transportiert, wie vermeintlich Kompliziertes das Leben unnötig schwermacht, obwohl dies gar nicht nötig wäre.

Vom Mut, eine Probe zu wagen

Ein König stellte für die Vergabe eines wichtigen Postens den Hofstaat auf die Probe. Kräftige und weise Männer umstanden ihn in großer Menge. »Ihr weisen Männer«, sprach der König, »ich habe ein Problem, und ich möchte sehen, wer von euch in der Lage ist, dieses Problem zu lösen.« Er führte die Anwesenden zu einem riesengroßen Türschloss, so groß, wie keiner es je zuvor gesehen hatte. Der König erklärte: »Hier seht ihr das größte und schwerste Schloss, das es in meinem Reich je gab. Wer von euch ist in der Lage, das Schloss zu öffnen?« Ein Teil der Höflinge schüttelte nur verneinend den Kopf. Einige, die zu den Weisen zählten, schauten sich das Schloss näher an, gaben aber zu, sie könnten es nicht schaffen. Als die Weisen dies gesagt hatten, war sich auch der Rest des Hofstaates einig, dieses Problem sei zu schwer, als dass sie es lösen könnten. Nur ein Wesir ging an das Schloss heran. Er untersuchte es mit Blicken und Fingern, versuchte es auf die verschiedensten Weisen zu bewegen und zog schließlich mit einem Ruck daran. Und siehe, das Schloss öffnete sich. Das Schloss war nur angelehnt gewesen, nicht ganz zugeschnappt, und es bedurfte nichts weiter als Mut und Bereitschaft, dies zu begreifen und beherzt zu handeln. Der König sprach: »Du wirst die Stelle am Hof erhalten, denn du verlässt dich nicht nur auf das, was du siehst oder was du hörst, sondern setzt selbst deine eigenen Kräfte ein und wagst eine Probe.«

Die Lösung

Der Wesir hat sich auf sich verlassen, er wusste, dass er eine Lösung finden wird, vielleicht war es für ihn auch eine Herzensangelegenheit, seinem König behilflich sein zu können. Er hatte den Mut, das Risiko einzugehen, vor dem gesamten Hofstaat als »Versager« dazustehen.

Das heißt, du brauchst die richtige Einstellung deinem Vorhaben gegenüber. Wie sieht das genau aus? Werde dir deiner Haltung, deiner Standpunkte zu den verschiedensten Dingen im Leben bewusst, denn diese sind ein Ergebnis deiner Erfahrungen (Intuition), dazu kommen deine Herzensgefühle und deine Ratio, die das Problem lösen will. Und voilà, alle drei Zentren – Intuition (Bauch) * Emotion (Herz) * Ratio (Kopf) im Einklang – ergeben deinen Standpunkt, deine Haltung. Das ist der Weg, der dich in die Handlung, in die Umsetzung kommen lässt.

Ist das immer so einfach? Nein, denn wie wir in der Geschichte erfahren haben, stand all den anderen Männern des Hofstaates etwas im Weg, es dem Wesir gleichzutun.

Das mag Angst gewesen sein, vielleicht vom Hof verwiesen zu werden oder beim König in Ungnade zu fallen, wenn das Vorhaben scheitert, oder Selbstzweifel, dass sie es nicht schaffen, versagen, unfähig sind und sich der Lächerlichkeit preisgeben. Kennen wir das nicht alle, Situationen, also Aufgaben, die uns das Leben stellt, in denen wir unsicher sind und uns nicht trauen? Dann lassen wir es lieber.

Die gute Nachricht

Das ist normal und menschlich. Jeder von uns kennt diese Ängste und Selbstzweifel. Dieser Schutzmechanismus ist wohlweislich von der Natur in uns angelegt, um uns davor zu bewahren, Blödsinn zu machen oder Schaden zu nehmen. Die Aufgabe besteht somit nicht darin, die Angst »wegzubekommen«, sondern Mut zu bekommen. Das heißt: Auch wenn man Angst hat, kommt man durch Mut irgendwann ins Handeln.

Du brauchst ein Bewusstsein dafür, wie du diese Angst überwinden und den Mut in deinem Leben finden beziehungsweise immer mehr in dein System integrieren kannst.

Wir wachsen an unseren Ängsten, du kannst sie als Antrieb sehen, um aus der Passivität, dem Grübeln, den endlosen Gedankenschleifen herauszukommen, um dich in die Aktivität zu bewegen.

Damit verschwindet auch die Angst. Die Belohnung für diesen Weg wird immer wieder aufs Neue ein wachsendes Selbstvertrauen sein. Der Wesir in der Geschichte weiß, was er kann, er besitzt Selbstvertrauen, aufgebaut durch Erfahrungen in der Vergangenheit. Mit jedem neuen Wagnis in seinem Leben, das er eingeht, wird dieses Selbstvertrauen weiterwachsen.

Der Schritt in die Praxis

Fang einfach an, ins Handeln zu kommen. Auch wenn du einen Rückschlag erlebst, bleibt doch das Vertrauen in dich selbst, das Wissen, eine Lösung zu finden. Wie sieht das nun konkret in der Praxis aus?

Triade to go

Du kannst die Triade to Go für dich begehen. Ich habe es bereits im Kapitel **C wie Commitment** erläutert. Nur diesmal schaust du, was du im Körper in den einzelnen Bereichen wahrnehmen kannst.

Wenn du in einem der drei Zentren merkst, dass hier kein Commitment für dein Vorhaben vorliegt, dann frage dich, woran das liegen kann und was es braucht, damit du weitergehen kannst. Alles beginnt mit einem Gefühl in deinem Kompetenzzentrum Herz: Ich habe ein Gefühl, das … geht dann über zum Zentrum Kopf und wird hier zu einem Gedanken, welcher dann im Kompetenzzentrum Bauch zu deiner Handlung führt. Wiederhole die Begehung so oft, bis du Klarheit hast, oftmals reicht der erste Versuch nicht aus. Während der Begehung in der Triade bleiben deine Augen geöffnet; verweile bei den einzelnen Zentren nicht zu lange. Wenn du gerade in einem Zentrum nichts spürst, dann gehe zügig weiter zum nächsten. Halte deinen Fokus immer auf die Unterschiedlichkeit in den drei Zentren, um differenziert für dich wahrnehmen zu können.

Idealerweise arbeitest du gleich für dich heraus, was du aus dem Buch alles für dich in die Praxis umsetzen wirst. Und wie immer suche dir »Zeugen« dafür, erzähle anderen von deinem Vorhaben, denn damit stärkst du wiederum dein Commitment zu dir. Mehr dazu erfährst du im Kapitel **C wie Commitment.**

Michaela Forthuber
#Entscheidungsarchitektin

V wie Vertrieb und Verkauf:

Ein untrennbares Duo

Die beiden Themen Vertrieb und Verkauf sind untrennbar miteinander verbunden und mit die wichtigsten Ankerpunkte in deinem Business. Denn was nützt dir ein perfektes Produkt, wenn du es nicht an deine Kundinnen kommuniziert bekommst? Wohl wissend, dass Vertrieb und Verkauf nicht nur essenziell, sondern auch extrem umfangreich sind, möchte ich dir in diesem Kapitel einen groben Überblick verschaffen, die verschiedenen Vertriebswege kurz erläutern und die Basics zum Thema Verkauf verraten.

Vertrieb

Grundsätzlich stehen dir eine Vielzahl unterschiedlicher Vertriebswege zur Verfügung. Wir unterscheiden zwei wesentliche:

- Direktvertrieb
- Indirekter Vertrieb

Unter dem Begriff Vertrieb verstehen wir sämtliche Prozesse, die beim Verkauf deines Angebotes durchlaufen werden:

Identifikation der Zielgruppe > Akquise/Kundenkontakt > Verkauf beziehungsweise Lieferung des Angebotes.

Der Vertriebsprozess ist von deinem gewählten Geschäftsmodell und Angebot abhängig. Der Vertriebsprozess besteht aus fünf Schritten:

1. Zielgruppe identifizieren und Recherche (Leads generieren, persönliche Daten sammeln). In unserem Fall: Neugründerinnen und Jungunternehmer; Leadgenerierung durch Homepage.

2. Kontakt zu Interessentinnen aufnehmen (zum Beispiel via E-Mail-Marketing, Newsletter etc.). In unserem Fall: zum Beispiel die geschlossene Facebook-Gruppe von PUSH UP your BUSINESS.
3. Überzeugen und verkaufen (Kundengespräch, Webinar etc.). In unserem Fall: durch unseren Social-Media-Auftritt und persönliche Gespräche.
4. Leistungserbringung/Auslieferung der Ware und Kundenbetreuung. In unserem Fall: Verkauf unseres Buches und nachfolgendem Newsletter.
5. Kundenbindung/Up-Selling/Neugewinnung. In unserem Fall: unsere weiterführenden Seminare und Onlinekurse anbieten.

Diese fünf Schritte sind die Grundlage des Vertriebsprozesses. Sie gelten sowohl für den Direktvertrieb als auch für den indirekten Vertrieb. Diese beiden Vertriebswege stelle ich dir jetzt etwas näher vor.

Direktvertrieb

Von Direktvertrieb sprechen wir, wenn zwischen Hersteller-Unternehmen und Konsumentinnen **kein** unternehmensfremdes Business dazwischensteht. Die Ware geht direkt vom Hersteller an die Kunden, entweder durch

- einen Vertreter – Beispiel: Tupperware, Vorwerk, Partylite, Bofrost
- auf einem Markt oder einer Messe – Beispiel: Wochenmarkt, Women & Work
- direkt ab Werk – Beispiel: Käseverkauf direkt beim Produzenten
- durch Onlineshops (E-Commerce)

Deine Gewinnspanne ist beim Direktvertrieb oftmals höher, da du keine Provision an den zwischengeschalteten Betrieb zahlen musst. Außerdem entsteht eine persönliche Kommunikation zwischen dir und deiner Kundschaft, wodurch das Vertrauen in dich und dein Business gestärkt werden, wodurch wiederum weitere Verkäufe (Up-Sell) initiiert werden können. Nachteilig ist der erhöhte Aufwand auf Unternehmerseite, da der Aufbau eines Direktvertriebs zeit- und kostenintensiv ist.

Indirekter Vertrieb

Von indirektem Vertrieb sprechen wir, wenn zwischen dem Hersteller-Unternehmen und Konsumenten mindestens ein weiteres Unternehmen geschaltet wird. Die Ware wird also von der Herstellerfirma an ein Unternehmen verkauft, welches die Güter den Endkundinnen anbietet. Typisches Beispiel für indirekten Vertrieb ist der Groß- und Einzelhandel.

Der indirekte Vertriebsweg wird am häufigsten genutzt (Anmerkung: Gerade durch die Coronapandemie wurde vermehrt auf den Direktvertrieb und Onlineshops umgestellt). Entscheidest du dich für den indirekten Vertrieb deiner Waren, musst du als Produzent lediglich die Händler beliefern, die dann den weiteren Vertriebsweg zu den Kundinnen übernehmen. Zu beachten ist natürlich, dass die Gewinnspanne aufgrund der Provision an das zwischengeschaltete Partnerunternehmen niedriger ist als beim direkten Vertrieb. Gleichzeitig steigt der Preis für deine Kundinnen, da sowohl du als Hersteller als auch das zwischengeschaltete Partnerunternehmen am Vertrieb deines Produktes verdienen möchten.

Du siehst, sowohl der Direktvertrieb als auch der indirekte Vertrieb haben Vor- und Nachteile. Wenn du dir nicht sicher bist, welchen Vertriebsweg du für dein Business wählen sollst, können dir diese Fragen bei deiner Entscheidung weiterhelfen:

- Welchen Vertriebsweg haben direkte Mitbewerberunternehmen?
- Soll ich den gleichen Weg wählen oder den Kunden einen neuartigen Weg bieten?
- Was habe ich für Unternehmensziele?
- Wie steht es um meine Finanzkraft? Kann ich mir ein Mittlerunternehmen leisten?
- Ist mein Produkt selbsterklärend oder brauchen die Kundinnen eine persönliche Erklärung oder eine Bedienungsanleitung, und könnte ich das eventuell digitalisiert lösen in Form eines Erklärungsvideos?
- Wie steht es um die Kompetenz meiner internen Vertriebsleute?
- Ist mein Produkt überhaupt transport- und/oder lagerfähig?
- Welche zwischengeschalteten Partnerfirmen wären für den Verkauf meines Produktes geeignet? Sind diese vor Ort und somit direkt greifbar?
- Macht eine Preissteigerung – aufgrund der Provision an den Mittelnden – mein Produkt für Endkundinnen eventuell unattraktiv?

Verkauf

Der Markt, in welchem du dein Angebot zum Verkauf anbietest, wird als Absatzmarkt bezeichnet.

Absatzmärkte lassen sich nach verschiedenen Kategorien einteilen, zum Beispiel:

Anhand der Geografie:
A) Lokaler Absatzmarkt
B) Regionaler Absatzmarkt
C) Nationaler Absatzmarkt
D) Internationaler Absatzmarkt
E) Weltweiter Absatzmarkt

Anhand der Beziehung:
A) Business-to-Consumer (B2C)
- Gewerbliche Anbietende verkaufen ihr Angebot an private Kundinnen.
- Beispiel: Der Verkauf deines Autos durch einen Autohändler an eine Privatperson.

B) Business-to-Business (B2B)
- Gewerbliche Anbietende verkaufen ihr Angebot an andere gewerbliche Händlerinnen.
- Beispiel: Der Verkauf eines Autos durch einen Autohändler an ein Taxiunternehmen.

C) Consumer-to-Consumer (C2C)
- Private Anbietende verkaufen ihr Angebot an Privatpersonen.
- Beispiel: Der Verkauf deines Autos durch dich als Privatperson an eine andere Privatperson.

Anhand des Angebotes:
A) Markt für Konsumgüter
- Unterschiedliche Waren und Güter werden an private Endkundinnen verkauft.
- Beispiel: Lebensmittelgeschäft, Drogeriemarkt, Baumarkt, Autohaus.

B) Markt für Dienstleistungen

- Unterschiedliche Dienstleistungen werden verkauft.
- Beispiel: Friseur, Steuerberater, Anwalt, Life Coach, Fitnesstrainer.

C) Markt für Immobilien

- Immobilien und Grundstücke werden an private oder gewerbliche Kunden verkauft.

D) Markt für Industriegüter/Investitionsgüter

- Einkauf von Gütern für den eigenen Bedarf eines Unternehmens (Rohstoffe, Maschinen, Equipment), die zur Herstellung von Waren für die Endverbraucherinnen dienen.
- Beispiel: Eine Tischlerei kauft Holz, Leim und eine Säge zur Herstellung von Möbeln.

Der Verkauf deines Produktes oder deiner Dienstleistung wird von verschiedenen Kriterien bestimmt – wie Angebot und Nachfrage. Diese beiden Begriffe betreffen die Verfügbarkeit deiner Ware. Das heißt, ein Angebot steht dann zur Verfügung, wenn am Markt eine Nachfrage herrscht. Es ergibt wenig Sinn, im Winter Klimaanlagen anzubieten, wenn es zu dieser kalten Jahreszeit keine Nachfrage dafür gibt. (Wobei eine gute Verkaufspersönlichkeit bekanntlich auch einem Eskimo einen Kühlschrank verkauft, davon hast du sicherlich schon gehört.)

Angebot und Nachfrage spielen bei deiner Preiskalkulation eine entscheidende Rolle. Einfach gesagt: Je höher die Nachfrage, desto

A) mehr Ware wirst du produzieren, um deinen Gewinn zu maximieren, oder

B) teurer kalkulierst du dein Produkt.

Dabei kommt die Frage nach Qualität und Quantität ins Spiel. Lies dazu nach im Kapitel **Q wie Qualität versus Quantität.**

Verkaufen, Verkaufen, Verkaufen!!!

Wie ich schon gesagt habe: Ein guter Verkäufer kann den Eskimos Kühlschränke verkaufen. Was die Frage aufwirft, nach welchen Kriterien der Mensch eine Kaufentscheidung trifft. Denn entsprechend diesem Beispiel kaufen wir nicht nur Dinge, die wir tatsächlichen brauchen …

Die Leute kaufen:
A) Nützliches
B) Bequemes
C) Amüsantes, Einzigartiges, etwas aus persönlicher Liebhaberei
D) Was die Nachbarn neidisch macht (das wussten schon die alten Römer – zumindest in den Asterix-Comics)

Dass wir Nützliches kaufen, ist logisch und selbsterklärend. Unter dem Nützlichen verstehen wir ein Produkt, das in erster Linie (s)einen Zweck erfüllt.

A) Ein Opel Corsa, Baujahr 2001 wird seinen Zweck erfüllen, er bringt dich von A nach B.

B) Bequemer wäre die Reise natürlich in einem brandneuen Mercedes, ausgestattet mit allen technischen Raffinessen.

C) Vielleicht haben wir ein Faible für Ausgefallenes und kaufen uns deshalb eine BMW Isetta oder lieber etwas Nostalgisches wie einen Ford Thunderbird Hardtop Town Coupe. Dinge also, deren Wert nicht unbedingt nur im Material liegt, sondern ideell, persönlich besetzt ist oder Sammlerwert wie Einzelstücke besitzt.

D) In diese Kategorie würde ein Modell fallen, das deinen Nachbarn neidisch macht. Vielleicht ein aufgemotzter feuerroter Ferrari oder ein fetter SUV mit Panoramadach und allen möglichen Spielereien wie Monitoren in den Kopfstützen. Es ist jedenfalls etwas, das sich (und damit auch dich!) von der Masse abhebt, ein soziales Upgrade könnten wir sagen. Kurz: ein Statussymbol.

Weitere Beispiele für diese Kategorie wären: das vergoldete Ribeyesteak, die Birkin Bag von Hermès, die Rolex Daytona und so weiter. (Anmerkung: Je nach Kategorie steigt die Bereitschaft, Geld auszugeben.)

Du weißt jetzt, **warum** die Menschen etwas kaufen. Nun gibt es verschiedene Verkaufsmethoden, um Kundinnen von deinem Angebot zu überzeugen. Zu beachten gilt, dass im B2B-Bereich andere Regeln als im B2C-Bereich gelten, denn im B2B sind beide Partnern Kaufleute. Ihr verhandelt entsprechend auf Augenhöhe.

Zu den unterschiedlichen Verkaufsmethoden zählen unter anderem:

- Hardselling
- Softselling
- Die Miller-Heimann-Methode
- Consultative-Value-Selling
- Spin-Selling
- Challenger-Sales
- Neuroselling

Hardselling: Strategisches Verkaufen nach vorgefertigtem Leitfaden mit teilweise manipulativen Rhetoriktechniken und einer Get-the-Order-Mentalität. Erfordert Direktheit, Aggression und vorausschauendes Denken, um schnell einen Vorsprung oder Umsatz zu erzielen. Hardseller verlassen sich auf ein absolut solides Verkaufsgespräch und üben normalerweise einen hohen Druck auf die Kunden aus.

Softselling: Das Gegenteil von Hardselling. Beim Softselling läuft der Verkaufsprozess wesentlich subtiler ab. Softseller agieren aus einer einfühlsameren Position heraus und versuchen zu verstehen, wie die Käufer ticken. Hier wird nicht versucht, möglichst schnell zum Abschluss zu kommen, und Softseller arbeiten ohne Druck.

Die Miller-Heimann-Methode: Sehr kundenorientiert. Ziel ist, eine Win-win-Situation für alle Beteiligten zu erreichen. Nicht der Verkauf steht an erster Stelle, sondern die Kundenzufriedenheit.

Consultive-Value-Selling: Ziel ist die Identifizierung des tatsächlichen Kundenbedürfnisses. Wird vorwiegend bei komplexen Dienstleistungen oder Produkten angewendet.

Spin-Selling: Entwickelt von Neil Rackham. SPIN ist ein Akronym und steht für

- S – Situationsfragen (helfen, die Ausgangssituation zu erörtern)
- P – Problemfragen (um ein Problembewusstsein zu erzielen)
- I – Implikationsfragen (dienen dem Erkennen des Problems und einer Lösungsabfrage)
- N – Need-Payoff-Fragen (um den Kunden die Lösung und den Nutzen vorzuführen)

Challenger-Sale: Hier wird der Kunde vom Verkäufer nahezu herausgefordert. Er bringt Kunden etwas bei, spricht über zukunftsweisende Ideen und gibt viele Tipps weiter. Die Verkaufsperson setzt im Prozess gezielt auf eigenes Fachwissen und gibt den Interessenten auch mal Contra. Dabei passt sich die verkaufende Person in der Kommunikation dem Kundenverhalten und -gewohnheiten an.

Neuroselling: Zielt ab auf den Einsatz von Emotionen, nicht nur auf die Präsentation reiner Zahlen/Daten/Fakten. Welchem emotionalen Typ gehört meine potenzielle Käuferin an? Welche Wünsche oder Bedenken hat sie? Emotionale Gemeinsamkeiten führen zur gleichen Wellenlänge zwischen Verkaufs- und Käuferperson. Dadurch wird eine »intimere«, fast schon freundschaftliche Geschäftsbeziehung möglich, die durch hohes Vertrauen und lange Kundenbindung geprägt ist.

Neben den vorgestellten Methoden gibt es weitere. Welche dieser Methoden für dich die geeignetste ist, musst du selbst herausfinden. Du solltest dich auf jeden Fall wohl und sicher mit ihr fühlen. Jede dieser Methoden will geübt werden. Je sicherer du bist und auf andere wirkst, desto leichter wird es dir fallen, deine Kundschaft zu überzeugen.

Doch die beste Verkaufsmethode bringt nichts ohne eine anständige Kundenanalyse. Du musst die Bedürfnisse deiner Interessenten kennen. Was brauchen sie? Was wollen sie? Wo kaufen sie ein? Wie leben sie? Welche Standards haben sie? Wie alt sind sie? Je besser du deine Zielgruppe kennst, desto genauer kannst du dein Angebot entwickeln, desto gezielter wird deine Marketingstrategie und desto erfolgreicher wird schlussendlich dein ganzes Business!

Wie in vielen Bereichen hat das Verkaufen sehr viel mit Mindset zu tun. Darüber haben wir ja bereits ausgiebig an mehreren Stellen dieses Buches gesprochen. Verkaufen ist eine unternehmerische Fähigkeit, die genauso erlernt werden kann wie Buchhaltung oder Onlinemarketing. Siehst du deine Stärken nicht in diesem Bereich, ist es sinnvoll, früher oder später jemanden dafür einzustellen.

Ich hoffe, dir wird mit diesem Kapitel deutlich, wie alle Themen des PUSH UP Your BUSINESS Ratgebers wie Zahnräder ineinandergreifen:

- eine solide Basis mit gut kalkulierten Finanzen
- das Commitment dir selbst gegenüber
- dein individueller Expertenstatus mit sehr guter Reputation
- die Homepage als digitales Schaufenster mit optimaler Kommunikationsstrategie und emotionalem Storytelling
- die professionelle Performance im Inneren wie auch im Äußeren
- Mindset und Tools, die dich in der Umsetzung erfolgreich unterstützen

All das führt dich schließlich zum Verkauf deines Angebots und entscheidet, wie deine unternehmerische Zukunft aussehen wird. Einen speziellen Platz beim Thema Verkauf nimmt der »Verkauf« deiner Ideen ein. Wenn du als Gründerin oder später als erfolgreiche Unternehmerin beispielsweise Investierende für ein Projekt oder ein Produkt suchst, musst du Geldgebern deine Idee verkaufen. Das geschieht im Rahmen eines Pitches. Auch in einem Pitch kannst du die erlernten Verkaufsmethoden sehr gut anwenden. Wenn du zusätzlich noch Tipps für eine erfolgreiche Präsentation und den Umgang mit Nervosität und Lampenfieber haben möchtest und dich dadurch optimal vorbereiten willst, dann lies dazu weiter im Kapitel **P wie Performance**!

Carina Frei

#Push up your Business

W wie Wachstum:

Spielt schon bei der Gründung eine Rolle

Es gibt verschiedene Ansätze, um sich mit Unternehmenswachstum und Skalierung zu beschäftigen. »Unter Unternehmenswachstum versteht man in der Betriebswirtschaftslehre die nachhaltige Steigerung der Betriebsgröße eines Unternehmens in quantitativer oder auch qualitativer Hinsicht.«[15]

Was verbirgt sich genau dahinter? Ich habe mich für diesen Beitrag zu einem weniger theoretischen Ansatz entschieden. Nicht nur, da ich weder BWLerin noch Wirtschaftswissenschaftlerin bin, sondern vielmehr, weil ich Unternehmenswachstum aus der Praxis heraus kenne und beurteile.

Ich bin seit knapp zwei Jahrzehnten mit Leib und Seele Unternehmerin und habe alle Höhen und Tiefen der Selbstständigkeit durchlebt. Ich habe eine Insolvenz hinter mir, sozusagen einen missglückten Versuch der Skalierung. Dafür erwirtschafte ich nun seit mehreren Jahren konstant siebenstellige Jahresumsätze mit meinem Amazon-Business. In diesem Kapitel geht es um Skalierung und Wachstum in der Praxis:

- Welche verschiedenen Phasen im Lebenszyklus eines Unternehmens gibt es?
- Was sind die Erfolgsfaktoren eines gelungenen Wachstums, welches sind die Risiken?
- Welche Methoden gibt es, um zu wachsen?

Außerdem habe ich mir zwei Praxisbeispiele ausgesucht, um dir Wachstum und Skalierung anschaulicher darzustellen.

»Stillstand bedeutet Rückschritt«, so lautet ein bekanntes Zitat von Topmanager Rudolf von Bennigsen-Foerder. Erfolgscoach Tony Robbins wiederholt in seinen Seminaren: »A company grows or dies.« Beide Zitate meinen ein- und dasselbe: Man verliert nach und nach an Marktanteil, wenn man nicht mindestens mit dem Marktvolumen wächst. Ziel des Wachstums ist es also, sich von der Konkurrenz abzuheben, einen möglichst großen Burggraben um sich und sein Unternehmen zu errichten.

Wachstum ist auch wichtig, um seine Unternehmensvision in die Welt zu tragen. Das, wofür man einsteht. Die Vision, die einen antreibt und zu Höchstleistungen motiviert. Ohne entsprechendes Wachstum bleibt man ein kleines Licht und hat einfach keine Möglichkeit, den brillanten Ideen eine leuchtende Bühne zu schenken.

Ein gewisses Wachstum verhilft dem Unternehmen außerdem, mit mehr Flexibilität die Unternehmensziele zu verfolgen. Wachstum geht mit größeren finanziellen Möglichkeiten und auch mit größerem Einfluss einher. Schließlich führt ein wachsendes Unternehmen im Idealfall auch zu steigenden Gewinnen, und dies ist bei den meisten Unternehmen, neben gegebenenfalls sozialen Zielen, der Hauptzweck!

Die Phasen eines Unternehmens

Bereits 1972 hat der US-amerikanische Ökonom Larry E. Greiner sein bekanntes Modell der fünf Phasen des Unternehmenswachstums publiziert. Er beschreibt darin fünf Krisen, die den Übergang von einer Phase in die nächste markieren.

In der **ersten Phase**, der Gründungsphase, resultiert das Wachstum aus den Ideen der Gründer, die hochmotiviert ihre Vision verfolgen. Jedoch gibt es in dieser Phase noch keine Strukturen. Gegen Ende der ersten Phase stößt das Wachstum an seine Grenzen und nach Greiner lasse sich eine Führungskrise feststellen.

In der **zweiten Phase** spezialisieren sich die Führungskräfte. Das Unternehmen strukturiert sich in verschiedene

Aufgabenbereiche. Das Tagesgeschäft erfordert immer mehr Zeit. Parallel entsteht eine wachsende Spezialisierung aller Aufgaben und verdrängt die Gründungsmitarbeiter. Dies führt zu Spannungen.

In der **dritten Wachstumsphase** werden nach Ansicht des Ökonomen Abteilungen und Bereiche gebildet. Aspekte der Personalentwicklung nehmen einen großen Raum ein. Am Ende dieser dritten Phase entsteht eine Art Kontrollkrise, weil sich Teilbereiche des Unternehmens und Abteilungen verselbstständigen.

In der **vierten Wachstumsphase** wird der messbare Erfolg immer wichtiger. Unternehmen erreichen jetzt Konzernstrukturen. Die Gefahr dieser Phase besteht laut Greiner darin, dass die voranschreitende Bürokratie Flexibilität und Innovationen behindert. Die Motivation und die sprudelnden Gedanken der Gründungsphase sind spätestens hier komplett verschwunden.

In der **fünften Phase** wird nun wieder Wachstum durch den Abbau der extrem formalen Prozesse und Bürokratie angestrebt. Hierzu sollen flexiblere Strukturen, Kommunikation sowie Konfliktlösungen im Team dienen. Soft Skills wie Empathie, Eigenverantwortung und Disziplin sind nun gefordert. Dies wiederum stellt besonders jene Mitarbeiterinnen vor große Herausforderungen, die am Aufbau des formalen Prozesses mitgewirkt haben.

Nach meiner Praxiserfahrung sind diese fünf Wachstumsphasen zu wissenschaftlich und zu praxisfern für Startups und kleinere Unternehmen angelegt, die nicht in Konzernstrukturen denken. Durch Beobachtung meiner eigenen Unternehmen, Gespräche mit vielen anderen Unternehmern sowie das Lesen von über 5.000 Seiten Literatur zum Thema Skalierung und Wachstum von Unternehmen komme ich auf insgesamt drei Phasen im Lebenszyklus eines Unternehmens.

1. Phase: Gründen, ausprobieren, optimieren, wiederholen

In dieser ersten Phase baut man sein Unternehmen auf. Jeder vollzieht die ersten Schritte von der zündenden Idee bis zur tatsächlichen Gründung. Man schafft ein stabiles System, das man selbst meistert und kontrolliert. In dieser Phase laufen die meisten Geschäftsprozesse manuell ab.

Nun fängt man an, das System – das eigene Business – zum Laufen zu bringen, einen Onlineauftritt zu kreieren, die ersten Produkte oder Dienstleistungen zu verkaufen. Im Idealfall baut man sich in dieser Phase ein festes Einkommen auf und erlebt die unternehmerische Freiheit.

In dieser ersten Phase hat man meist noch kein System, das für einen arbeitet – vielmehr ist man von den eingeschränkten Ressourcen wie Zeit und Geld abhängig, vielleicht auch von der Technik.

Typische Fragen sind:

- Woher soll ich die nächsten Kunden nehmen?
- Wie kann ich in den Urlaub fahren, ohne finanzielle Einbußen zu erleiden?
- Wann ist der richtige Zeitpunkt, um Mitarbeiter einzustellen?

2. Phase: Skalierung

In der zweiten Phase eines Unternehmens nutzt man ein nachhaltiges, beständiges System und dessen Ressourcen, um darauf aufzubauen. Man steigert seine Einnahmen und plant konkrete Schritte, um zu wachsen. Man kennt sein eigenes System und weiß, welche Umsätze durch Produkte oder Dienstleistungen kontinuierlich reinkommen, welches Budget man in den Bereichen Marketing, Teambildung, Verkauf einsetzen kann beziehungsweise muss, um seine Ziele zu erreichen.

In dieser zweiten Phase geht es nicht mehr um das Erproben des Systems, sondern um die Optimierung und Automatisierung. Meist führt man das Unternehmen nicht mehr allein, sondern mit einem Team und entwickelt es zur **Cashmaschine**, die einem nicht nur das monatlich fixe Einkommen sichert, sondern darüber hinaus finanzielle Freiheit bietet.

3. Phase: Leben der Vision

In der dritten Phase läuft das Unternehmen quasi von allein. Als Inhaberin oder Geschäftsführer arbeitet man spätestens jetzt ausschließlich aus Freude, nicht aus Notwendigkeit. Das Unternehmen wächst über die monetären Zwecke hinaus. Es geht nicht länger um den teuren Familienurlaub, die Absicherung der Familie oder ein Traumauto – vielmehr geht es in dieser Phase darum, frei und erfüllt zu sein und eine Vision zu leben, die man zu Beginn der Selbstständigkeit vermutlich nicht für möglich hielt. Leider kommen nicht alle Unternehmen in diese letzte Phase, die an sich das ultimative Ziel eines jeden Gründers sein sollte.

Erfolgsfaktoren für gelungenes Wachstum

Warum kommen nicht alle Unternehmer in die zweite oder gar dritte Phase des Wachstums? Welche Faktoren müssen vorliegen, um erfolgreich zu wachsen? Ich habe in den vergangenen Jahren viele Unternehmensgeschichten und Autobiografien wahnsinnig erfolgreicher Unternehmensgründer wie Steve Jobs, Jeff Bezos oder Mark Zuckerberg gelesen. Daraus haben sich für mich folgende Erfolgsfaktoren der Big Player ergeben:

Marktanteile gewinnen

Das primäre Unternehmensziel sollte sein, Marktanteile zu gewinnen. Dies treibt Unternehmer zu immer größeren Höchstleistungen an. Sie sind **hungrig**, kennen ihre Märkte und haben strategische Pläne, sich immer weiter im Marktsegment auszubreiten. Diese räumliche Ausbreitung stellt einen guten Weg dar, um erstens selbst zu wachsen und zweitens auch, um Mitbewerber den Platz streitig zu machen. Sie schaffen es, der Konkurrenz immer einen Schritt voraus zu sein.

Stärken hervorheben

Ein weiterer Erfolgsfaktor ist, die eigenen Stärken und Schwächen zu reflektieren. Wenn Unternehmen ihre Stärken herausgefunden haben, perfektionieren sie diese. Sie arbeiten unermüdlich daran, immer besser in dem zu werden, was sie ohnehin schon erfolgreicher tun als andere in ihrer Branche. Auch hier ist es oberste Priorität, an erster Stelle zu stehen.

Authentischer Markenaufbau

Ein gelungenes und erfolgreiches Unternehmenswachstum geht meist mit dem authentischen Markenaufbau einher. Die Unternehmensziele werden in Visionen und Missionen zusammengefasst und zu Slogans heruntergebrochen.

Gute Beispiele in diesem Zusammenhang sind etwa »To provide access to the world's information in one click« (Google) oder »To make people happy« (Disney) oder auch »Capture and share the World's moments« (Instagram). Fortan wird an diesen Visionen und Missionen gearbeitet und der Unternehmensaufbau authentisch vorangetrieben.

Wenn man als Solopreneurin oder junges Start-up mit

dem Businessaufbau beginnt, hat man im Idealfall schon Visionen und eine Mission. Am Anfang des Wachsens geht es jedoch noch nicht um Marktanteile, Stärken perfektionieren und seine Marke mit hübsch klingenden Slogans aufzubauen.

Am Anfang geht es den meisten Gründern zunächst darum zu starten, zu bestehen und langsam zu wachsen. Bereits in dieser frühen Wachstumsphase zeichnen sich schon Unterschiede zwischen erfolgreich wachsenden Unternehmen und solchen, die später stagnieren oder sich eben nicht am Markt etablieren können, ab.

Das richtige Unternehmerinnen-Mindset

Zu den Erfolgsfaktoren, die schon sehr früh gegeben sein müssen, um erfolgreich wachsen zu können, gehört in jedem Fall das richtige Unternehmerinnen-Mindset. Ohne die richtige Denkweise wird es schwer, ein erfolgreiches Business aufzubauen und voranzutreiben.

Was gehört nun zu einem auf Erfolg und Wachstum programmierten Mindset?

Glaubenssätze

Einen großen Anteil daran haben Glaubenssätze. Gerade limitierende Glaubenssätze halten Gründer häufig davon ab durchzustarten und erfolgreich zu sein. »Wenn man etwas erreichen will, muss man dafür kämpfen!« oder »hart verdientes Geld« sind weit verbreitete Ansichten, die schon den einen oder anderen Unternehmer davon abgehalten hat, Karriere zu machen.

Das Wort »Kampf« impliziert bereits, dass es nicht leicht

sein darf, erfolgreich zu sein. Für mich bedeutet zu kämpfen, auch immer Energie in etwas zu investieren, das sich nicht richtig anfühlt. Es wirft bei mir die Frage auf, ob ich mich gerade vielleicht sogar auf das Falsche fokussiere. Dabei darf es leicht sein! Wenn man also so einen falschen Glaubenssatz bei sich feststellt, sollte man diesen dringend angehen, denn er steht dem eigenen Erfolg im Weg!

»Ich schaffe das nicht« oder »Andere sind viel besser als ich« sind weitere limitierende Glaubenssätze. Auch hier besteht dringender Handlungsbedarf, sein Mindset zu ändern.

Bei erfolgreichen Unternehmerinnen
wird die Aussage »Ich schaffe das nicht« durch
»Geht nicht, gibt's nicht!« ersetzt.

Dies ist die richtige Einstellung, um dein Business zu vergrößern! Gerade Frauen lassen sich oftmals mit Glaubenssätzen wie zum Beispiel: »So viel bin ich nicht wert« vom erfolgreichen Wachstum ihres Unternehmens abhalten. Im Coaching mit meinen Kundinnen beginne ich daher immer mit der Frage, was sie sich wert seien. Dabei stellt sich heraus, dass sich viele Frauen gar nicht als richtige Unternehmerinnen wahrnehmen und wertschätzen. Dies strahlen sie aus und das manifestiert sich dann in ihrem Business. Logisch, dass erfolgreiches Wachstum so nicht funktioniert! Mehr zum Thema Mindset findest du im Kapitel **M wie Mindset.**

Querdenken und neuer Blickwinkel

Nicht nur Glaubenssätze gehören zum Erfolgsmindset. Auch die Fähigkeit, querzudenken und den Blickwinkel zu ändern, sind klare Bestandteile. Ich wage mal eine Hypothese: Erfolg funktioniert lediglich, wenn Scheitern erlaubt ist und man Niederlagen knallhart analysiert und daraus lernt. Nur so finden Wachstum und Entwicklung statt. Erfolgreiche Manen geben fast ohne Ausnahme zu, in ihrem Leben mindestens einmal richtig gescheitert zu sein!

Der interessante Gedanke besteht jedoch darin, den Blickwinkel zu verändern und Scheitern nicht als solches anzusehen, sondern als Geschenk des Lebens! Als ein Werkzeug und eine Lern- beziehungsweise Lebenserfahrung, die einen **ge-scheiter** macht (Wortschöpfung, die ich in einem Seminar von Motivationstrainer Christian Bischoff gehört habe).

Zu viele Unternehmen versagen sich selbst jegliche Form von langfristigem Erfolg, weil Fehlversuche ignoriert oder unter den Teppich gekehrt, anstatt analysiert werden. Gute Vorhaben werden eingestellt, weil sie gescheitert sind, anstatt es einfach noch einmal zu versuchen. Viele geben schlichtweg viel zu früh auf.

Better done than perfect

Ein weiterer Faktor für erfolgreiches Wachstum kommt aus dem Lean Management und lautet: »Start fast, fail fast, learn fast!« Nicht wenige Unternehmen wachsen nicht, weil sie viel zu lange an der perfekten Idee, der perfekten Webseite, dem perfekten nächsten Produkt basteln oder der perfekten neuen Chance hinterherjagen.

Das Problem dabei: Perfekt gibt es nicht, und Unternehmen kommen deshalb einfach nicht ins Handeln. »Better done than perfect« (Zitat wird Mark Zuckerberg zugeschrieben) ist daher ein Ansatz, der zu schnellerem Unternehmenswachstum führt. Auch hier gilt natürlich, dass eine exakte Analyse erforderlich und der Lerneffekt existieren muss – denn nichts ist so schlimm, wie denselben Fehler noch einmal zu wiederholen!

Effektives Zeitmanagement

Neben dem richtigen Mindset ist effektives Zeitmanagement auf dem Weg nach oben extrem wichtig. Es bedeutet nicht nur den Weg aus dem Hamsterrad, sondern ist der Weg hin zu einem profitablen und skalierbaren Unternehmen. Obgleich Zeitmanagement eines meiner persönliches Lieblingsthemen ist, würde es den Rahmen dieses Kapitels sprengen, hier sämtliche Zeitmanagementmethoden zu erläutern. Eingehen möchte ich aber zumindest kurz auf ein Thema in diesem Zusammenhang. »Erfolgreich wachsende Unternehmen setzen stets den richtigen Fokus.«

Was ist damit gemeint? Im Zusammenhang mit Zeitmanagement sollte man sich bereits im laufenden Tagesgeschäft immer wieder fragen: »An welcher Sache arbeite ich gerade?« Dies hilft, sich zu fokussieren und zu konzentrieren. Andernfalls läuft man schnell Gefahr, immer wieder neue Dinge anzufangen, am Abend oder am Ende der Woche aber nichts abgeschlossen zu haben. Es gibt wenig, das so frustrierend ist wie das Gefühl, nichts zu schaffen. Viel effektiver ist es hingegen, sich auf eine Sache zu konzentrieren, diese abzuschließen und erst dann mit neuen Aufgaben zu beginnen!

Den richtigen Fokus zu setzen, bezieht sich allerdings nicht nur auf das Tagesgeschäft und die konkrete Aufgabe. Dies sollte globaler betrachtet werden: Erfolgreich wachsende Unternehmen beschäftigen sich ausschließlich mit Dingen, die sie ihren Zielen und ihrer Unternehmensvision näherbringen. Sie beschäftigen sich mit Fragen wie: »Wie bekomme ich mehr Marktanteile?«, »Wie trage ich meine Markenbotschaft in die Öffentlichkeit?« oder »Welches Alleinstellungsmerkmal kann ich gegenüber meinen Mitbewerberinnen schaffen?« Anderen Themen, die sie nicht weiter voranbringen oder nur Verwaltungstätigkeiten darstellen, wird nicht mehr Raum als notwendig gegeben.

Finanzen

Ein weiterer wichtiger Punkt, der meiner Erfahrung nach dafür mitverantwortlich ist, ob Unternehmen stagnieren oder wachsen, sind die Finanzen. Oft ist dies etwas, das vernachlässigt wird, weil es eben nicht so viel Spaß bereitet wie andere Dinge. Dennoch sind Finanzen Chefinnensache! Damit meine ich keinesfalls die administrative Verwaltungstätigkeit der Buchhaltung – dieser Teil sollte, sobald es geht, an einen Mitarbeiter oder Dienstleistungsunternehmen abgegeben werden.

Nein, mir geht es um die Kontrolle über die Zahlen und die Frage: »Welche sind die für mich wichtigen Kennzahlen?« und »Was muss ich tun, damit diese immer besser werden?« Dieses wichtige Thema sollte niemals delegiert werden. Von einigen meiner Coaching-Kundinnen habe ich schon gehört: »Das macht mein Steuerberatungsbüro, wenn etwas nicht passt, dann sagt es mir Bescheid!« NEIN! Das ist das falsche Mindset und mangelnde Kenntnis darüber, was die Aufgaben von Steuerberatern sind. Diese liegen nämlich darin, die Steuern korrekt zu berechnen und hierbei keine Fehler zu machen. Schon in diesem Punkt **korrekt berechnen** sollte man sich fragen, für wen sie korrekt berechnet werden?

Für das Finanzamt und den Staat, denn dies ist die Aufgabe eines Steuerberatungsbüros und entspricht der Ausbildung von Steuerberatern in Deutschland! Sie werden nicht unbedingt für die Mandantinnen berechnet, um Steuern zu sparen. Und erst recht nicht, um die Kennzahlen der Mandanten zu definieren und unter Kontrolle zu halten. Selbstverständlich mag es auch einige wirklich motivierte und engagierte Ausnahmen unter den Steuerberatern geben, aber sie sind nicht der Regelfall. Die Zahlen bleiben Chefsache!

Im Zusammenhang mit Finanzen und Wachstum ist es zudem von herausragender Bedeutung, immer ein paar Schritte vorauszudenken, wie künftige Vorhaben und das Wachstum finanziert werden sollen. Nicht alle Ideen stoßen bei den Banken auf Begeisterung und sind finanzierbar. Oft lohnt es sich ebenfalls, über alternative Finanzierungsmöglichkeiten nachzudenken. Diese sind vielfältig und reichen von Crowdfunding-Projekten über Investoren bis hin zu sehr innovativen bankunabhängigen Finanzdienstleistungsunternehmen, die auch Waren finanzieren, was bei den klassischen Banken eher schwierig ist.

Mein Tipp lautet, sich von Anfang an und kontinuierlich mit den Finanzen zu beschäftigen, vor allem auch mit dem Finanzierungsbedarf in der Wachstumsphase. Es ist nämlich einfacher, ohne Druck an dieses Thema heranzugehen als während eines Liquiditätsengpasses. Geld beschafft sich immer einfacher, wenn man es gerade nicht benötigt!

Methoden der Skalierung und Wachstum

Gerade Start-ups stehen oft vor dem Problem, dass sie die richtige Strategie auswählen müssen, um ihr Produkt oder ihre Dienstleistung großzumachen. Es stellt sich zunächst die Frage, welche Strategien überhaupt zur Verfügung stehen, um sein Unternehmen zu skalieren und wachsen zu lassen.

Dies ist natürlich davon abhängig, ob man selbst produziert, Produkte verkauft oder im Bereich Coaching und Dienstleistungen unterwegs ist. Die folgenden Methoden lassen sich jedoch global anwenden.

Teamaufbau

Für viele Unternehmerinnen stellt sich nicht die Frage, ob sie skalieren, wenn sie in digitale oder IT-Systeme investieren. Die meisten sehen als erste Option die Investition in den Aufbau eines Teams. Meiner Erfahrung nach ist dies die erste Hürde auf dem Weg der effektiven und erfolgreichen Unternehmensskalierung.

Zum einen kommt es auf den richtigen Zeitpunkt an, zum anderen ist es wichtig, die richtigen Mitarbeiter einzustellen. Wartet man hier zu lange, läuft man Gefahr, ins Hamsterrad zu geraten und für zu lange nur Zeit gegen Geld zu tauschen. Stellt man jedoch zu früh Mitarbeiterinnen ein, belastet es die Liquidität des jungen Unternehmens und raubt somit das Kapital für Wachstum.

In der Praxis läuft es oft so ab, dass man einen Mitarbeiterbedarf feststellt, weil man zu viel arbeitet, zu wenig Zeit hat oder nicht mehr alle Kunden bedienen kann. Man schaltet eine Anzeige, führt das eine oder andere Vorstellungsgespräch, macht gegebenenfalls Abstriche, was seine Wunschvorstellung betrifft und ist letztlich froh, wenn man jemanden gefunden hat.

Stellt man jedoch den falschen Mitarbeiter ein, verschwendet man nicht nur Energie und Geld, sondern nimmt sich selbst die Wachstumschancen, weil man sich fortan nur mit den divergierenden Ansichten von Mitarbeitern beschäftigt. Schlimmstenfalls arbeitet man selbst doch wieder mit, anstatt sich um die Entwicklung des Unternehmens zu kümmern.

Aus leidvoller eigener Erfahrung kann ich sagen, dass ich in diesem Bereich einige Fehlentscheidungen getroffen habe. Ich kann daher jeder Person nur raten, sich sehr eingehend mit dem Thema »Teambuilding« zu beschäftigen, bevor es tatsächlich an die Einstellung von Mitarbeiterinnen geht. Man sollte sich beispielsweise im Vorfeld genau klarmachen, für welche spezifischen Tätigkeiten Mitarbeiter benötigt werden. Daraus ergibt sich eine Anforderungsliste von Mindestqualifikationen, die die Bewerber mitbringen müssen. Hier sollten dann auch wirklich keine Abstriche gemacht werden, auch wenn die Bewerberin noch so sympathisch erscheint.

Was hilft, sind auch in diesem Bereich eindeutige Checklisten. Neben Kenntnissen, Qualifikationen und anderen sogenannten »Hard Skills« sollte auch darauf geachtet werden, dass der Bewerber »Soft Skills« wie Engagement, Motivation und vor allem Teamfähigkeit mitbringt. Gerade Letzteres ist extrem wichtig, wenn im Unternehmen schon weitere Mitarbeiter da oder geplant sind. Hier kann man mit einfachen Persönlichkeitstests herausfinden, welcher Typ die Bewerberinnen jeweils sind und ob diese Persönlichkeit zu einem selbst beziehungsweise zum Team passen.

Mehr dazu im Kapitel **G wie Gefährten und Gefährtinnen.**

Ein System schaffen

Ein weiterer Meilenstein besteht in der Schaffung eines Systems. Dieses System ermöglicht es, unabhängig von der wertvollsten Ressource Zeit zu wachsen. Ein Unternehmen, welches das Schaffen eines Systems wie kein anderes vorgemacht hat, ist McDonald's.

Am 20. Dezember 1948 wurde der Grundstein für das gelegt, was wir heute als McDonald's kennen. Dick und Mac McDonald stellten ihr bereits seit 1940 florierendes Geschäft auf ihr revolutionäres »Speedee System« mit Selbstbedienung um. Es gab keine Bedienung mehr und die Produktion von Hamburgern wurde unter strengen Vorgaben in der immer gleichen Reihenfolge gesteuert. Die Küchenmitarbeiterinnen stellten wie Roboter in nur wenigen Handgriffen und in weniger als 60 Sekunden die Endprodukte her, die dann an der Theke verkauft wurden. Auch die Speisekarte verkleinerten die Brüder. Es gab nur noch Hamburger, Cheeseburger, Pommes, Milchshakes und Softdrinks sowie Kaffee, Milch, Chips und Kuchen. Ihr Geschäft boomte wie nie zuvor und jeder wollte die Hamburger für 15 Cent haben. Normalerweise kosteten die Burger damals das Doppelte. Die Brüder wollten daraufhin expandieren und vergaben Franchiselizenzen. Das war die Geburtsstunde ihres noch heute florierenden Systems.[16]

Ein System schaffen – das klingt im ersten Moment einfach, im zweiten sehr global. Was genau meine ich damit? Viele Unternehmer arbeiten vor sich hin, erledigen mal diese Aufgabe, mal jene. Machen hier ein bisschen Marketing, dort ein bisschen Verkauf – ohne einen Schritt-für-Schritt-Plan. Vielmehr spielen sie Feuerwehr oder kleben ein Pflaster auf die Stelle, die gerade blutet. Das hat wenig mit einem System zu tun. Wichtig ist es, wiederkehrende Prozesse zu optimieren und gegebenenfalls outzusourcen.

Wir haben in unserer Firma über die Jahre ein System etabliert, das es uns ermöglicht, fast orts- und zeitabhängig zu arbeiten. Wir haben fast alle Prozesse wie Warenfluss, Kundensupport, Marketing und in unserem Fall vor allem die Logistik so optimiert und automatisiert, dass es für unseren Arbeitsaufwand keinen Unterschied macht, ob wir 300, 500 oder 1000 Bettwäschen am Tag verkaufen – die Bestellmenge bedeutet kaum zusätzlichen Zeitaufwand für uns.

Früher haben wir selbst Produkte gelistet, Pakete gepackt, Kunden-E-Mails beantwortet und in der Hauptsaison vor Weihnachten teilweise bis zu 16 Stunden täglich gearbeitet. Was ich damit sagen möchte: Als Unternehmerin, die das eigene Business skalieren möchte, ist es unverzichtbar, sich ein System zu schaffen. Das ist in wirklich jedem Bereich möglich!

Als Coachin, Dienstleister oder Beraterin kann man sich beispielsweise ein System schaffen, indem wiederkehrende Inhalte einmalig festgehalten sind. Statt in Eins-zu-eins-Gesprächen immer denselben Inhalt zu erzählen, könnte hierzu ein Video oder ein Videokurs erstellt werden. Statt Einzel-Coachings durchzuführen, könnte man bei wiederkehrenden Themen zu Gruppen-Coachings wechseln.

Bezahlte Werbung

Zu einer erfolgreichen Unternehmensskalierung gehört in jedem Fall eine Optimierung und auch Automatisierung der Marketingmaßnahmen. Bezahlte Werbung ist mittlerweile nicht nur bei Google sowie in Produkt-Preissuchmaschinen an der Tagesordnung und ein probates Mittel, um zu wachsen, sondern auch längst auf allen gängigen Social-Media-Kanälen möglich. Bezahlt wird für unterschiedliche Werbeziele, zum Beispiel für Link-Klicks oder manchmal auch ausschließlich für Sichtbarkeit (Impressions).

Bezahlte Werbung erfordert zwar den Einsatz von Kapital, richtig eingesetzt ist es jedoch ein sehr effektives Mittel der Unternehmensskalierung. Es ermöglicht, die Sichtbarkeit zu erhöhen, wenn man Kundinnen benötigt und weiterwachsen möchte. Außerdem kann man die Werbung wieder etwas zurückfahren, wenn man konsolidiert oder seine Energie gerade auf andere Unternehmensbereiche lenken möchte. Es ist ein schmaler Grat zwischen erfolgreicher bezahlter Werbung und dem Verbrennen von Geld. Hier die nötige Balance zu halten, ist absolut ratsam. Dabei sind die beiden folgenden Kennzahlen sehr wichtig: die Ausgaben, die man bei der Akquise von Kunden hat (CAC – Customer-Acquisition-Costs) und den Kundenwert, also das Geld, das einem ein Kunde einbringt (CLV – Customer-Lifetime-Value). Diese beiden Kennzahlen müssen in einem gesunden Verhältnis zueinanderstehen. Zunächst berechnet man die CAC, indem die Gesamtkosten für Vertrieb und Marketing in Relation zu dem gewonnenen Neukunden gesetzt werden.

Beispiel: Man gibt im Monat 1.000 € für Marketing, in diesem Fall bezahlte Werbung, aus und bekommt dafür 100 neue Kundinnen. Die Customer-Acquisition-Costs betragen also 10 €. Eine detaillierte und komplexere Formel bezieht neben den Marketingkosten auch Lohnkosten oder Softwarekosten mit ein.

Mit dem Wert der Customer-Acquisition-Costs allein lassen sich allerdings noch keine Aussagen über die Kundenbeziehung und den Unternehmenserfolg an sich treffen. Dafür muss als zweite Kennzahl der CLV miteinbezogen werden. Hierunter versteht man die Umsätze, die einem ein Kunde jemals bringt beziehungsweise bringen wird. Wie sieht nun das gesunde Verhältnis zwischen CAC und CLV aus? Vereinfacht ausgedrückt darf der Kunde im Schnitt weniger kosten, als er im Unternehmen umsetzt. Als empfohlene Zielgröße wird oft ein Verhältnis von CLV:CAC von 3:1 genannt.[17]

Wenn man es beispielsweise schafft, ein Abomodell zu installieren, sodass der Kunde regelmäßig wiederkommt und erneut einkauft, steigt der CLV, und das Verhältnis von Werbekosten und Abschlüssen verbessert sich extrem. Auch das gehört im Vorfeld zu den Grundgedanken einer gelungenen Skalierung.

Viralität

Ein weiteres Skalierungsinstrument ist das Ausnutzen viraler Effekte. Das ist die Königsdisziplin unter den Skalierungsinstrumenten. »Viralität bezeichnet die schnelle Informationsweitergabe von Mensch zu Mensch. Eine kommunikative Botschaft wird in einem sozialen Netzwerk von Usern zu Usern weitergetragen.«[18]

Durch das User-Engagement entsteht ein viraler Werbeeffekt, der als Wachstumsmotor dient. Dadurch, dass Userinnen selbst aktiv werden und ihr eigenes Netzwerk einbeziehen, steigen die Wachstumskurve der Bekanntheit und natürlich auch die Verkaufszahlen extrem an.

Das Unternehmen Apple beherrscht das virale Marketing wie kaum ein anderes. Sowohl in der virtuellen wie auch realen Welt diskutieren Menschen darüber, was Apple wohl als Nächstes auf den Markt bringen wird. Jede Neuigkeit verbreitet sich wie ein Lauffeuer, ohne dass der Konzern etwas dafür tun muss.

Selbstverständlich kann man den viralen Effekt auch nutzen, wenn man nicht annähernd so bekannt wie Apple ist. Der Effekt funktioniert allerdings nur, wenn das Produkt oder die Dienstleistung bereits bekannt und beliebt ist.

Risiken von zu schnellem Wachstum

Die Chancen und Gründe, weshalb Unternehmen wachsen, habe ich bereits aufgezeigt. Vielleicht kommt langsam die Frage auf, ob es auch Risiken gibt, die das Unternehmenswachstum mit sich bringt? Ja, die gibt es!

Bei zu langsamem Wachstum stagnieren die Umsätze, schrumpfen die Gewinne, Mitarbeiter verlassen das Unternehmen, und liquide Mittel können sinken oder gar aufgebraucht werden. Nichtsdestotrotz birgt auch ein zu schnelles Wachstum Gefahren.

So ist zum Beispiel bei einem starken Nachfrageanstieg in der ersten Unternehmensphase meist noch keine vernünftige Unternehmensstruktur geschaffen worden und die Betriebsorganisation ist in der Regel noch leicht chaotisch. Man stellt dann schnell ein Team zusammen, um bloß keine Aufträge liegen zu lassen, befasst sich aber nicht grundlegend mit dem Teamaufbau. Die Unternehmensstruktur gleicht vielmehr einer Feuerwehr, die den aktuellen Brandherd löschen möchte. Ebenso stößt man vielleicht auf räumliche Grenzen, mietet ein größeres Büro, eine größere Lagerhalle und schließt langfristige Verträge.

Dieser Verlauf könnte problematisch werden, wenn es sich beim Anstieg der Nachfrage nur um einen temporären Effekt handelt, der beispielsweise aus einem Trend heraus entstanden ist. In diesem Fall hat das Unternehmen die Kosten für Personal, Räumlichkeiten und andere Investitionen trotzdem zu zahlen. Das könnte dann schnell zu einer finanziellen Schieflage führen. Erfolg ist meiner Erfahrung nach selten linear, es gibt immer Höhen und Tiefen.

Insofern ist es extrem wichtig, hier einen Mittelweg aus gegebenenfalls langsamerem, aber beständigem Wachstum zu gehen. Man sollte sich bei allen Investitionen mit höherem Volumen immer die Frage stellen: »Brauche ich dies oder jenes jetzt wirklich?«

Unternehmenswachstum am Beispiel »Coaching-Business«

Bislang war dieses Kapitel recht theoretisch. Im Folgenden gehe ich näher auf die Praxis ein und stelle die Möglichkeiten von Skalierung und Wachstum am Beispiel von Coaches, Beraterinnen oder Dienstleistern dar.

Als weitergehende Lektüre empfehle ich die Bücher des Strategieberaters Jim Collins. Vor allem seinen Bestseller »Good to Great«, in dem unter anderem die Methode des **Flywheels** vorgestellt wird. **Flywheel** heißt übersetzt Schwungrad und ist zu einem festen Bestandteil im Brandmarketing geworden.

Bildlich gesprochen kann man sich hier tatsächlich ein großes Rad vorstellen, an dem gedreht wird. Am Anfang dreht sich das Rad gar nicht, es bereitet große Mühe, das Rad in Bewegung zu setzen. Wenn es aber erst einmal läuft, wird es immer leichter und leichter. Bis es sich von ganz allein dreht. Es setzt sich ein Aufwärtstrend in Gang.

Welche Bedeutung hat das Flywheel nun für die Skalierung eines Coaching-Business?

Positionierung als Experte

Am Anfang, und um die Schwungkraft des Rades in Bewegung zu setzen, steht die Positionierung von Coaches, Dienstleisterinnen oder Beratern als Experten. Der Fokus auf ein Kernangebot ist wichtig. Ein daraus resultierender Vorteil ist die Bildung einer eindeutigen Zielgruppe. Diese gilt es kennenzulernen, um ihre Sprache, Sorgen und Nöte zu verstehen. So ist es möglich, nicht nur irgendwelche Kundinnen zu gewinnen, sondern die richtige Kundschaft, also die sogenannten Traumkunden anzuziehen. Diese führen zu weiteren Empfehlungen, und schließlich ist man in der Lage, das perfekt auf die Probleme der Zielgruppe abgestimmte Angebot hochpreisig zu verkaufen. Wie gerade angesprochen, muss das Angebot ein konkretes Problem der Zielgruppe lösen.

Mehr dazu im Kapitel **E wie Expertenstatus.**

Am Ende interessiert es den Kunden nicht, wie viel Zeit oder Geld er dafür aufwendet. Der Kunde will das Problem gelöst haben. So kaufen die Leute auch keine Bohrmaschine, weil sie eine Bohrmaschine besitzen möchten, sondern weil sie am Ende des Tages ein Loch in der Wand sehen wollen. Die Kundin kauft Lösungen. Daher ist in den USA eine weit verbreitete Frage unter Investoren an junge Start-ups »Is your product a painkiller or a vitamin?« Denn Schmerzmittel verkaufen sich immer besser.

Mehr Anfragen

Die spitze Positionierung führt – wenn sie wiederum nicht zu spitz ist – zu mehr Kundenanfragen. Diese kommen über verschiedene Kanäle: die eigene Webseite, das Netzwerk, Online- und-Offline-Veranstaltungen, einen Podcast, Social Media usw.

Wichtig bleibt wie immer der Fokus. Für einige der Leser

mag diese oder jene Möglichkeit sehr gut funktionieren. Die jeweilige Strategie muss jede Person für das eigene Unternehmen prüfen. Viele Firmen betreiben leider Hoffnungsmarketing, indem sie dieses oder jenes für ihre Sichtbarkeit tun, jedoch keinen Plan und Konzept beziehungsweise keine Strategie dahinterstehen haben.

Mein Tipp an dieser Stelle lautet, sich auf ein in Zahlen messbares Marketing zu fokussieren, um qualitative Kundinnenanfragen zu gewinnen. Dieses sollte wiederum einem festen System beziehungsweise einer festen Struktur folgen.

Die Struktur könnte so aussehen: Man schaltet Werbung, der Interessent gelangt auf eine Landingpage. Dort kann ein Termin für ein kostenloses Erstgespräch gebucht werden. In diesem Gespräch erfolgt der Verkaufsabschluss oder eben nicht. Der ganze Vorgang wird getrackt und ausgewertet. So ist transparent messbar, wie viel ein Kunde tatsächlich kostet. Und nur über Skalierung kann rational entschieden werden, ob das Budget für Werbung erhöht oder verringert wird.

Mehr Kunden

Im Idealfall führen die vermehrten Anfragen zu mehr Aufträgen: Durch die Expertise und systematische Analyse (hier ist schon wieder das System!), in welcher Situation sich der Kunde befindet und für welches Problem eine Lösung benötigt wird, ist es zunehmend wahrscheinlicher, das eigene Angebot gekonnt so zu platzieren, dass aus Interessentinnen Kundinnen werden.

Mehr Ergebnisse

Mehr Kunden führen auch zu mehr Ergebnissen. Jetzt dreht sich das **Flywheel** schon schneller. Denn mit jedem Ergebnis, also mit jedem zufriedenen und erfolgreichen Kunden steigt die eigene Reputation und damit schließlich der eigene Expertenstatus.

Dies führt folglich zu mehr Anfragen und immer so weiter – eine Aufwärtsbewegung setzt sich in Gang, die einen recht bald an die Kapazitätsgrenzen führen wird.

Deshalb ist gerade an diesem Punkt die Skalierung extrem wichtig, und zwar zum richtigen Zeitpunkt. Der ist genau dann, wenn sich das **Flywheel** in Bewegung setzt. Man beginnt, von Eins-zu-eins-Coachings auf Gruppenangebote umzustellen und sein gesammeltes Wissen in ein digitales Trainingsprogramm zu verwandeln. Ein Videokurs über wiederkehrende Inhalte könnte zum Beispiel erstellt werden. So tauscht man nicht länger Zeit gegen Geld, sondern erzielt höhere Umsätze mit weniger Zeitaufwand.

Unternehmenswachstum am Beispiel des Onlineriesen Amazon

Neben McDonald's reiht sich Amazon zweifelsohne als das Paradebeispiel für gelungenes Unternehmenswachstum. Amazon ist längst nicht nur der größte Onlineeinzelhändler der Welt. In rasantem Tempo treibt der Erfinder des Kindle die digitale Wirtschaft vor sich her und erobert immer mehr Geschäftsfelder: von Hardware, Logistik, künstlicher Intelligenz bis zu einem ehrgeizigen Raumfahrtprojekt. Was ist das Geheimnis des Systems von Amazon?

Heute sagt Amazon-Gründer Jeff Bezos[19], dass eine entscheidende Strategie zum Aufbau seines Imperiums die des **Flywheels** gewesen sei. Es gibt eine Legende, die besagt, dass sich Jeff Bezos im Jahr 2000 persönlich an Jim Collins gewandt habe, nachdem er vom **Flywheel** hörte. Wie die Legende besagt, habe Jeff Bezos auf einer Serviette das Amazon-**Flywheel** skizziert. In deren Mitte steht das Wachstum – das große Rad, an dem Amazon noch heute dreht.

Daraus kann man folgern, dass das **Flywheel** nicht nur wie eben dargestellt bei Dienstleistungen funktioniert, sondern auch für das Unternehmenswachstum im Allgemeinen.

Wie funktioniert es bei einem Giganten wie Amazon? Bezos glaubte, um dieses Wachstum in Bewegung setzen zu können, müsse Amazon zunächst einmal eine positive Kundenerfahrung bieten. Dann steige die Zahl der Besucherinnen, was Amazon wiederum für externe Händler interessanter mache. Wenn diese über Amazon verkauften, wüchse das Sortiment, was wiederum das Erlebnis der Kundschaft verbessere.

So funktioniert es bis heute: Niedrige Preise auf der Amazon-Plattform ziehen mehr Kunden an. Dadurch werden mehr Drittanbieter angelockt, was abermals zu einer größeren Auswahl und niedrigeren Kosten für Produkte führt. Ein riesiges Sortiment zieht mehr Kundinnen an. Auf diese Art und Weise ist die Aufwärtsspirale bei Amazon in vollem Gange.

Auch wenn man kein Imperium wie Amazon gegründet hat, kann man die Vorteile des Amazon-**Flywheels** auf das eigene Unternehmen übertragen. Eines der größten Vorteile des Schwungrades ist die Fähigkeit, Synergien zu erzeugen: Das Rad besteht aus Einzelteilen, die zusammenwirken und so die Drehbewegung des Schwungrades aufrechterhalten oder sogar beschleunigen.

Welche Schlüsse kann man nun beispielsweise als Amazon-Verkäufer physischer Produkte daraus ziehen? Wie kann man in seinem Business Synergien schaffen, um ähnliche Effekte zu erzielen?

Wenn man etwa in bezahlte Werbung investiert, verbessert man die Sichtbarkeit der eigenen Produkte, was zu besserem organischem Ranking führt und damit auch zu mehr Umsatz. Dies setzt das Schwungrad in Kraft, denn mehr

Umsatz optimiert wiederum das organische Ranking und so weiter. Wenn man noch schneller am Rad drehen möchte, könnten die durch bezahlte Werbung erreichten Mehrumsätze auch gezielt in weitere Werbemaßnahmen investiert werden und so schnellere und höhere Umsätze und schließlich Unternehmenswachstum generieren.

Monika Keuchel
#Unternehmenswachstumsexpertin

X wie Xeromorphose:

Was Xerophyten mit deinem Erfolg zu tun haben und warum Lust zu scheitern wichtig ist

Stolpern, Hinfallen, Scheitern: All das gehört zum Erfolg dazu. Das wird dir jeder erfolgreiche Unternehmer bestätigen. Erfolg passiert selten über Nacht, sondern stellt sich oft erst nach einem langen Weg ein. Dieser verläuft nicht immer auf einer schnurgeraden, gut geteerten Straße. Der Weg zum Erfolg ist gesäumt von Schlaglöchern, Abgründen links und rechts, und manchmal versperren dir sogar ganze Felsbrocken den Weg.

Es ist deine Aufgabe, dich und dein Business da hindurchzulenken. Wie du auf die Unebenheiten des Unternehmerlebens reagierst, legt in deiner Verantwortung. Vielleicht nimmst du dir ein Beispiel an der Xeromorphose[20]. Was ist denn das, fragst du dich wahrscheinlich jetzt. Unter Xeromorphose versteht man die sich morphologisch äußernde Anpassung bestimmter Pflanzen an Trockenheit beziehungsweise trockene Standorte. Pflanzen, die diese Anpassung vornehmen können, nennt man Xerophyten.

Abraham Fahn und David F. Cutler teilen die Xerophyten wie folgt ein:

- Drought escaping (Trockenheit ausweichen) und
- Drought resisting (Trockenheit widerstehen). Letzteres Anpassungsverhalten lässt sich weiterhin in Drought evading (Trockenheit vermeiden) und Drought enduring (Trockenheit aushalten) aufteilen. Sie vermeiden Wasserstress durch interne und externe Wasserspeicher.

Warum erzähle ich euch das, und was zum Teufel hat das alles mit Business zu tun? Here we go: Wir befinden uns im Jahr 2020 n. Chr. Die Menschen verharren in Schockstarre aufgrund des Corona-Lockdowns. Alle Menschen? Nein! Ein paar anpassungsfähige Geschäftsleute finden nicht nur Wege, um finanziell zu überleben und ihr Business am Laufen zu halten, manche machen in der Krise sogar das Geschäft ihres Lebens!

Krisen gehören dazu

Was wäre das für ein Buch für (angehende) Gründerinnen und Unternehmer, wenn wir nicht auch über die Schattenseiten sprechen würden? Meine Co-Autoren und ich wollen hier kein Blatt vor den Mund nehmen und dir nur wunderschöne Storys über unsere Selbstständigkeit berichten. Wir möchten dir zeigen, dass es durchaus ein harter und steiniger Weg sein kann, auf dem du dich auch deinen Ängsten und Krisen stellen musst.

Corona hat uns gezeigt, dass kein Job sicher ist. Es kann immer etwas völlig Unerwartetes passieren, was dich und dein Business aus der Bahn wirft. Entscheidend ist, wie du damit umgehst. Genau dafür, finde ich, ist die Pflanzengruppe der Xerophyten das beste Beispiel. Lass uns beim Beispiel Corona bleiben: Diese Krise hat vielen Unternehmern buchstäblich das überlebensnotwendige Wasser abgegraben: geschlossene Geschäfte, keine Kundschaft. Umsatzeinbußen, zu späte und zu geringe staatliche Hilfen, fehlende Perspektiven, enorme Unsicherheit, so gut wie keine Planbarkeit …

Wenn wir uns das Beispiel der Xerophyten ansehen, bekommen wir zwei Wege aufgezeigt, um mit Krisen umzugehen:

1. Dem Problem ausweichen
2. Dem Problem widerstehen

Wie können wir dem Problem widerstehen?

- Wir können die (finanzielle) Austrocknung vermeiden: verschiedene Einkommensstränge aufbauen
- Wir können die (finanzielle) Austrocknung aushalten:
  - in guten Zeiten ein Polster ansparen, das den Notfall überbrückt = interner Speicher oder wir können
  - externe Geldquellen erschließen wie Überbrückungskredite, staatliche Zuschüsse und Hilfen, Subventionen, Förderungen usw. = externe Speicher

Punkt 2 ist selbsterklärend. Doch wie kannst du einem Problem – der Schließung des Geschäftes oder der Einstellung der Produktion – während des Lockdowns ausweichen? Hier zeige ich dir einige Beispielunternehmen, die sich innerhalb kürzester Zeit auf die neuen Bedingungen eingestellt und durch eine Anpassung überlebt haben und damit gar zu den Gewinnern der Krise avanciert sind.

Tischlereien: Tischlereien mussten während des Lockdowns ihre gewohnte Produktion einstellen. Da ihre Mitarbeiter nicht auf Montage fahren durften, schlossen viele Betriebe und stellten auf Kurzarbeit um. Doch einige sahen ihre Chance und stellten die Produktion kurzerhand auf Plexiglaswände um, die als Schutzmaßnahmen im Kassenbereich von Lebensmittelgeschäften, Arztpraxen, Apotheken und anderen Geschäften eingebaut wurden. So konnte der Betrieb geöffnet bleiben und Mitarbeiter mussten nicht freigestellt werden.

Werbe- & Designagenturen: Werbeagenturen sahen zum Start der Krise wie die großen Verlierer aus. Bereits ausgehandelte Werbedeals wurden verschoben, Produktionen gestoppt. Doch mit der Idee, personalisierte Werbung kostengünstig auf Masken zu drucken, kamen auch die Kundinnen zurück und die Aufträge der Agenturen stiegen exponenziell.

Hotel- & Gastgewerbe: Um die Schließung der Hotels zu umgehen, setzten einige auf ein spannendes Konzept: Sie stellten die Zimmer als Homeoffice-Plätze zur Verfügung und trafen so einen absoluten Nerv an Aktualität und Bedürfnis.

Du siehst an diesen drei Beispielen, dass es durchaus möglich ist, eine Krise zu überstehen. Und wenn du an die Hersteller der Masken und Impfstoffe denkst, siehst du, was für ein unfassbar großes finanzielles Potenzial in einer Krise verborgen ist.

2020 waren die genannten Ideen eine spontane Reaktion auf den aktuellen Istzustand, und das Hauptaugenmerk vieler kleiner, mittelständiger und großer Unternehmen lag auf kurzfristigen Lösungsansätzen wie den Hygienekonzepten. Doch wie sieht es mit den langfristigen Folgen aus? Wie beeinflussen Krisen die Entwicklung der nächsten Jahre oder Jahrzehnte?

Sei dir bewusst: Jedem Menschen stehen die gleichen Informationen zur Verfügung – wie er diese nutzt, liegt an jedem Einzelnen. Was bietet meine Region? Wer ist meine Zielgruppe, und was will oder braucht sie? Wie wird sich der Markt entwickeln? Wie werden sich die Gewohnheiten der Menschen verändern?

Hast du als Unternehmerin ein Gespür für den sich stetig wandelnden Markt? Dieses Bauchgefühl für die Bedürfnisse des Marktes und der Menschen ist essenziell, um nicht nur in Krisenzeiten zu überleben, sondern als Unternehmen langfristig bestehen zu können.

»Bewusst agieren, statt einfach nur auf Umstände zu reagieren«, lautet deine Erfolgsformel.

Warum Scheitern zum Weg dazugehört

Doch auch mit den besten Ideen und Konzepten kann es sein, dass du mit deinem Business scheiterst. Die Gründe dafür können vielfältig sein. Und ja, es ist hart, wenn deine Ideen nicht so angenommen werden, wie du dir das erhofft hast. Wenn dein Konzept nicht ausgefeilt genug war, um zu bestehen, wenn äußere Einflüsse dein Vorwärtskommen verhindern oder was auch immer dein Business zum Erliegen gebracht hat. Merke dir: **Scheitern gehört zum Erfolg dazu!**

Auf deinem Weg zu stolpern, ist normal und sogar wichtig. Denn nur durch diese Stolperer erkennst du Fehler, die dir vorher vielleicht nicht aufgefallen sind. Du siehst Wege, die nicht für dich gedacht waren, kannst daraus lernen und deine Richtung gegebenenfalls ändern. Folglich sollten wir in Zukunft eine gewisse Lust am Stolpern etablieren! Was genau ich damit meine, erfährst du auf den folgenden Seiten von Andrea Göbel.

Und wenn du dich mal schlecht fühlst, weil
es nicht so läuft, wie du dir das vorgestellt hast,
denk dran: Coca-Cola hat im ersten Geschäftsjahr
nur 25 Flaschen seines Erfrischungsgetränkes
verkauft. Bleib immer dran und gib nicht auf!

Die Lust am Stolpern

In deinem Leben werden dir Steine in den Weg gelegt, wenn du das Hier und Jetzt übersiehst, in Situationen nicht präsent bist. Stolpern ist wichtig und lädt dich ein zum Innehalten und Reflektieren. Wenn du es so betrachtest, bieten dir die Hindernisse oder Stolperfallen die Chance, Neues zu entdecken. Es wird wunderbar sein – gefühlt meist leider erst im Nachhinein. Das Stolpern wird dir gelingen, wenn du nicht darüber hinwegschwebst – sozusagen die Steine ignorierst –, sondern geerdet bist und Strategien entwickelst, wie du diese annehmen und nutzen kannst.

Wenn du dir nicht orientierungslos die Füße blutig laufen willst, könntest du von nun an sagen: »Ja logisch, her damit. Ich liebe Herausforderungen, weil sie Chancen bieten, die mich über meine Grenzen hinauswachsen lassen. Jeder weiß doch, dass Wissen durch Lernen und Weisheit durch Erfahrungen entsteht.« (Ob eine Erfahrung gut oder schlecht ist, obliegt deinem Urteil.) Herzlichen Glückwunsch, dann beherrschst du die Kunst, dein Leben mit allen Höhen und Tiefen zu meistern und zu feiern.

So weit der Wunsch, und wie sieht das Real Life, die Praxis aus? Ich kann absolut nachvollziehen, wenn du nach der ersten Euphorie sagst: »Was für ein Blödsinn. Wer hat denn bitte Lust am Stolpern? Ich mit Sicherheit nicht! Mir bereitet es keine Freude, zum wiederholten Male um einen Kredit bitten zu müssen. Und es schenkt mir auch keine Energie, den Dschungel von Formularen, Anträgen, Gesetzen, Richtlinien zu bewältigen. Ganz zu schweigen von den unterschiedlichen Beurteilungen und Wertungen von Spezialisten zum Thema Businessplan, USP, Zielgruppen, Preisgestaltung usw. Was für ein Wahnsinn. Und dann werde ich gefragt, ob ich Lust am Stolpern habe? Soll das ein Witz sein!?«

Nein – gerade weil es kein Vergnügen ist, dir aber Freude machen soll, ist diese Frage wichtig. Es zeigt dir deutlich, ob du wirklich Lust auf dein Business mit allen Höhen und Tiefen hast. Ob du damit in Resonanz bist. Ob du bereit bist, deiner Berufung zu folgen. Deine Leidenschaft, Mission, Talente und Begabungen mit ALLEM, was dazugehört, zu leben.

Wie man mit Scheitern umgeht

Erlebt dein Business Gegenwind oder muss sogar mit einem Orkan kämpfen, ist das die Gelegenheit, ehrlich sich selbst gegenüber zu sein.

Eines gilt immer: »Haltung bestimmt unser Verhalten, und unser Verhalten bestimmt unsere Verhältnisse.« Dieser Grundsatz liegt ausschließlich in deiner Hand und in deiner Macht, um souverän möglicher Kritik standzuhalten und sie darüber hinaus für dich positiv zu nutzen.

Wenn du stolperst, wenn sich etwas nicht gut und stimmig anfühlt, dann gönne dir zunächst, Tempo rauszunehmen und stelle dir folgende Fragen:

- Wie sind die Gegebenheiten, wenn ich sie neutral wie einen Film betrachte?
- Welche dahinterliegenden Muster erkenne ich?
- Wie kann ich jetzt besonnen, selbsttreu, entscheidungssicher und klug neue Handlungsoptionen umsetzen?

Jeder Mensch strebt nach Anerkennung, Lob und Verbundenheit. Frage dich also auch im persönlichen Kontext: Warum und für was erlebe ich diesen Gegenwind gerade? Für meine Leistung – oder für mein authentisches Sein? Die Antwort ist ein wunderbarer Indikator, ob du von innen nach außen oder von außen nach innen lebst. Ob du dich selbst genügend liebst, achtest und schätzt. Es ist ein befreiendes Gefühl, unabhängig zu sein – nicht mehr ständig nach etwas von außen streben zu müssen, sondern das Glück in sich selbst zu suchen. Das ist eine Qualität, von der so viele träumen. Du kannst es gezielt durch deine Haltung und dein Verhalten beeinflussen.

Stelle dir vor, du hast einen florierenden Obst- und Gemüseladen. Du hast viele Stammkunden, die gern bei dir einkaufen und die Qualität deiner Ware schätzen. Eines Tages betritt eine Kundin deinen Laden, die wöchentlich bei dir einen großen Korb voll Orangen, Äpfel, Trauben, Salat und sonstigen Leckereien einkauft. Du kennst sie als fröhliche, offene und gesprächige Dame. Doch eines Tages hat sich bei ihrem Einkaufsverhalten etwas verändert. Statt wie bisher üblich, möchte sie dieses Mal nur einige wenige Äpfel kaufen. Nun hast du zwei Möglichkeiten: Hinnehmen oder proaktiv nachfragen. Als guter Geschäftsmann entscheidest du dich für Letzteres.

Die Kundin erzählt dir, dass in letzter Zeit ein Teil der Ware bereits verdorben war. Außerdem sei die neue Aushilfskraft nicht sonderlich freundlich. Sie redet sich in Rage. Ob du jetzt auch zu den Halsabschneidern gehörst, die unter dem Deckmantel der Freundlichkeit schlechte Ware verkaufen und du selbst vor Stammkunden nicht haltmachen würdest? Jetzt kommen deine Haltung und dein Verhalten ins Spiel.

VERHALTEN DER TRENNUNG	**VERHALTEN DER VERBUNDENHEIT**	***MEINE EMPFEHLUNG***
»Mein Gott – das kann schon mal vorkommen!«	»Vielen Dank für Ihren Hinweis. Entschuldigen Sie bitte. Das hilft mir sehr.«	Sei verständnisvoll und zugewandt mit deinen Worten
Du zeigst zur Tür und sagst: »Dann kaufen Sie doch woanders!«	»Ich werde die Ware prüfen und mit meinem Lieferanten sprechen. Selbstverständlich auch mit meiner Aushilfskraft.«	Achte auf deine Taten
»Was erlauben sie sich, mich so zu beleidigen?«	Bleib innerlich bei dir und bei der ursprünglichen, sachlichen Thematik – gehe nicht auf die Ebene der persönlichen Beleidigung.	Nimm das Verhalten nicht persönlich
»Soll ich ihnen den Einkauf schenken, oder was!?«	Bleib präsent, freundlich und verständnisvoll. Du weißt nicht, ob die Dame im Vorfeld mit jemanden anderen Ärger hatte.	Sei achtsam mit Vorverurteilung und Bewertungen.
»Das ist mein Laden – das letzte Wort habe immer ich!«	»Was kann ich tun, damit Sie wieder gern bei mir einkaufen. Darf der nächste Obstkorb aufs Haus gehen?«	Gib dein Bestes – das ist Perfektion.

Versetze dich in die Lage deiner Kundschaft und reflektiere, wie du selbst als Kunde behandelt werden möchtest. Dieser Perspektivwechsel hilft dir, eine passende Antwort zu finden.

Einsame Spitze

Menschen sind oft einsame Spitze. Und du bist es zweifelsohne, denn sonst würdest du deine Zukunft nicht aktiv gestalten und dieses Buch in Händen halten. Doch ist diese Position manchmal auch mit dem Gefühl verbunden, **einsam** an der Spitze zu sein. Lass das nicht zu.

Hole dir Unterstützung und achte besonders darauf, welche Menschen dich auf deinem Weg und in deinen Entwicklungsprozessen begleiten. Denn gerade im Entstehen von etwas Neuem braucht es einen behutsamen Umgang mit Ideen, Visionen und vor allem mit dir selbst.

Wähle Menschen, die dich ermutigen, bestärken und dir applaudieren, die dir aus eigener Erfahrung Hinweise geben, aber keine »klugen« Ratschläge erteilen.

Meine Empfehlung an dich: Achte auf Expertinnen, die nicht nur ihr eigenes Business im Fokus haben, sondern dir wohlgesinnt sind, die dich dort abholen, wo du gerade stehst und dich gezielt unterstützen.

Bei jeder Selbstständigkeit bedarf es beispielsweise der Prüfung deiner Finanzen und Versicherungen. Wenn du in diesen Bereichen von deinen Beratern nur mit Fachchinesisch konfrontiert wirst und du nur noch Bahnhof verstehst, dann kommuniziere das. Du bist auf einem anderen Gebiet Profi und damit besteht kein Grund, dein Nicht-Verstehen als unangenehm zu empfinden. Ein guter Berater wird immer auf dich eingehen und sich bemühen, dir die Thematik so zu erklären, dass du am Ende des Gespräches sagen kannst: »Ich habe es verstanden, danke. Ich werde nun eine klare Entscheidung treffen können.«

Verlasse die Falle des Perfektionismus, lebe deine Perfektion

Ich habe mal folgenden Spruch gelesen: »Wenn wir auf unsere Angst und unseren Perfektionismus hören, vergessen wir das Allerwichtigste im Leben: Spaß zu haben.« An dieser Stelle möchte ich gern eine persönliche Erfahrung mit dir teilen, die mich noch heute sehr bewegt, begeistert und führt.

Ich nehme dich mit ins Jahr 2014, zu einem Training für Bühnenpräsenz, was nicht gerade zu meiner Lieblingsdisziplin zählt. Aber frei nach Monika Gruber: »Scheiß da nix, dann feid da nix« – oder wie der römische Philosoph Seneca es ausdrückte: »Nur weil Dinge schwer sind, wagen wir sie nicht, sondern weil wir sie nicht wagen, sind sie schwer.« Also tauche hinein in die Erfahrung.

Nach der Kennlernrunde ging es auch schon los. Die Aufgabe: zu zweit ein Kinderlied auf der Bühne singen. Das Los für das Duo fiel auf eine äußerst attraktive, charismatische Dame und mich. Wir wählten für die 15 Minuten Vorbereitungszeit den herrlichen Rosengarten. Plötzlich liefen bei meiner Partnerin die Tränen und sie erzählte mir, dass sie im Alter von acht Jahren beschlossen hatte, nie mehr zu singen. Jetzt standen ein Konflikt sowie ein Dilemma und folglich eine Verweigerung im Raum. Und nun? Akzeptieren? Eine unerkannte Handlungsoption erschließen? Ich zog meine Mathilda aus der Tasche, eine kleine, ein Zentimeter große Schildkröte, die ich meist bei mir habe, wenn ich mich aus meiner Komfortzone in die Lernzone begebe. Sie erinnert mich daran, dass das Leben in Zyklen verläuft, mit unendlicher Vielfalt und Möglichkeiten.

Ich überreichte meiner Duettpartnerin die winzige Mathilda. Sie liebt das Leben und versteht es, mit den Wellen des Lebens, der Ebbe und Flut zu schwimmen, mit den Worten: »Unsere Aufgabe ist das Erlernen von Bühnenpräsenz, nicht perfekt zu singen. Unser Fokus liegt darauf, die Menschen zu begeistern, ihnen Freude zu schenken und bei möglichst vielen in Erinnerung zu bleiben. Was hältst du von der Option, mit Herzblut zu singen, egal wie schräg es auch werden wird. Ich laut, du leise, oder du tanzt dazu, klatscht, ganz egal – auf jeden Fall schaffen wir das zusammen.«

Meine Partnerin nickte mir und Mathilda zu, und unser Auftritt endete in Standing Ovations. Am Ende des Kurses sangen wir gemeinsam »Freude schöner Götterfunken« – wow, was für ein Erlebnis.

Genau darum geht es doch, die eigenen Funken sprühen zu lassen und zu strahlen. Damit ersparst du dir jeden Kurs über Anziehungskraft, denn diese hast du mit deinem authentischen Sein automatisch.

Folge deiner Bestimmung!

Du bist Mensch und Menschen machen nun mal Fehler und stolpern. Was zählt ist, was du aus deinen Stolperern machst. Jeder hat eine eigene Persönlichkeit, ein Ego und eine individuelle Bestimmung. Genau diese Einzigartigkeit bringt Vielfalt und Diversität in unsere Welt. Wenn du einem Ideal hinterherjagst, das nicht wirklich deinem Selbst entspricht, wirst du durchschnittlichen Erfolg mit maximalem Energieaufwand haben. Um **maximal erfolgreich** zu sein, bedarf es, der eigenen Bestimmung zu folgen. Diese erkennst du, wenn du dein sogenanntes Resonanzbegehren mit deinem Konsumbegehren in Zusammenhang bringst.

Frage dich beispielsweise:

- Wozu oder zu wem habe ich meine engste und innigste Verbindung?
- Bekommt der Bereich, der mich am meisten erfüllt, die größte Aufmerksamkeit?
- Wie gestalten sich aktuell meine Beziehungen?
- Wie bereichernd sind diese Beziehungen in Bezug auf mich selbst, auf die Gesellschaft oder mein Business?
- Fühle ich dort Verpflichtung, wo ich am wenigsten Kraft generiere?
- Erachte ich Selbstverantwortung als anstrengend oder erfüllend?
- Lebe ich mein gesamtes Repertoire an Begabungen und Talenten?

Achte auf deine Stärken, fokussiere dich darauf und baue sie weiter aus. Tappe nicht in die Falle, deine Schwächen (die hat jeder) in den Mittelpunkt zu rücken. Deine Schwäche ist die Stärke eines anderen. Wenn du beispielsweise ein Genie im Programmieren bist, du dabei irrsinnigen Spaß hast, aber im Verkauf deiner App nicht die Leidenschaft transportieren kannst, die du am PC an den Tag legst, dann überlasse die Verkaufsbühne jemand anderem. Es gibt Menschen, deren Leidenschaft und Stärke genau darin liegen.

Bei allem, was nicht deiner Leidenschaft entspricht und deine Begeisterung erfährt, wirst du maximal Durchschnittlichkeit erreichen. Willst du das? Wenn deine Antwort ein Nein ist, dann fokussiere dich ausschließlich auf das, was dich strahlen lässt.

Im PUSH UP your BUSINESS Expertenpool findest du Experten auf den unterschiedlichsten Gebieten. Vielleicht wirst du bereits hier fündig, auf deiner Suche nach einem passenden Partner. (www.pushup-yourbusiness.com/experten)

Umsetzungs-Stolpersteine

Anhand eines persönlichen Beispiels möchte ich dir veranschaulichen, wie man auch bei Kleinigkeiten ins Straucheln kommen kann.

Ich war fest davon überzeugt, dass es easy going ist, eine Visitenkarte selbst zu kreieren. Schließlich ist das ja nur ein kleines Stückchen Papier und nichts weiter. Ich dachte wirklich, dieses Thema sei mit ein oder zwei kreativen Abenden gemeistert. Weit gefehlt. Die Stolpersteine waren größer als gedacht, und der Prozess dauerte zehnmal so lange. Ich höre noch heute all die Stimmen: »Das macht kein Mensch so« – »Die ist viel zu groß!« – »Du musst eine Klappkarte machen, das ist gerade mainstream« – die Farbe, die Schrift, die Info bla bla bla …

Solche Statements sind für mich Ansporn. Es ist doch schließlich Sinn und Zweck, als Unternehmerin sein eigenes identisches Ding zu machen, so zumindest meine Auffassung. Oder wo liegt sonst der Sinn vom viel zitierten USP?

Das Ergebnis meines Ansporns war, dass ich viermal je 2.000 Exemplare habe drucken lassen, ehe die letzte Ausfertigung perfekt war. Es war kostenintensiv, lehrreich und ausschließlich eine Investition in meinen Erfahrungsschatz. Ich habe gelernt, dass Euphorie nicht immer eine gute Begleiterin ist. Jetzt treffe ich meine Entscheidungen überlegter. Ich achte auf das richtige Tempo.

Was für eine Schlussfolgerung kannst du daraus für dich ziehen? Alles unterliegt der Veränderung, alles ist im Prozess. Manchmal ist es sinnvoller, eine Nacht darüber zu schlafen, als in wilder Euphorie übereilt zu handeln. Kreative unerwartete Lösungen geschehen oft im Stehenbleiben. Gönne dir diese Verschnaufpausen für einen Blick von außen auf das große Ganze.

Möge dein Optimismus noch so groß sein, schwierige Phasen werden sich immer wieder für die Justierungen im Kleinen und Großen zeigen.

FAZIT:

Wenn du all die Herausforderungen und Hürden als Chance annimmst und nicht als Scheitern begreifst, bringen sie dich in deine Mitte, in deine Klarheit und in deine Stabilität.
Betrachte jede Situation als bereichernd und weiterführend.

Meine Empfehlung an dich: Sei für alles offen. Reflektiere – erkenne – setze klug um. Lebe deine Werte und intrinsische Integrität. Das ist deine Macht für nachhaltiges Unternehmertum.

Dein Workflow

Stolpersteine kennst du bestimmt zur Genüge: eine unvorhergesehene Steuerprüfung, unkalkulierbare Marktlage und Aufträge, unkontrollierbare Einflüsse wie Krisen, menschliche Enttäuschungen. Das ist normal und gehört dazu. Dennoch gibt es in einer Welt der Polarität ein Gegengewicht. Denn Spitzenleistung erfährst du außerhalb deiner Komfortzone. Deine Grenzen sprengst du, wenn du bereit bist, immer wieder aufs Neue den nächsten Schritt zu gehen, oder dich, wie die Xerophyten, den Gegebenheiten anzupassen. Das erfordert Hingabe, Mut und Beharrlichkeit dir selbst und deinem Business gegenüber.

Zweifelsohne ist das nicht immer leicht, aber bist du in deinem Workflow, gelingt dir das. Sind wir im Fluss, also im Flow, läuft die Arbeit scheinbar mühelos wie von selbst. Dieses Gefühl, konzentriert ganz und gar bei einer Sache zu sein, ist eine Art »Rückkopplung«, die uns vermittelt, was wir gerade tun, sei genau das Richtige.

Bei manchen ist aber genau das ein Problem. Sie kommen eben **nicht** in diesen Workflow. Sollte genau das auch dein Stolperstein sein, gibt es Mittel und Wege, um deinen Flow wiederzufinden. Als äußerst hilfreich haben sich hier beispielsweise Meditation, Sport oder künstlerisches Schaffen, also kreative Tätigkeiten erwiesen.

Meine Empfehlung an dich: Erlaube dir kreativ zu sein und mache das, was dein Herz tanzen lässt. Wenn du merkst, dass dein Flow gerade stolpert, gib deiner Kreativität den Raum und stelle dein analytisches Denken hinten an. Denn auch dein Geist braucht Pausen und Entspannung, um optimal funktionieren zu können. Gönnen wir uns diese Pausen nicht, erreichen wir nicht nur keinen Flow, sondern öffnen Druck und Stress die Türen. Bist du bereits an diesem Punkt angelangt, dann lies weiter in den Kapiteln **M wie Mindset** und **N wie Nein.** Hier wirst du Techniken erlenen, die dir helfen, in stressigen Situationen einen kühlen Kopf zu bewahren und zurück zu deinem Flow zu finden.

Mache das, was dein Herz tanzen lässt!

Laufe zur Höchstform auf

»Veränderung ist am Anfang schwer, chaotisch in der Mitte, aber am Ende einfach großartig.« In diesem Buch kommen so viele erfolgreiche Unternehmerinnen zusammen, und alle haben eines gemeinsam: Sie sind bereits gestolpert.

Manche davon bereits viele Male. Lasse dich von uns ermutigen und inspirieren, dort Chancen erkennen, wo andere nur Probleme sehen. Habe Lust und Vergnügen am Stolpern, denn das wird sowieso mal passieren, ob mit einem grimmigen oder einem lachenden Gesicht. Du allein entscheidest über deine Haltung. Es werden dir die Situationen so begegnen, wie es deine innere Einstellung vorgibt. Nutze deine Stolpersteine und baue daraus ein stabiles Fundament.

Bei allen Hürden und Hindernissen, die dir auf deinem Weg als Unternehmer begegnen, denke daran:

- Jeder Mensch stolpert.
- Vertraue in solchen Momenten auf deine Talente und Begabungen.
- Lerne aus der Situation und wachse daran.

Andrea Göbel

#Expertin für intrinsische Kompetenz

Y wie:

Yuppies, Hipster, Business-Women

Was das mit Gründen und Unternehmertum zu tun hat? Jede Menge! Tatsächlich hätten wir dieses Thema an vielen Stellen des Buches einfließen lassen können. Zum Beispiel im Kapitel Expertenstatus, Personal Branding oder auch im Kapitel Kommunikationsstrategie, Individualität oder Mindset. Klamotten und dein individueller Style sagen so viel über dich und dein Business aus, dass sie ein eigenes Kapitel verdienen.

Der passende Look!

Deine Persönlichkeit spiegelt sich in deinem Äußerem.

Treffen wir auf eine uns unbekannte Person, entscheiden wir innerhalb von wenigen Millisekunden, ob uns das Gegenüber sympathisch ist oder nicht. Automatisch skizziert unser Gehirn eine Vorstellung dieser Person. Wir kreieren ein Bild in unserem Kopf zu den Charaktereigenschaften und fachlichen Kompetenzen und entscheiden, ob wir sie als vertrauenswürdig, intelligent oder respektabel ansehen. Das alles entscheiden wir unbewusst, nur anhand des äußeren Erscheinungsbildes. Kleidung, Haare, Accessoires vermitteln uns ein mögliches, aber spezifisches Bild des Charakters eines Menschen und in weiterer Folge auch des Unternehmens.

Hast du beispielsweise fettige Haare und ist die Naht deines Shirts ein wenig aufgetrennt, suggeriert das mögliche Schlampigkeit. Du wirkst ungepflegt und nachlässig. Dein Kunde überträgt das eins zu eins auf dein Business. Ob er oder sie sich für eine Zusammenarbeit mit dir entscheidet, ist daher fraglich.

Dein Äußeres kommuniziert schon, bevor du deinen Mund überhaupt aufgemacht hast.

Das sollte dir beim Aufbau deines Business und vor allem beim Netzwerken und Partnerschaftsbilden bewusst sein.

Ein Beispiel, wie Äußerlichkeiten auf uns wirken: Stell dir vor, du bist Inhaberin eines Kosmetikstudios. Du bietest exklusive Behandlungen im höheren Preissegment an, deine Kundinnen gehören zur gehobenen Mittelschicht und sind bereit, sehr viel Geld in ihre Schönheit zu investieren. Dein Laden läuft sehr gut, und du möchtest eine neue Mitarbeiterin einstellen. Zwei Kosmetikerinnen lädst du zum Bewerbungsgespräch ein. Beide haben ähnliche Lebensläufe, überzeugen mit Fachkompetenz und Know-how. Das Bewerbungsgespräch entscheidet darüber, wen du einstellen wirst. Auf den ersten Blick wirken beide Frauen sehr sympathisch. Sie sind modisch gekleidet, höflich, pünktlich. Doch beim Händeschütteln fällt dein Blick auf ihre Hände und du siehst, dass eine der beiden Damen kurze, abgekaute Fingernägel hat. Der aufgetragene Nagellack ist abgesplittert, die Haut des Nagelbettes ausgefranst und teilweise entzündet.

Die andere Frau hat sauber gepflegte Fingernägel mit einem dezenten transparenten Lack. Was löst das Bild der ungepflegten Fingernägel in dir aus? Missfallen? Ekel? Rümpfst du vielleicht die Nase und ist es dir unangenehm, ihre Hand zu berühren? Die noch viel entscheidendere Frage lautet: Wen von den beiden stellst du ein?

Der Signature-Look: Bleibe im Gedächtnis

Dein Gesamteindruck festigt entweder deinen Expertenstatus und deine Kompetenz oder er macht sie zunichte. Mit der Wahl deiner Kleidung, deiner Frisur, deiner Brille und so weiter kannst du dich selbst noch stärker zur Personal Brand entwickeln. Und wenn du es schaffst, dich mit deinem Stil abzuheben und somit unverwechselbar zu werden, etablierst du dich als Marke (noch stärker). Du hast deinen eigenen Signature-Look entwickelt.

Ein Signature-Look ist dein spezieller Style. Ein Look, den die Leute mit dir in Verbindung bringen, den sie gewohnt sind, (nur) an dir zu sehen. Falls du von diesem Begriff noch nie etwas gehört hast, habe ich ein paar berühmte Beispiele zusammengetragen:

- **Udo Lindenberg:** großer Schlapphut tief ins Gesicht gezogen, dunkle Sonnenbrille
- **Heino:** weißblonde Haare, dunkle Sonnenbrille
- **Iris Apfel:** weiße Haare, große, runde Brille, roter Lippenstift, schrille Klamotten
- **Karl Lagerfeld:** schwarzweiße Klamotten, lange graue, zusammengebundene Haare, schwarze Brille
- **Marilyn Monroe:** platinblonde Haare, sinnliches Make-up, sehr körperbetonte Kleidung
- **Steve Jobs:** schwarzer Rollkragenpulli, dunkelblaue Jeans
- **Jackie Kennedy:** elegantes Kostüm, Pillbox-Hut, weiße Handschuhe, Bouffant-Frisur

Der Signature-Look muss nicht immer extraordinär wie bei Iris Apfel sein. Er kann auch sehr schlicht und reduziert wie im Fall von Steve Jobs ausfallen. Da Steve Jobs bei jedem öffentlichen Auftritt dasselbe Outfit trug, wurde es zu seinem

Markenzeichen. Du siehst, die äußere Erscheinung hat eine Wirkung! Sowohl was die Wirkung anderer auf dich betrifft als auch deine Wirkung auf andere.

Die Optik kann ein entscheidendes Kriterium sein, weshalb sich Interessenten für dich entscheiden, oder ob ein Investor bei dir einsteigen wird. Es muss nicht gleich ein eigener Signature-Look sein. Trotzdem solltest du, zumindest bei geschäftlichen Anlässen, dein Outfit bewusst wählen. Möchtest du als Business-(Wo)Man wahrgenommen werden, kleide dich entsprechend. Möchtest du als urban und edgy gesehen werden, kleide dich auch so. Aber, und das ist der entscheidende Punkt: Verkleide dich nicht. Bleibe authentisch!

Wenn du der Typ Dreadlocks, Chucks und Skatershop bist, dann zwänge dich nicht in einen Anzug mit Krawatte, wenn das einfach nicht zu dir passt. Wenn du Dirndl-Designer bist, dann gib möglichen Investorinnen oder Kundinnen einen Vorgeschmack auf deine Arbeit, indem du etwas Selbstdesigntes trägst. Stilberaterin Miriam Grimm hat auf den folgenden Seiten hilfreiche Tipps für dich zusammengestellt, damit dein Style wirklich zu DEINEM Style wird.

Carina Frei

#Push up your Business

Kleider machen Businessleute: Diese Tipps bringen dich voran!

- Du weißt oft nicht, was du anziehen sollst?
- Du siehst dich kritisch im Spiegel an?
- Du möchtest gut gekleidet sein, aber es soll keinen Aufwand bereiten?
- Du denkst: Mein Businesslook darf frischer werden?
- Du willst dein Umfeld mit deinem Look positiv beeindrucken?

Diese Fragen kenne ich. Diese Fragen stelle ich mir auch immer mal wieder. Wir sitzen also im selben Boot.

In welcher Branche arbeitest du? Ein Dresscode kann innerhalb einer Branche leicht variieren – aber überall gilt: Kleider machen Leute! So ein Sprichwort kann einen ganz schön unter Druck setzen. Mein erstes Feedback dazu: Du musst dich nicht von Kopf bis Fuß in edlen Zwirn werfen. Leiste dir ein paar gute Accessoires und kombiniere sie mit günstigen Teilen.

Du kannst zum Beispiel eine teure Bluse zu einer günstigen Hose kombinieren. Oder eine edle Uhr zu einem schlichten, budgetfreundlichen Hemd. Was außerdem gut funktioniert und für alle Geschlechter gilt: Leiste dir eine gute Tasche. Sie wertet deinen Auftritt auf! Achte darauf, dass sie farblich gut zu deinen Schuhen passt. Die folgende Liste zeigt dir, wie du dich angemessen kleidest.

1. Das gepflegte Äußere

Wir sind einfach programmiert: Das gepflegte Äußere deines Gegenübers löst bei dir ganz automatisch ein urzeitliches Programm aus. Dagegen kannst du dich nicht wehren.

Dein Instinkt suggeriert dir: Dieser gepflegte, gut aussehende Mensch kann für sich (und mich) gut sorgen. Er strahlt Kraft, Vitalität und Leistungsfähigkeit aus. Du denkst: Mit diesem Menschen kann ich Bären jagen gehen! Oder: Diesen Menschen lasse ich in meine Wohnhöhle!

Merke: Dein gepflegtes Äußeres bietet dir gute Chancen auf Big Business, sprich Karrierechancen! Dein gepflegtes Äußeres löst bei deinen Mitmenschen automatisch **Respekt** aus. Deine Kleidung sollte sauber und nicht zu zerknittert sein.

Mein Rat: Hänge deine Oberteile auf Kleiderbügel (ja, auch T-Shirts) und bügele sie oder lasse sie bügeln. Wenn dein Budget knapp ist, achte darauf, dass zumindest deine Schuhe und Hände gepflegt aussehen! Eine Freundin sagte neulich zu mir: »Guck mal, ich trage jetzt kurze Gelnägel. Und egal, wie ich morgens die Wohnung verlasse – schon allein mit diesen Nägeln fühle ich mich jeden Tag superschick!«

Die Entscheidung, ob du alle paar Wochen zum Nagelstudio gehst, bleibt dir überlassen. Aber bitte unterschätze die Nagelpflege deiner Hände nicht. Wenn du deine Nägel immer rechtzeitig kürzt, ist schon viel gewonnen. Noch besser ist es, wenn sich deine Hände nicht wie trockenes Schmirgelpapier anfühlen.

Du trägst deine Haare länger als schulterlang? Achtung – diese Info betrifft auch Männer – binde die Haare besser zurück! Das möchtest du nicht? Dann sorge dafür, dass dein Umfeld dein Gesicht im Profil (von der Seite) gut sehen kann. Stecke dir die Haare mit simplen Haarnadeln oder schmalen Zierklammern zurück.

Ein natürliches Make-up wirkt gepflegt. Entscheide selbst, ob du Make-up tragen möchtest. Und wenn ja – in welchem Umfang. Ich persönlich trage oft eine absolute Minimalversion im Arbeitsalltag: einen leicht getönten Lippenbalsam aus dem Bioladen und dazu lediglich eine schwarze, wasserfeste Wimperntusche. Ja, ich weiß, das ist sehr reduziert.

2. Minimalismus

Das Schöne ist, bei Businesskleidung gilt das Weniger-ist-mehr-Prinzip. Du kennst bestimmt bewundernswerte Menschen, die auch im Businesskontext auffällige Kleidung tragen? Ja, die darf und soll es auch geben. Ich fände es ziemlich anmaßend von mir, hier Tipps zu geben, die **nur** und **ausschließlich** gelten!

Ich gebe Hinweise, mit denen du in deine Richtung des individuellen Kleidungsstils **starten** kannst. Wohin sich dein Stil in ein paar Jahren entwickelt, wissen wir heute noch nicht. Und das ist erst einmal völlig in Ordnung. Behalte das Kleide-dich-minimal-Prinzip einfach im Hinterkopf.

Trägst du gerne ein Parfüm oder ein leichtes Eau de Toilette? Mein Rat: Wähle lieber einen leichten als einen schweren Duft. Reduziere den Duftauftrag. Du kannst dein Duftwässerchen auch in die Luft sprühen und durch den Sprühnebel gehen. Das reicht völlig. Du willst ja nicht, dass deinen Geschäftskollegen übel wird, weil du stark riechst, oder?

Ein weiterer Rat: Zügel dich bei deiner Oberbekleidung mit Mustern oder Prints. Du willst ja bei deinem Gegenüber erreichen, dass er dir ins Gesicht guckt. Jedenfalls erzielst du mehr im Business, wenn dir dein Businesspartner direkt ins Gesicht schauen kann, statt beim Anblick deines Tigerprintoberteils in spontane Trance zu fallen.

Ein minimaler Look löst beim Gesprächspartner aus: »Die Person wirkt entschlossen! Eine Macherin!« Ausgefallene Details lenken dein Gegenüber nur ab. Schnell kann ein bewertendes und überflüssiges Programm bei dieser Person starten: »Was für eine hässliche Krawatte!« Oder: »Oha, diese Kette!« Andererseits: Wenn du der Freak mit den schrillen Krawatten bist: Go for it! Aber steh dazu und nimm Kritik mit Humor. Wir leben nur einmal. Und wir dürfen Spaß haben. Für alle anderen gilt: Suche dir eine hochwertige Krawatte aus Seide aus. Am besten unifarben, passend zu der Farbe deines Hemdes und Jacketts.

Faustregel: Schmale Männer greifen zu schmalen Krawatten, kräftige Männer wählen breitere. Der Krawattenknoten sitzt übrigens exakt auf dem Dreieck deines Hemdkragens. Und die Krawattenspitze reicht exakt bis zum Knopf des Hosenbundes.

Und hier gleich noch ein Tipp für Damen und Herren: Strümpfe immer etwas dunkler als den Anzug wählen. Und bitte ohne Muster. Falls du Kniestrümpfe trägst: nur unter langen Hosen. Deine nackte Haut sollte nicht hervorblitzen.

3. Hochwertige Materialien

Gepflegte, wertige Kleidung strahlt Kompetenz aus. Deshalb achte beim Kauf von Kleidung immer auf gute Materialien. Prüfe deren Verarbeitung. Schau genau hin: Sind die Nähte vom Hemd gerade und sauber genäht? Hängt der Knopf an einem Faden? Siehst du heraushängende Fäden? Dann kauf das Hemd nicht!

Bist du in deinem Business viel unterwegs? Oder möchtest du nicht so viel Aufwand betreiben? Dann achte auf knitterfreie Materialien. Statt Polyester geht auch mal Viskose. Ich selbst komme mit reiner Seide nicht so gut klar. Aber du vielleicht? Oberteile mit einem Wolle-Seide-Gemisch funktionieren bei mir wunderbar, denn diese Mischung knittert nicht, außerdem kühlt sie im Sommer und wärmt im Winter.

Brauchst du vielleicht etwas aus Wolle? Schau einfach, dass der Wollanteil möglichst hoch ist. Plastikwolle krümelt schnell und sieht billig aus. Wenn du dir einen **richtigen** Wollschal kaufst, musst du einiges zahlen. Aber er hält länger. Und sieht lange schick aus.

Mein Rat: Achte auf wenige, dafür gute Stücke. Die lässt du auch weniger versehentlich irgendwo herumliegen.

Brauchst du ein Jackett? Achtung! Es sollte wirklich gut

sitzen und das Material lange schön aussehen. Hier würde ich gut investieren. Versuche es einmal mit Naturmaterialien. Sie zahlen sich aus.

4. Vertraue auf den »klaren Schnitt«

Der Ausdruck »klarer Schnitt« stammt aus dem Modebereich und meint einen reduzierten Kleidungsstil ohne Rüschen, Glitzer oder auffällige Knöpfe und Applikationen.

Du trägst Kleidung mit einer klaren Formensprache? Sehr gut! Diese Geradlinigkeit spiegelt auch deinen Charakter. Das denkt jedenfalls dein Gegenüber von dir.

Entscheide dich für klassische Schnitte und geradlinige Eleganz. Kombiniere zu deiner Kleidung maximal eine Handvoll Schmuckstücke (zum Beispiel Uhr, Ring oder dezente Halskette). Wenn du es ausgefallener magst, wählst du individuelleren Schmuck.Wenn deine Hose Gürtelschlaufen hat, trage auch einen Gürtel. Achte darauf, dass die Schnalle schlicht ist. Der Gürtel sollte zu deinen Schuhen passen.

Wenn möglich, verdecke Tattoos oder Piercings. Ein Bekannter von mir hat seine Tattoos zu Beginn an seiner neuen Arbeitsstelle verdeckt. Bis zu einer Weihnachtsfeier mit Verkleidungsmotto. Seine Chefin dachte, seine Tattoos seien die Verkleidung. Sie fand sie sehr schön.

Vermeide bitte, dass man dein Unterhemd oder den BH-Träger sieht, oder generell Dessous. Das untergräbt – wer hätte das gedacht – deine Autorität mit sofortiger Wirkung. Achte darauf, dass deine Röcke und Hosen am Gesäß nicht zu eng sitzen. Deine Unterwäsche sollte sich nicht abzeichnen.

5. Die richtige Passform

Deine Kleidung sollte körpernah, aber auf keinen Fall einengend sitzen. Bei den Männern reichen eine Anzughose plus Hemd, dazu ein passendes Jackett plus Krawatte. Fertig. Frauen dürfen zwischen einem zweiteiligen Kostüm, Hosenanzug und einem Etuikleid wählen. Dabei gilt immer: Zu viel nackte Haut zeigen, kommt nicht gut an.

Für Frauen ein Muss sind Strümpfe oder Strumpfhosen (gerne auch in Hautfarbe). **Mein Tipp:** Matt und ab 40 DEN. Vergiss nie eine Ersatzstrumpfhose, wenn du aus dem Haus gehst. Sicher ist sicher. Laufmaschen sind out. Wenn du deine Lieblingsstrumpfmarke gefunden hast, schaffe dir einen ordentlichen Strumpfvorrat an. Vermeide unbedingt weit ausgeschnittene Dekolletés und bedecke Schultern und Oberarme (das gilt für uns, nicht für Michelle Obama). Der Rock sollte nicht zu kurz, maximal eine Handbreit unter dem Knie aufliegen. Rock- und Kleiderschlitze sollten nicht zu lang sein.

Ein wichtiges Thema ist auch die richtige Hosenlänge! Hier hat sich bewährt: Im Stehen sollte der Saum einen halben Zentimeter über der Oberkante des Schuhabsatzes enden. Im Sitzen sollte kein Bein oder der Rand deiner Socken zu sehen sein!

6. Wohlfühlfaktor Kleidung

Perfekt ist, wenn du gepflegte Wohlfühlkleidung trägst. Allein durch dein gutes Gefühl in der Kleidung, die du gern trägst, strahlst du Positivität und Power aus.

Falls du Kleidung anprobierst, die dich richtig gut fühlen lässt – und die außerdem dem Weniger-ist-mehr-Prinzip und deinem Budget entspricht, greif zu! Auch mehrfach!

Du magst eine bestimmte Hose? Dein Umfeld suggeriert dir, dass sie dir steht? Kauf sie gleich mehrfach. Denn dann hast du einen Vorrat in der Not. Und die Not wird kommen. Denn ich kenne keine Hose, die viel getragen wird und dabei das ewige Leben hat.

7. Bring Farbe ins Spiel

Die klassischen Businessfarben sind: Schwarz, Weiß, Grau, Dunkelblau und Beige. Die kannst du ja auch weiterhin gern für deine Anzüge und dein Kostüm wählen – als Basis deines Outfits. Dazu kannst du gut Pastell- und Erdtöne tragen. Wenn du dich jetzt fragst: Was sind Erdtöne? Orientiere dich zum Beispiel an deiner Haut-, Augen- und Haarfarbe. Natürlich kannst du auch kräftigere Farben tragen. Mein Tipp: Ersetze das klassische weiße Hemd einfach durch ein farbiges Hemd.

Wenn du unsicher bist, welche Farben dir stehen und deinen Teint zum Leuchten bringen, buche dir eine Stilberatung. Die Sache mit den passenden Farben ist zügig geklärt und kein Hexenwerk. Wenn du einmal weißt, welche Farben gut zu dir passen, fällt es dir leichter, das klassische weiße Hemd durch ein farbiges Hemd zu ersetzen.

8. Von Kopf bis Fuß

Ich habe es schon erwähnt: Neben gepflegten Händen sind gepflegte Schuhe ein Muss. Sonst machen sie deinen kompletten Look zunichte. Wähle Schuhe aus Glattleder, die lassen sich gut reinigen und pflegen. Schick sind Schuhe mit echter Ledersohle. Frag beim Personal im Schuhladen nach, wenn du dir unsicher bist, ob du Schuhe aus Echtleder oder unechtem Veloursleder in den Händen hältst.

Angemessen sind bei Männern und Frauen komplett bedeckte Füße. Bei Frauen sollte der Absatz nicht höher als zwei Fingerbreit sein. Wenn du eine Meisterin auf High Heels bist – wie zugegebenermaßen sehr wenige von uns – darfst du sie in vereinzelten Unternehmen tragen. Aber nur, wenn du sicher und souverän auf ihnen laufen kannst. Denk beim Einsatz von High Heels wieder an den weiter oben genannten Rat: Weniger ist mehr.

Wähle daher Schuhe ohne Tand und Deko aus. Für alle gilt: Wenn du helle Schuhe trägst, trage dazu passend helle Strümpfe.

FAZIT: TOPGEKLEIDET UND POSITIVE AUSSTRAHLUNG

Prüfe immer, in welchem Metier du unterwegs bist. Im klassischen Bankwesen fällt die Kleiderordnung strenger aus als im kreativen Umfeld. Schau außerdem, dass du gut für dich sorgst, damit du eine positive Ausstrahlung hast. Denn auch topgekleidet wirst du nicht gut rüberkommen, wenn du innerlich unglücklich bist. Ich ermutige dich immer dazu: Frag nach, wenn du nicht allein weiterkommst.

Buche dir eine Stilberatung oder einen Coach und arbeite an deinem positiven Erscheinungsbild. Für dein Inneres und dein Äußeres. Ich wünsche dir viel Freude beim Umsetzen meiner Tipps.

Miriam Grimm
#Stilberaterin

Z wie Zukunft:

Energy flows where your attention goes

Unsere Energie fließt dorthin, wohin wir unsere Aufmerksamkeit lenken. Wenn es darum geht, unsere unternehmerische und private Zukunft zu gestalten, ist es wichtig, dass wir unser Ziel kennen und definieren. Je größer die Vision von der Zukunft, desto kraftvoller der Magnetismus in der Gegenwart.

Zukunft braucht Vision

Um die eigene Zukunft aktiv zu gestalten, ist es von großem Wert, eine Vision zu kreieren – eine Vorstellung vom eigenen Leben. Sobald wir unseren Fokus auf das legen, was wir uns wünschen, nehmen wir mehr Möglichkeiten am Wegesrand wahr, Probleme verwandeln sich in zu lösende Aufgaben, und wir finden schneller einen Weg aus der Herausforderung heraus. Ohne Vision besteht die Gefahr, das eigene Unternehmertum infrage zu stellen oder am neuen Projekt zu zweifeln, sobald Widerstände auftauchen. Gerade wenn es anstrengend wird, ist ein größeres Ziel wichtig, für das es sich lohnt, den nächsten Schritt zu gehen.

Wenn wir zweifeln – fühlen wir uns verzweifelt und wir werden für die Lösung blind. Anstatt den Ausweg finden zu wollen, schenken wir der (scheinbaren) Ausweglosigkeit immer mehr Energie. Wir erzählen uns all die Dinge, warum etwas nicht geht und lenken unsere Aufmerksamkeit damit auf den Zweifel, was uns die Kraft für die Lösungsfindung raubt.

Wenn wir für etwas brennen, fühlen wir das Feuer der Begeisterung in uns und strahlen es gleichzeitig nach außen. Diese Ausstrahlung zieht Menschen an, die mit uns zusammenarbeiten oder die in den Genuss unseres Produktes kommen wollen.

Es liegt an uns selbst, **wie** wir in unsere persönliche sowie unternehmerische Zukunft blicken. Mit einer Vision ist unser Fokus festgelegt – auf das große Ziel, das unser Herz weitet und uns ein Lächeln ins Gesicht zaubert. Die Vision ist gerade auch in herausfordernden Zeiten ein Leitstern, der Unternehmerinnen die Kraft gibt dranzubleiben, neue Wege zu finden und Schritt für Schritt voranzugehen.

Vision – das Feuer der Begeisterung

Eine Vision ist die positiv formulierte, begeisterte Vorstellung des künftigen Istzustandes, den ein Mensch oder Unternehmen erreichen will. Mit (d)einer Vision gibst du die Richtung vor, in die sich das persönliche und unternehmerische Leben entwickeln sollen. Die Vision macht sichtbar, wofür du tust, was du tust und wie deine Zukunft aussieht. Eine Vision umfasst mehr als nur die wirtschaftlichen Ziele.

Ohne Vision von der Zukunft unterwegs zu sein, gleicht einer Reise, die ohne Zielsetzung unternommen wird. Natürlich sind bei einer Fahrt ins Blaue auch schöne Erlebnisse und erfreuliche Überraschungen möglich. Wenn der unternehmerische Erfolg und das persönliche Leben jedoch mehr als schön und erfreulich sein sollen, ist es sinnvoll, ein Bild von der gewünschten Zukunft zu erschaffen. Die Vision fokussiert auf ein großes Ziel, ohne die Details der Reise vorwegzunehmen. Visionsarbeit ist ein magisches Element für eine bewusste Lebens- und Unternehmensgestaltung.

Mit einer Vision unterwegs zu sein, weckt Vorfreude und Begeisterung; sie setzt ungeahnte Kräfte und Potenziale frei. Aus eigener Erfahrung weiß ich, wie grandios es sich auf das gesamte Leben auswirkt, mit einer Vision in die Zukunft zu gehen.

Ich persönlich habe 1998 meine erste Vision erarbeitet und eine Collage erstellt – ein Bild von meinem Leben.

Daraufhin hat sich mein unternehmerisches Dasein um 180 Grad gewendet. Alle meine Visionen habe ich umgesetzt, meine Träume verwirklicht. All dies funktioniert vollkommen ohne Werbeetat, einfach durch mein Wirken und meiner begeisterten Präsenz für meine Vision – für das, was ich tue und bin.

Ich brenne dafür, genau diese Erfahrung und den Weg dorthin an andere Menschen weiterzugeben. Ich persönlich erlebe mein Leben inzwischen seit fast 30 Jahren als wunderbares Geschenk. Ja, es stellt mich auch weiterhin vor kleine und große Herausforderungen, es fordert mich auf, noch mehr über meine aktuelle Größe hinauszuwachsen. In meiner Sichtweise sind Herausforderungen nie gegen uns, sondern immer für uns. Schon das Wort beschreibt sich in perfekter Weise.

Eine Herausforderung fordert uns auf, uns aus etwas herauszubewegen, das zu klein geworden ist: Sichtweisen, Denkweisen, Handlungsweisen, Lebensweise, Beruf, das Ich selbst.

Vieles, was 1998 auf meiner ersten Visionscollage noch besonders für mich war, ist heute ganz normaler Alltag meines erfüllten Lebens.

Die vier Wirkungsfaktoren erfolgreicher Menschen

Nachhaltig erfolgreiche Menschen und Unternehmen haben eines gemeinsam: Sie haben eine kraftvolle, authentische Vision, die sie täglich aktiv leben.

Jeder Gedanke – dient dem großen Ziel.
Jedes Gefühl – dient dem großen Ziel.
Jedes Wort – dient dem großen Ziel.
Jede Tat – dient dem großen Ziel.

Diese vier Wirkungsfaktoren – > denken > fühlen > sprechen > tun – verstärken einander, denn sie sind alle auf das gleiche Ziel ausgerichtet, auf die Manifestation der Vision.

Manifestation (**lat. manifestare = handgreiflich machen**) ist im Grunde eine einfache Folge der Gesetzmäßigkeit, dass auf jede Ursache eine Wirkung folgt. Ein geistiger Impuls verwirklicht sich durch eine Wirkungsfolge an Ursache und Wirkung. Einem neuen Gedanken folgt ein neues Gefühl, welches sich in neuen Worten ausdrückt und zu neuen Taten führt – was wiederum zu neuen Ergebnissen führt.

Wichtig ist in diesem Zusammenhang die bewusste Ausrichtung unseres Energie- und Aufmerksamkeitsflusses aus der Vision heraus. Die Vision wird zur WIRKlichkeit, weil unsere gesetzten Ursachen – die vier Wirkungsfaktoren – in die gleiche Richtung ausgerichtet sind … und folglich wirken. »Aus der Vision heraus« bedeutet, dass wir uns in dieser Art der Visionsarbeit bereits am Ziel (Vision) angekommen fühlen und dieses Ziel die neue Basis bildet, auf der unsere Gedanken, Gefühle, Worte und Taten erfolgen – und zum Erfolg führen.

Ich erkläre dieses Vorgehen gern mit einem Navi: Um zu erkennen, in welche Richtung dein Weg führt und welche erforderlichen Schritte gegangen werden wollen, braucht es einen Zielpunkt. Wo willst du hin? Wo liegt deine gewünschte Zukunft? Du wählst also dein gewünschtes Ziel und dann erscheinen automatisch mehrere mögliche Wege. Erst nachdem du das Ziel gewählt hast, zeigt sich, in welche Richtung deine ersten Schritte gehen. Dein jetziger Standpunkt ist ohnehin klar, und würdest du von hier aus den Weg zum Ziel finden, dann bräuchtest du kein Navi dafür.

Du gibst also das Ziel an, und vom Ziel aus wird der Weg zu deinem aktuellen Standpunkt hergestellt. Du kannst das Ziel beliebig ändern und es werden dann neue Wege zum neuen Ziel angezeigt – doch immer wird die Verbindung zum gleichen Ausgangspunkt hergestellt.

Dieses **aus der Vision heraus** kann auch als **das künftige Ich-SEIN** bezeichnet werden. Es geht darum, zu spüren, wie du dich fühlst, sobald du in deiner Vision angekommen bist. Wenn wirklich alles möglich wäre – wie würdest du leben? Genau diesen Zustand spüre mit deinem ganzen Körper. Aus diesem SEIN deines künftigen Ich heraus, wirst du vollkommen neue Impulse für neue Gedanken – neue Gefühle – neue Worte – neue Taten erhalten.

SEIN
(sich bereits am Ziel/Vision angekommen fühlen)
⇓
GEDANKE
⇓
GEFÜHL
⇓
WORT
⇓
TAT

In Wirklichkeit ist dies nicht nur eine Abfolge von Ursache und Wirkung in eine Richtung. Das Wirkungsfeld breitet sich vielmehr in alle Richtungen gleichzeitig aus und erzielt so ein vielfältiges Wirkungs- und Resonanzfeld. Sobald jeder Gedanke – jedes Gefühl – jedes Wort – jede Tat – der großen Vision dient, kann jede einzelne Entscheidung viel leichter getroffen werden. Denn es stellt sich nur noch eine Frage: Bringt mich dieser Schritt meiner Vision näher?

Sechs Vorteile (d)einer Vision

Ein Bild von der Zukunft zu haben, ist nicht einfach ein persönlicher Traum, vielmehr ist es eine bewusste Art der Zukunftsgestaltung.

1. **Richtung:** Eine Vision gibt nicht nur der Unternehmerin oder dem Unternehmer, sondern auch den Mitarbeitern, Geschäftspartnern und sogar den Kunden Orientierung. Wie ein Kompass zeigt sie die Richtung an. Menschen fühlen sich von diesem größeren Ziel, das in jeder Markenbotschaft integriert ist, angesprochen. Und genau diese Botschaft ergibt auch den Preisunterschied zu Mitbewerbern. Kundinnen kaufen diese Markenbotschaft mit dem Produkt. Mitarbeiter und Geschäftspartner fühlen sich durch diesen Wert der Markenbotschaft aufgewertet. Die Vision stiftet Mehrwert – für das Unternehmen und für andere. Je größer dieser Mehrwert, desto kraftvoller wirkt die Vision.

2. **Erfüllung:** Mit einer Vision erfüllt der Unternehmer oder die Unternehmerin das Alltagsgeschäft mit einem tieferen Sinn. Die Handlungen werden von der Vision gelenkt und sie schützt so vor dem Verzetteln. Es geht nicht mehr um den Verkauf des einzelnen Tools (Produkt, Dienstleistung etc.), sondern darum, wie dieser eine Verkauf etwas Größerem dient und ein Schritt auf dem Weg zur Realisierung der Vision ist.

3. **Klarheit:** Nicht nur das Unternehmer-Mindset wandelt sich, auch das Mindset aller, die in die Verwirklichung der Vision involviert sind. Anstatt auf Ereignisse symptomatisch in Form einer Wirkung zu re-agieren, wird jeweils aktiv für die Vision agiert und neue Ursachen werden gesetzt. Die Frage »Bringt es uns der Vision näher?« verstärkt das Gefühl von Klarheit und bringt Entscheidungsfähigkeit hervor. Endlose Denkprozesse im Für und Wider einer unternehme-

rischen Entscheidung werden vereinfacht, da die Ausrichtung auf die Vision viele Optionen bereits vorab wegfallen lässt.

4. **Emotion:** Eine gute Vision begeistert Kundinnen, Mitarbeiterinnen, Geschäftspartner und die Unternehmerpersönlichkeit selbst. Sie vermittelt das ehrliche Gefühl von »Ich muss dabei sein.«

5. **Glaubwürdigkeit:** Eine Vision macht das Unternehmen für die Zukunft sichtbar. Dies ist gerade auch für Start-ups wichtig, die noch keine Erfolge in der Vergangenheit vorweisen können. Die Vision stärkt die Wahrnehmung des Unternehmens am Markt, vor allem über dessen Werte und Ziele. Die eigenen Werte bilden die Basis für die Vision, und die aus der Vision für die Kundschaft erkennbaren Ziele wecken den Wunsch, »dabei zu sein«. Die Glaubwürdigkeit steigt dadurch, dass alle vier Wirkungsfaktoren auch nach außen sichtbar angewendet werden.

6. **Gestaltung:** Visionärinnen sind Träumende, die **tun.** Sie verändern die Zukunft maßgeblich. Indem sie ihre eigene Zukunft gestalten, entwickeln sie auch an der Zukunft der Menschheit mit. Konrad Zuse mit dem ersten Computer, Elon Musk mit Tesla, Steve Jobs mit Apple sind Beispiele von Unternehmern, deren Visionen die Welt verändert haben. Sie sind Unternehmen wie viele – der Unterschied ist die Ausrichtung auf ein größeres Ziel.

Vom Träumer/von der Träumerin zum Visionär/zur Visionärin

Jeder verdient eine einzigartige und authentische Vision. Es ist wichtig, so zu träumen, dass diese groß genug ist, um auch dann gesehen zu werden, wenn du dich gerade in einem endlos tiefen Tal verirrt hast. Eine Vision, die über alle anderen Ziele hinausragt, sollte es sein. Damit aus einem Traum eine Vision wird, ist nur eines notwendig: TUN. Das aktive Tun macht aus einer träumenden Person eine visionäre.

Durch Visualisierungen erreichen wir unsere Ziele einfacher und schneller. Wir müssen uns unser größeres Ziel immer wieder vor Augen führen und dabei auch fühlen, wie es ist, mitten in dieser verwirklichten Vision zu leben. Das setzt die notwendige Energie frei, um voranzugehen und weiterzumachen. Dadurch haben Ablenkungen auf dem Weg zum Erfolg deutlich weniger Macht, denn über das Fühlen unterstützt uns unser Unterbewusstsein bei der Zielerreichung.

Ist die Vision erarbeitet, definiert, schriftlich oder bildlich fixiert, entwickelt sie eine enorme Zugkraft. Alle Maßnahmen werden am Erreichen dieser Vision ausgerichtet und du wirst wie magnetisch von ihr angezogen.

Die Grundlagen einer Vision:

- Träum groß … größer … noch größer!
- Bewege Emotionen!
- Schreib einfach!
- Lies deine Vision täglich laut, bis sie in dein Unterbewusstsein und dein Bewusstsein integriert ist, dann wöchentlich.

Don'ts für eine wirksame Zukunftsgestaltung:

- Pass deine Träume niemals den aktuellen Begebenheiten an.
- Überlege keinesfalls, was die anderen wohl denken.
- Grüble nicht darüber nach, »wer das nur bezahlen soll«.
- Vergiss den Dafür-bin-ich-noch-zu-klein-Gedanken.
- Träume nicht überschaubar, nur, weil du den Weg zu deinem Ziel noch nicht kennst.

1. **Zeitform**
   Die Vision wird in der Gegenwart geschrieben. So, als wäre dein Traum bereits Wirklichkeit geworden. Nur so wirkt die Vision im Unterbewusstsein auf die Weise, dass es die gewünschte Zukunft in die Gegenwart **zieht.** Sätze mit »Ich werde …«, »Ich wünsche mir …«, »Ich würde …«, »Ich möchte …« manifestieren das Ziel genau in diesem Zustand – und die Vision bleibt ein Traum der Zukunft.
   Ein Beispiel zur Verdeutlichung: »Ich werde mit meinem Unternehmen erfolgreich sein, und ich wünsche mir, im Bereich xyz die Lieblingslieferfirma für Millionen von Menschen zu werden …«
   Mit dieser Formulierung bleibst du ewig im **Werden**, wirst jedoch kaum im **Sein** dieser Vision ankommen.
   Ein Beispiel für die manifestierende Formulierung:
   »Ich bin in allen meinen Lebensbereichen erfolgreich. Mein Unternehmen wächst von Tag zu Tag weiter, und ich liebe es, von allen Seiten zu hören, wie glücklich meine Kundschaft mit meinem Produkt xyz ist. Sie empfiehlt mich und mein Unternehmen voller Begeisterung jeden Tag weiter, und so bin ich für Millionen von Menschen inzwischen dauerhaft das Lieblingslieferunternehmen im Bereich xyz …«
2. **Wortwahl**
   Visionen sind in erster Linie nicht für den Kopf gedacht, dafür gibt es einen Businessplan. Eine Vision muss das Herz erreichen, erst dann beginnen auch die Augen wahrhaftig zu leuchten. Daher sind emotionsbetonende Worte wichtig.
   Hier ein paar Möglichkeiten:
   - Mein Leben ist …
   - Ich fühle mich …
   - Ich freue mich …

- Ich genieße …
- Ich bin stolz auf …
- Meine Kunden wertschätzen sehr …
- Ich liebe es …
- Es begeistert mich …
- Ich habe ein großartiges Team/wertschätzende Geschäftspartnerschaften …

3. **Kernbotschaft**
   Die Vision beginnt mit der Hauptperson: mit dir.
   - Wer bin ich?
   - Wie lebe ich?
   - Was tue ich?
   - Wie viel verdiene ich?
4. **Unternehmensbotschaft**
   - Nach dem persönlichen Teil folgt der unternehmerische deiner Visionsgeschichte. Welchen Mehrwert schenkt dein Produkt deinen Kunden?
   - Was schätzen meine Kundinnen an mir?
   - Wie sieht der beste Tag im Unternehmen aus?
   - Wofür steht mein Unternehmen?
   - Was ist der Benefit für die Welt? (zum Beispiel eine Stiftung/ein Projekt für xyz)
   - Worauf sind alle stolz, die mit meinem Unternehmen verbunden sind?
   - Was wird über mein Unternehmen erzählt? (Erfolge aus der Zukunft betrachtet)
5. **Dankbarkeit**
   Jede Vision vollendet sich mit Dankesworten für das gigantische Leben, das in der Vision beschrieben wird.
   Es gibt dafür zwei gleichwertige Varianten: Ein einfaches **Danke** oder in Form eines Satzes. Zum Beispiel: Danke für dieses magische, schöne Leben!
6. **Signatur**
   Jede Vision endet mit der Unterschrift des Visionärs. Deine Vision ist ein Vertrag mit dir selbst und daher

ist es wertvoll, diesen Vertrag mit dem besten Stift zu schreiben und mit der Intension zu unterschreiben, dass es sich um einen wichtigen Vertrag handelt.
Wenn es dich unterstützt, dann stelle dir vor, dass du gerade einen Millionenauftrag unterzeichnest.

7. **Manifestation**
   Jede Manifestation beginnt mit dem gesprochenen Wort (Im Anfang war das Wort ...). Sobald die Vision schriftlich formuliert ist, ist zu Beginn ein tägliches Ritual notwendig, in dem die Geschichte der eigenen Zukunft in die Gegenwart gezogen wird. Durch jedes laute Lesen der Vision wird diese mehr und mehr in die Wirklichkeit gerufen. Die eigenen Ohren hören die vom eigenen Mund gesprochenen Worte. Auf diese Weise werden die zwei Sinnesorgane angesprochen, wodurch sich die Vision leichter im Unterbewusstsein einprägt.
   Zusätzlich zum täglichen Lautlesen kann die Vision auch aufgenommen und bei der Autofahrt nebenbei gehört werden. Nach etwa drei Monaten reicht es aus, die Vision wöchentlich laut zu sprechen.
   Je tiefer die Vision ins Unterbewusstsein sinkt, desto mehr werden die vier Wirkfaktoren (Denken, Fühlen, Sprechen, Tun) auf diese Vision hin ausgerichtet und automatisiert.
8. **Mit-Teilen**
   Eine Vision braucht keine Zweifelnden – keine stillen und keine lauten. Jedoch kann es förderlich sein, die Gesamtvision mit Menschen zu teilen, die mit dir gemeinsam an deine Vision glauben. Deine Vision anderen nicht nur mitzuteilen, sondern sie auch mit anderen zu teilen, kann die Außenwirkung verstärken. Deine vollumfängliche Vision sollte jedoch nur mit Menschen geteilt werden, die mindestens genau so groß denken wie du. Im Optimalfall denken sie sogar noch größer und unterstützen deine Vision dadurch noch intensiver,

weil sie beispielsweise in dir ein noch größeres Potenzial sehen, als du bereits in dir erkennen kannst und in der Vision formuliert hast.

Umsetzung in der Praxis

Vorbereitung: Wähle gleich **jetzt** einen Tag, an dem du dich deiner Vision widmest. Trage diesen Termin mit dir selbst im Planer ein. Besorge dir Papier oder ein für dich besonderes Notizbuch.

Durchführung: Lege dir ausreichend Papier oder dein Notizbuch zurecht.

- Nutze deinen schönsten Stift.
- Wähle eine dich inspirierende Musik, die leise im Hintergrund läuft.

Mach dir bewusst, dass du nun deine Vision für die nächsten fünf Jahre aufschreiben wirst.

- Wie möchtest du in fünf Jahren leben?
- Wer bist du?
- Was strahlt dein Unternehmen aus?
- Wie vielen Menschen hast du zu einem besseren Leben verholfen?
- Wie viel verdienst du?
- Wo lebst du?
- Wie lebst du?

Betrachte dein Leben in fünf Jahren und formuliere es in der Gegenwart, so als wärst du bereits angekommen (SEIN).

Mach dir bewusst, dass deine Vision mit folgenden Worten beginnt:

»Ich bin Vorname Nachname und ich …«

Den Beginn deiner Geschichte zu kennen, hilft dir ins Drauflosschreiben zu kommen, weil so der Anfang schnell gemacht ist.

- Mach dich nun schreibbereit, den Stift in der Hand und auf dem Papier für das Losschreiben angesetzt.
  Schließe deine Augen und atme einige Male tief ein und aus. Das Atmen hilft dir, dich zu sammeln und den automatischen Schreibfluss – frei von analytischem Denken – zu generieren.
- Motiviere dich – mit geschlossenen Augen –, indem du die Worte mehrfach (laut oder leise) zu dir sprichst: Träum groß … träum größer … noch größer … träum größer … noch größer … träum groß!
- Öffne deine Augen und schreibe drauflos: Ich bin …
- Erst wenn deine Vision vollkommen fertig verfasst und unterzeichnet ist, liest du sie noch einmal für dich durch.
- Schau, ob du überall die Gegenwart gewählt hast. Falls nicht, ändere es gleich ab.
- Würde, möchte, kann, werde, will … ist keine Gegenwart!
- Lies deine Vision erneut.

ZUKUNFT GESTALTEN

Erschaffe deine Zukunft ganz bewusst und aktiv mit einer Fünfjahresvision. Für deine schriftliche Vision kannst du unterstützend eine Visionscollage erstellen. Sammle dafür Wörter und Bilder aus Zeitschriften, die deine Vision darstellen und für dich fühlbar machen. Dein Unterbewusstsein »denkt« in Bildern und erzeugt Gefühle dazu – nutze diese Kraft. Klebe die Bilder auf eine große Leinwand oder Karton und hänge sie an einem Ort auf, wo du sie täglich siehst.

Isolde Maria Lippert,

#Expertin für Bewusstes SEIN & Visions-Arbeit

Deine Reise beginnt

Ich bin davon überzeugt, dass jeder Mensch ein erfolgreiches Unternehmen aufbauen und führen kann, um dadurch ein freies, selbstbestimmtes Leben zu führen.

Dafür steht PUSH UP your BUSINESS.

Ich bin auch davon überzeugt, dass wir nur nachhaltigen und dauerhaften Erfolg erzielen, wenn wir unsere (mentalen) Blockaden gelöst haben.

Auf unserem Weg in der Selbstständigkeit treffen wir immer wieder auf solche Blockaden. Sie sind die Fußfesseln, die uns hindern vorwärtszukommen.

Ich hoffe, dass du in diesem Buch bereits Tipps und Tricks gefunden hast, um deine persönlichen Fesseln zu lösen und kraftvoll an den Start zu gehen.

Mit PUSH UP your BUSINESS möchte ich dich auch weiterhin unterstützen und dir mit Rat und Tat zur Seite stehen.

Der PUSH-UP-Effekt für dein Business

Dieses Buch soll dir ein Ratgeber in allen Situationen des Unternehmertums sein, damit du vom Anfang bis zu deiner Zielversion bestens ausgestattet bist. Immer dann, wenn du an einem Punkt bist, an dem du dich und dein Business weiterentwickeln willst, nimm dieses Buch und lass dich inspirieren.

Mit den PUSH-UP-your-BUSINESS-Seminaren, Onlineprogrammen und Eins-zu-eins-Coachings begleiten wir dich noch ein Stückchen weiter und helfen dir konkret bei der Lösung deiner Blockaden, damit du deine Ziele noch schneller erreichst.

Lass uns gemeinsam Großes erreichen!

Deine Carina

www.pushup-yourbusiness.com

Anhang

Die PUSH-UP-your-BUSINESS-Experten und Expertinnen

Jana Berthold/www.jana-berthold.de, Kommunikationsexpertin, Texterin, Lektorin

Michaela Forthuber/www.michaelaforthuber.com, Unternehmerberaterin, Entscheidungsarchitektin, Gründerin von »Wertgeflüster«

Carina Frei/www.carinafrei.com, Keynote-Speaker für die Themen Mindset und FeMale Empowerment; Funktionärin bei Junge Wirtschaft Tirol; Expertin für das Lösen mentaler Blockaden; Gründerin von PUSH UP your BUSINESS; Initiatorin und Autorin dieses Buches

Andrea Göbel, Inhaberin von LeLus Beratungsinstitut für intrinsische Integrität

Miriam Grimm, Bühnenbildnerin und Kostümdesignerin, Stylistin

Simon Karl, MUT.Verstärker & TEAM.Entwickler

Monika Keuchel, Finanzhackerin und Unternehmerin

Verena Kiy/www.verena-kiy.de, Businesscoaching in den Bereichen Business Development, Leadership, Culture & Change

Isolde-Maria Lippert, Expertin für bewusstes-SEIN, Heilpraktikerin

Sabrina von Nessen, Expertin für Emotionale Führung & Unternehmertum

Reinhard Palaver, Experte für Digitalisierung und Automatisierung, Buchautor

Olaf Schild, Podcast-Experte, Podcast »Wachstums-Booster«

Rolf Schmiel, Dipl. Psychologe und Medienexperte

Prof. Dr. Florian Täube/www.rkw-kompetenzzentrum.de

Simon Volderauer/www.wko.at

Sophia Wimmer, Journalistin

Quellen

1 https://www.aachen.ihk.de/blueprint/servlet/resource/blob/605672/ab60155705a7ae93efac23472fabee8a/rechtsformen-uebersichtstabelle-data.pdf.

2 ratgeber.wko.at/rechtsform

3 https://gruenderplattform.de/rechtsformen#tool; fuer-gruender.de.

4 https://www.silberberger.info/.

5 https://www.ihk-potsdam.de/blueprint/servlet/resource/blob/4934940/75d4e09021755abfff67e638f1525bbc/mb-handelsregistereintragung-data.pdf.

6 Hubert K. Raspersad: Authentic Personal Branding, 2009.

7 Thomas J. Peters: The Brand Called You, 1997; The Brand You 50, 1999.

8 Dan Schawbel: Me 2.0, 2009.

9 Gallup-Studie: https://www.gallup.com/de/engagement-index-deutschland.aspx.

10 sychoreport 2019 der DAK, »Entwicklung der psychischen Erkrankungen im Job«, eine Langzeitanalyse von 1997–2018.

11 https://aok-bv.de/imperia/md/aokbv/presse/pressemitteilungen/archiv/2018/02pressemitteilung_pk_fzr_2018.pdf.

12 https://www.wido.de/fileadmin/Dateien/Dokumente/Publikationen_Produkte/Buchreihen/Fehlzeitenreport/wido_pra_fzr_2020_krankheitsbedingte_fehlzeiten.pdf.

13 Emotionale Ansteckung bezeichnet laut Psychologie jenes Phänomen, wenn Menschen Gefühle und Emotionen anderer übernehmen, d. h., Menschen lassen sich über den Emotionsausdruck eines Gegenübers sprichwörtlich anstecken. (Stangl, Lexikon für Psychologie und Pädagogik).

14 Gründerinnen – Frauen als eigene Chefs, Akzente Nr. 44, KfW-Research, Juli 2011.

15 https://de.wikipedia.org/wiki/Unternehmenswachstum.

16 Kroc, Ray & Anderson, Robert (2017): Die wahre Geschichte von Mc Donald´s: Erzählt von Gründer Ray Kroc, FinanzBuchVerlag, München.

17 https://unternehmer.de/lexikon/online-marketing-lexikon/customer-acquisition-costs-cac.

18 https://social-media-abc.de/wiki/ViralitProzentC3ProzentA4t.

19 Brad Stone: Der Allesverkäufer: Jeff Bezos und das Imperium, 2018.

20 Eduard Strasburger: Lehrbuch der Botanik, 36. Auflage, neu bearbeitet von Andreas Bresinsky, Spektrum Akademischer Verlag, Heidelberg 2008; Lexikon der Biologie. 1. Auflage, Spektrum Akademischer Verlag, Heidelberg 2004; Abraham Fahn, David F. Cutler: Xerophytes. Gebrüder Borntraeger-Verlag, Stuttgart 1992; Wikipedia).